多夯机强夯施工振动叠加理论与实践

葛颜慧　姜春林　著

Theory and Practice of Vibration Superposition in Dynamic Compaction by Multiple Compactors

化学工业出版社
·北京·

内 容 简 介

《多夯机强夯施工振动叠加理论与实践》通过数值模拟、现场监测等方法，对不同组合形式的多台夯机共同施工作用下、距离夯击点不同位置处的土体动力响应进行了详细的研究分析，明确了近场土体中土体动应力的叠加特性以及中远场土体地面振动的叠加规律、传播和衰减的过程，综合分析总结了夯机方位、数量、夯击参数、土体的自身特性如弹性模量、剪切强度指标等关键参数的影响，明确了多夯机强夯能量叠加效果的关键影响因素。在此基础上研究了多夯机施工叠加后的振动能量对早龄期混凝土的周期性作用，随后通过模拟分析了抑制强夯能量的各项减振措施的有效性及其关键参数的影响，并结合国内外相关规范、研究成果和现场实测数据，提出了控制多夯机施工地面振动的安全距离、组合形式、时间间隔等重要施工参数。

本书可供从事地基基础设计、软弱地基加固等项目的工程技术人员在类似多夯机强夯项目中的设计和施工工作提供参考，也可供土木工程、城市地下空间工程等专业学生学习参考。

图书在版编目（CIP）数据

多夯机强夯施工振动叠加理论与实践 / 葛颜慧，姜春林著.
—北京：化学工业出版社，2021.12
ISBN 978-7-122-40427-5

Ⅰ. ①多… Ⅱ. ①葛… ②姜… Ⅲ. ①强夯-工程施工-研究 Ⅳ. ①TU751

中国版本图书馆 CIP 数据核字（2021）第 258669 号

责任编辑：刘丽菲　　装帧设计：张　辉
责任校对：宋　夏

出版发行：化学工业出版社（北京市东城区青年湖南街 13 号　邮政编码 100011）
印　　装：北京印刷集团有限责任公司
710mm×1000mm　1/16　印张 15　字数 258 千字　2022 年 5 月北京第 1 版第 1 次印刷

购书咨询：010-64518888　　售后服务：010-64518899
网　　址：http://www.cip.com.cn
凡购买本书，如有缺损质量问题，本社销售中心负责调换。

定　　价：69.00 元

前言

强夯是一种广泛应用的地基处理技术，它通过自由落地的重锤夯击土体产生巨大的能量提高土体密实度，从而达到地基土体加固的效果，已在土木工程、道路工程等领域获得了广泛应用。强夯技术简单、适应性强、易于应用，是地基、公路、路堤施工中软弱土加固的主要解决方案之一。但是强夯地基加固过程中，重锤冲击加固土体的同时，也在地基土体中产生了强烈的振动，强夯振动以波动的方式在地基土体中扩散传播，对场地中和场地周边的环境造成不良影响，甚至导致建筑物的破坏。

随着我国基建行业的大发展，作为一种被广泛采用的地基处理技术，强夯是大部分后续建设项目的基础和前提，在工期要求和施工组织衔接要求日趋严格的情况下，越来越多的强夯项目开始选择用多台夯机近距离共同施工来加快进度，保证工期。而多台夯机共同施工的情况下，其强夯能量将发生多次叠加，对加固效果以及周围场地产生比单夯机施工复杂得多的影响，目前施工中通过单夯机施工经验总结出的各种设计参数、安全措施、安全距离等都无法保证其适用性，成为一大隐患，对项目的安全实施以及周围的建（构）筑物造成威胁。

因此，了解和掌握多夯机强夯加固过程中的强夯振动强度及其衰减规律，认识叠加的强夯振动对建（构）筑物产生的影响，确定多夯机强夯加固施工相对于建（构）筑物的安全距离，对于降低多夯机强夯振动对工程和环境的负面作用具有重要意义。

本书结合实际的多夯机强夯地基处理工程对多夯机共同施工情况下，场地强夯能量的叠加、衰减规律以及对周围建（构）筑物的影响进行了研究，探讨了施工设计参数如夯机排列形式、夯机间距、夯击时间间隔等影响因素的作用，得到的相关结论可以作为今后类似多夯机强夯项目的设计指导，也可作为同类项目现场施工人员、土木工程专业学生学习地基处理技术的参考书籍。

本书由山东交通学院葛颜慧和姜春林著，限于编者自身水平，书中缺点和错误之处在所难免，恳请广大读者和专家学者批评指正。

著　者

2021 年 12 月

目录

第1章

绪　论

1.1　强夯法简介

强夯技术起源于古老的夯实方法，是在重锤夯实法的基础上发展起来的，但又是在原理、加固效果、适用范围和施工工艺与重锤夯实法迥然不同的一项近代地基处理新技术。强夯法处理地基是20世纪60年代末70年代初由法国梅纳技术公司首创。其第一个工程应用为处理滨海填土体基，该场地表层为新近填筑的9m厚的碎石土，其下为12m厚疏松砂质粉土，场地上要求建造20栋8层居住建筑。因碎石填土为新近填筑，如采用桩基，负摩擦力将很大（约占单桩承载力的60%～70%），而不经济；采用堆载预压法，尽管堆载历时3个月，堆土高度5m，沉降200mm。故最终改用强夯法处理，单位夯击能为1200kN·m/m^2，只夯击一遍，整个场地平均夯沉量达500mm，且8层居住建筑竣工后，其平均沉降仅为13 mm，取得了较好的社会经济效益。在1973年底，已有12个国家的150余项地基加固工程采用动力固结法，处理场地面积达140多万平方米。到20世纪70年代末，全世界已有20多个国家，在将近400项工程中使用了该方法，加固面积达到800万平方米。到1985年底，用强夯法加固的地基面积已经超过3000万平方米。随后强夯法逐渐被用来处理填土、饱和砂土、冲积土以及大面积软土体基，且相继在英国、美国、日本、德国、加拿大、荷兰等20多个国家几百项工程中获得了广泛应用，并取得了良好的效果。

我国于1975年引进强夯技术，在1978年11月至1979年初首次由交通部一航局科研所及其协作单位在天津新港三号公路进行了强夯法试验研究。在初步掌握了这种方法的基础上，于1979年8月在秦皇岛码头堆煤场细沙地基进行了试验，效果显著，强夯法的实施为该工程节省资金150多万元。中国建筑科学研究院及其协作单位也于1979年4月在河北廊坊进行了用强夯法处理可液化砂土和轻亚黏土体基的野外试验研究，取得了较好的加固效果，之后，尤其是20世纪90年代后，很快应用到全国的工程中。1992年我国《建筑地基处理技术规范》颁布，其中包括9种地基处理方法，强夯法就是其中之一。由于我国地震高烈度区、湿陷性黄土区和软黏土区分布广泛，近年来又广泛开展围海造地，各类软弱地基广布；加之经济性是工程建设中的基本出发点之一，因此作为一种适用性广、经济有效的地基处理方法，强夯技术在我国具有良好的运用前景。据不完全统计，“八五”期间，仅全国重大工程项目地基处理中采用强夯技术的就达300万平方米以上，不仅大大缩短了施工工期，且节省了可观的工程投资，取得了良好的经济与社会效益。随着我国建设事业的迅速发展，工程建设中将面临更多更为复杂的软弱地基，从而为强夯技术的进一步应用提供了更为广阔的空间；而在已有的应用广泛、形式多样和成效显著等基础上，强夯技术应用深度和广度也将得到进一步的迅速发展。

强夯技术的开发和应用始于粗粒土，随后在低饱和的细粒土中得到一定应用。迄今为止，强夯法已成功而广泛地用于处理各类碎石土、砂性土、湿陷性黄土、人工填土、低饱和度的粉土与一般黏性土，特别是能处理一般方法难于加固的大块碎石类土及建筑、生活垃圾或工业废料组成的杂填土。实践表明，对于上述土类为主体的大面积的地基处理，强夯法往往被作为优先、有时甚至是唯一的处理方法予以考虑，且具有良好的技术经济效果。不同于粗粒土和低饱和度细粒土，传统强夯法在高饱和度的细粒土，特别是淤泥、淤泥质土和泥炭软黏土体基中的应用效果尚无定论，成功和失败的现场试验和工程实例均有报道。对新港软土的试验研究表明，强夯用于饱和软黏土有一定的效果。但也有一些不成功的实例，如国内某电厂的煤堆场地基以淤泥和淤泥质亚黏土为主、含水量40%～50%，经强夯处理后，地基承载力反而比夯前降低42%；国外J. A. CharleS等曾对某冲积土进行强夯，发现强夯后土体强度增长很小，并据此推断强夯法在饱和细粒土中的有效应用似乎不可能。

总体而言，高饱和度细粒土的强夯效果不如粗粒土明显，特别是原状饱和细粒土性质一般较差，幅度不高的改良常难以满足工程要求。为充分利用强夯技术的优点，确保强夯在饱和细粒土中取得良好、实用的加固效果，在工程实践中又逐渐发展了一些新型的复合式强夯技术，可归为两大类：一类是基于改善土的排水条件而增设竖向排水体（塑料排水板、袋装砂井、砂井）的强夯技术，或改善土的排水条件结合改进施工工艺参数的强夯；另一类是基于改变土的物理化学成分的强夯技术，包括强夯拌合与强夯置换。除此以外，有时也采用联合加固的方法，即采用同时具有改善排水条件和改变土体成分的方法，如碎石桩加强夯法、堆载预压加强夯法（动静结合排水固结法）等。除上述两类基本的复合式强夯技术外，某些饱和软土体基的加固也曾采用碎石桩加强夯和堆载预压加强夯的联合加固方法。日本一些学者试验并应用了一些新的强夯技术。T. Nakaoka 等（1997年）针对强夯由于能量衰减可能导致浅部过量夯实和深部夯实不足的问题，发展并采用一种类似沉管桩的称为“地基夯实动力打桩工法”（dynamic pile driving method for ground compacting，DCOM）。应用表明，该方法能使较大深度范围的土体达到相当均匀的改良程度。Y. shida 等（1995 年），M. Kanatani 等（1997 年）提出了一种“旋转式强夯”（dynamic consolidation method with rotational ram）法，该方法综合利用夯锤的势能和转动动能，可有效提高加固效果。

1.2 强夯法的理论基础

目前，强夯法广泛地被运用在各种土体的加固实践当中，但对于强夯法加固机理尚未形成一套公认的、普适性的完整认知体系，这是由于土的类型多，不同类型土性能不同，强夯加固效果的影响因素也很多，情况复杂。从土本身来说，土的类型（饱和土、非饱和土、砂性土、黏性土）、土的结构（颗粒大小、形状、级配）、构造（层理）、密实度、黏聚力、渗透性等均影响加固效果。从土外部来说，单击夯击能（锤重、落距）、单位面积夯击能、锤底面积、夯点布置、特殊措施（预打砂井、夯坑填料）等也都影响加固效果，可对其从机理上做出不同的解释。这些解释虽众说纷纭，但可以互为补充，形成系统的解释，先找出共同的影响因素，再找出特异的影响因素并分别做出解释。

不过国内外学者一致认为，强夯加固机理应从宏观和微观两方面进行分析，而且关于非饱性土与饱和性土要区别对待，特别是对饱和性土更应该明确其本质是否为黏性土体。加固过程为通过夯锤从一定高度落下来夯击土体，达到土体压密的效果，在此过程当中能量形成的振动会以不同类型的波在土体内传递。在1981 年召开的第十届国际土力学和基础工程学会上 J. K·米切尔（Mitchell）发表的一篇名为“土质改良——技术状态”报告中，其曾经对强夯法加固机理进行概述：在强夯法加固非饱和性土体的时候，夯击的过程等同于在室内进行击实试验，加固饱和性土体的时候，在土的内部将会出现液化现象，该过程类似于生活中常见的爆破；当强夯法处理饱和细粒性黏土的时候，其最终加固效果往往是不理想的，土体的结构遭到破坏，继而形成孔隙水压力和排水渠道，来达到土体固结密实的加固效果。目前强夯法的加固机理主要有动力固结理论、振动波压密理论、动力置换和结构动力学理论。

1.3 多夯机强夯施工的研究

使用多台夯机在能够互相影响的较近距离内同时施工，是一种新的施工方法，其背景是经济繁荣带来的基建行业大发展，对于项目的工期要求和经济效益目标提出了更高的要求，多夯机强夯能量的叠加必然会对周围造成影响，为了项目本身以及周围建（构）筑物、人员、精密仪器等重要设施的安全，亟待对其影响进行系统的研究，结合工程实际，需要分析阐明的内容可以分为以下几个方面：

（1）多夯机强夯加固地基的叠加效果理论

为揭示多夯机强夯加固地基的叠加效果，需要结合实测数据和数值模拟，分析多夯机共同施工时，不同组合情况下，多个夯锤冲击荷载产生的振动能量传播和消散规律，结合实测数据和数值模拟对多夯机叠加后的强夯振动引起的周围环境地面加速度衰减规律进行总结，提出相应的估算公式。

（2）强夯加固施工参数优化

多夯机施工时，从单夯机工程实践中总结出的各种公式和设计参数，很可能将不再适用，需要根据理论计算、现场试验和数值模拟分析，总结距离夯击区域不同距离处的地面振动峰值，分析不同施工参数对地面振动峰值的影响，拟合分析，给出合理的施工参数；另外还需要根据实测数据和分析结果，确定能够保证附近重要建（构）筑物、人员、仪器、设施等安全的最小安全施工距离；通过分析不同结构尺寸隔振沟（深度、宽度、截面形状等）、不同回填材料对夯击能量衰减的影响，给出多夯机施工隔振措施的设计建议。

（3）基于多夯机振动叠加效果的施工参数优化

通过模拟分析和实际监测验证，基于多夯机振动叠加效果，给出多夯机施工时，各台夯机之间的最优间距、排列方式、夯锤间隔时间等设计参数的影响和重要程度评价，据理论计算与监测数值，确定多夯机强夯施工对早龄期大体积混凝土构筑物的影响，确定保证此类构筑物安全合理的振动控制参数，填补振动监测规范在这方面的空白。

参考文献

[1] 冶金部建筑研究总院. 地基处理技术：强夯实法与振动水冲法［M］. 北京：冶金工业出版社，1989.

[2] Gambin M P. Ten Years of Dynamic Consolidation In：Proc Of the Eighth Regional Conference for Africa on 5011 Mechanics and Foundation Engineering［J］. Harare，1984：363-370.

[3] 地基处理手册编写委员会. 地基处理手册［M］. 北京：中国建筑工业出版，1988.

[4] 曾庆军，龚晓南，李茂英. 强夯时饱和软土体基表层的排水通道［J］. 工程勘察，2000，3.

[5] 孟庆山，汪捻，王吉利. 动力排水固结法对软土力学特性影响的试验研究［J］. 工程勘察，2002，3.

[6] Nakaoka T.，Mochizuki A.，et al. Field Compaction Test at a Fill of Weathered Granite Compaction Method. Ground Improvement Geosynthetics［J］. Thomas Telford，London，1997：83-88.

[7] Nakaoka T.，et al. Evaluation of Results of Improvement of Ground by Dynamic Compaction Mehtod［J］. Soil and Foudnations，1992，40（5）：35-40.

[8] Kanatani M.，Yoshida Y. Model. Tests on Densification of Sandy Ground by Dynamic Consolidation Method with Rotational Ram［C］//Ground improvement geosystems Densification and reinforcement: Proceedings of the Third International Conference on Ground Improvement Geosystems London, 3-5 June 1997. Thomas Telford Publishing，1997：61-67.

[9] The vanayagm Minimum Density-Residual Strength Relations for Densification Compaction. Ground improvement geosynthetics［J］. Thomas Telford，London，1997：39-43.

[10] Jamiolkocdki M.，pasqualini E. ComPaction of Granular Soils——Remarks on Quality Control［C］//Grouting, Soil Improvement and Geosynthetics. ASCE，1992：902-914.

[11] Oshima A.，Takada N. Relation between Compacted Area and Ram Momentum by Heavy tamping［C］// International Conference on Soil Mechanics and Foundation Engineering. 1999：1641-1644.

[12] Greenwood D A.，Theomson G H. Ground Stabilization：Deep Compaction & Grouting［M］. London：Telford，1984：345-356.

[13] Greenwood A.，Thomson G H. GrouLnd Stabilization：Deep Compaction & Grouting［J］. 1984：234-243.

[14] Hardin-D Strain in Normally Consolidated Cohesionless 50115［J］. Journal of Geotechnicl Engineering，ASCE，1987，113（12）：1449-1467.

[15] Johnsen L F. Dynamic Compaction as a Winter Construction Expedient［J］. Deep 5011 improvement，1986：68-79.

[16] 左名麒，朱树森. 强夯法地基加固 [M]. 北京：中国铁道出版社，1990.
[17] 龚晓南. 地基处理新技术 [M]. 西安：陕西科学技术出版社，1997.
[18] 董耀. 强夯加固软土体基的实践与机理 [M]. 上海水利，1996 (3)：25-29.
[19] 王铁宏. 全国重大工程项目地基处理工程实录 [M]. 北京：中国建筑工业出版社，1998：35-45.
[20] 苏玉玺. 利用强夯进行软弱地基处理的研究 [D]. 青岛：中国海洋大学，2004.
[21] 陆新. 强夯法加固软土体基有效加固深度研究 [M]. 四川建筑科学研究，2001，27 (4).
[22] 寇昆仑. 强夯技术在加固松软地基上的研究 [D]. 西安：西安理工大学，2005.
[23] 苏晓江. 强夯法在地基加固中的应用 [D]. 青岛：中国海洋大学，2004.
[24] 董方. 高速公路强夯加固技术理论与应用研究 [D]. 长沙：湖南大学，2004.
[25] Mitchell J K. Soil improvement state-of-the-art report [C] //Proc. , 11th Int. Conf. on SMFE. 1981, 4: 509-565.
[26] 叶虔，丘建金. 强夯法在深圳开山填海工程中的应用 [J]. 水利水运科学研究，1999 (2)：6.

第2章

强夯加固地基理论

2.1 动力固结理论

动力固结理论是梅那（L. Menard）基于饱和黏性土强夯瞬间产生数十厘米沉降的现象而提出的，而原有的固结理论认为饱和黏性土在瞬时荷载作用下，由于渗透性低，孔隙水无法在瞬间排除，因而被看作是不可压缩体；而强夯其巨大的冲击能量使土体产生强烈的振动和压力，导致土中孔隙压缩，土体局部液化，夯击点周围产生裂隙，形成良好的排水通道，孔隙水迅速逸出，土体得以固结，从而能减少沉降并提高承载力。

土的本质为一种三相融合物质，包括固相、液相和气相。土体内部呈现的是很多独立的矿物颗粒交错在一起的散状混合体，不是处于连续状态，体现出容易被压缩、透水性较大、颗粒之间容易产生相对剪切运动的物理特性。如果从土体固结的方面分析，土能够区分成两类：一类是饱和性土，另一类是非饱和性土。饱和性土被认为是由固相与液相构成的物质；非饱和性土可以看成由固相、液相、气相这三相结合在一起的物质。

固相是由很多矿物质构成，一般是岩石经过风化作用形成的，因为岩石的成分不同，风化强度大小不同，造成了不同类别的矿物质与不一样大小的颗粒。对于矿物质通常情况包括原生类和次生类，原生类也被叫作非黏性类，常见的有石英、云母、长石、角闪石，它们表现出的特性为抗破坏能力强、抗风化能力高；次生类被称为黏性类，大部分为不同的硅酸盐类矿物风化而产生的含水铝硅酸盐物质，如高岭石、蒙脱石、伊利石、绿泥石，其主要特点是内部颗粒非常小。

液相为水分，其以不同的方式存在于土体当中，包括液态、气态和固态，在土中发挥作用较大的为液态水。当前由于相关的研究人员对土中水的认知欠缺，才造成土体加固机理的理论认识不能达成一致。特别是对于饱和性土体，其是由固相与液相构成的物质，又不能被压缩，假如想增加土体强度必须使液态水的含量降低。液态水一般包含表层结合水与自由水两种，表层结合水是在颗粒表面水分子携带电离子状况下转变而成的一层水膜，在水膜的里面形成强性结合水，其物理特性趋向于固体，抗剪能力较强；在水膜的外面形成弱性结合水，其通常处于黏滞体状况，如果土体是黏性土的话，弱性结合水就会发挥效应。对于自由水，主要包括“重力水”与“毛细水”，当土体位于地下水位以下时，土中空隙填充的是主要受重力影响的“重力水”，能够对土颗粒形成浮力；而当土体位于地下水位以上时，土中空隙填充的是“毛细水”，其能在颗粒之间产生弯液面，与颗粒触碰时产生毛细压力，让土颗粒挨得更加紧密。再加上土体中的孔隙通道组成均匀不一的毛细管，继续受到影响时地下水就会顺着管道排出去，所以，强夯作用土体时，发挥效力最强的为自由水。

2.2 动力固结原理

强夯施工过程中，土体压缩模量和承载力的提高是靠动力固结，其过程可分为以下几步：

（1）饱和土的压缩

一般土都由三相组成，土中总存在一些微小气泡，土颗粒之间的孔隙水也有孔隙可压缩，其体积占整个体积的 1%～3%，最多可达 4%。强夯时，气体体积压缩，孔隙水压力增大（产生超孔隙水压力）。随后气体有所膨胀，孔隙水排出，孔隙水压力减小，固相体积始终不变。这样，每夯击一遍，液相体积就有所减小，气相体积也有所减小。但在冲击力作用下，含有空气的孔隙水不能立即排出而具有滞后现象，同时土颗粒周围的吸着水，由于振动或温度上升而变作自由水，土颗粒间的黏聚力削弱，土体的承载能力降低。

（2）土体液化

土的压缩量和夯击能量是呈正向线性关系的，如果夯击能量超过最大的能量值时，也就是土中气相所占的比例趋近于零的时候，土体往往表现出不能再被压缩，这个时刻的夯击能量就叫作饱和能量。超过了饱和能量，土体就会出现液化的现象，土体的整体承载能力降低为最低值。特别留意，如果夯击能量变为饱和值，则不要再进行夯击了。不然的话，土体的固结将会失效，原因是超过饱和能量这个极限值，固结要素被毁坏，孔隙水反倒不容易挤出，土体的整体承载能力降低后很难复原。

（3）土体渗透性增大

当夯击能增大到饱和能时，孔隙水压力上升到与竖向应力相等，夯击停止后，孔隙水压力迅速消散。如果仍使用夯击前土的渗透系数，就无法解释孔隙水压力的迅速消散。所以梅那认为，在强大夯击能作用下，土中出现很大的应力和冲击波，致使地基内部出现裂隙，形成树枝状排水网路，土体渗透性增加。

强夯时土体局部液化，即这一瞬间的孔隙水压力等于总压力所产生的超孔隙水压力，使土颗粒之间出现裂隙，形成排水通道，土的渗透系数陡增。当孔隙水压力消散，小于土颗粒之间的横向压力时，裂隙闭合，土中水的运动又恢复常态。

（4）触变的恢复

冲击作用下，土体的抗剪强度有了显著减小，如果土体出现液化现象，抗剪强度将会趋近于零值；如果孔隙水压力开始消散，土内部的应力场又会重新排布，如果在土内部抗剪强度和变形模量小于某一时刻的应力值，土体之间就会变得愈加紧密，吸附水慢慢地稳定下来，自由水又会变为吸附水，此称为土体触变。其性质和土的类别密切联系，一部分触变恢复很快，另一部分触变恢复极其慢。因此，对于强夯加固效果的检测一般在夯击加固结束 3～4 周后开展。

2.3 振动波压密理论

一般来讲，非饱和土的强夯加固机理可以用动力压密理论进行解释。

所谓动力压密就是利用动力荷载反复冲击土体，目的在于减小其孔隙体积，从而土体变得更加密实，强度得到提高。

土体是一种三相体（固相、液相、气相），非饱和土的内部孔隙充满空气与水。众所周知，相比于固体与液体，气体的压缩性要远大于固体和液体，因此在动力冲击荷载的作用下，孔隙中的气体将最先被压缩排出。此后，固体土颗粒的原有结构被破坏，进行重新排列，形成新的结构。在多次重新排列之后，土体结构趋于塑性稳定，强度得到了提高，达到了强夯的目的。因此，从动力压密理论角度来解读，强夯处理非饱和土实质就是土孔隙中气体不断排出和土体不断压密的过程。

地基土受到巨大的冲击时，出现剧烈的波动与动应力，造成地基土的紧缩，部分液化，夯坑四周出现裂痕，形成网状的排水渠道，使得孔隙水快速排出，继而土体密实，获得增强地基承载能力的成效。

夯击过程可以把机械能转换成势能，接着转换成动能作用于地基土上。夯锤夯击地基土表面的极短时间内，夯击处就像地震的震源一样，向土体的四周发出震动波。地基土可看作是弹塑性材料，受外力作用，质点会发生连续介质振动，能量通过介质向四周传开，在土体中，能量以波的形式传送，依据波的性质与功能不同，一般分为面波和体波。

在强夯夯击作用中，以体波为主，其包括横波与纵波，横波指从震源发出的剪切波，波传送方向和质点振动方向始终保持垂直，且不会引起体积上的改变，其基本特征为振幅大、周期长。而纵波指的是压缩波，波传送方向与质点振动方向始终保持平行，同时会造成体积上的改变，表现为振幅小、周期短。在土体固相中传送的只有横波，纵波在固相、液相中都能够传递。波的传播示意图见图 2-1。

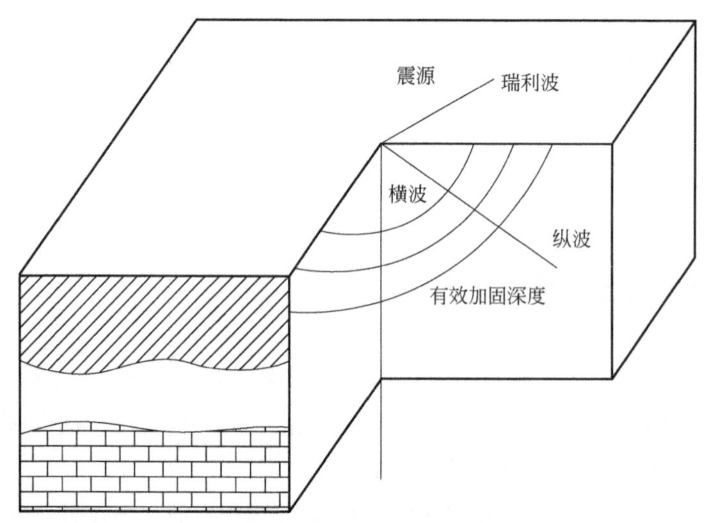

图 2-1　波的传播示意图

横波和纵波的传送速度可以通过以下公式求得：

$$V_s=\sqrt{\frac{E}{2\rho(1+\mu)}}=\sqrt{\frac{G}{\rho}} \tag{2-1}$$

$$V_p = \sqrt{\frac{E(1-\mu)}{\rho(1+\mu)(1-\mu)}} \tag{2-2}$$

式中　V_s——横波的速度，m/s；

V_p——纵波的速度，m/s；

E——弹性模量，kPa；

G——剪切模量，kPa；

ρ——介质的密度，kN/m^3；

μ——介质泊松比，部分土的泊松比如表 2-1 所示。

表 2-1　部分土的泊松比

土的种类和状态	μ
碎石土	0.15～0.2
砂土	0.2～0.25
亚黏土：坚硬状态	0.25
可塑状态	0.30
软塑或流塑状态	0.35
黏土：坚硬状态	0.25
可塑状态	0.35
软塑或流塑状态	0.42

当 $\mu = 0.22$（砂土），则纵波速度根据式（2-3）求得：

$$V_p = 1.67V_s \tag{2-3}$$

由此可知，纵波比横波的传播速度要快，纵波要先于横波到达。因此，通常也把纵波叫“P 波”（即初波），把横波叫“S 波”（即次波）。“S 波”在一些介质中的传播速度见表 2-2。

表 2-2　S 波的传播速度

土的种类	波速/（m/s）
砂土	60
人工填土	100
砂质黏土	100～200
黏土	250
饱和砂土	340
含砂砾石	300～400

强夯时巨大的冲击能作用于地基上，在地基中产生体波（含纵波和横波）和面波，但对地基起加固作用的主要是纵波和横波，面波不但起不到加密的作用，反而使地基表面产生松动，故为无用波或有害波。

强夯时，重锤由很高处自由落下，产生强大的动能（震源）作用于地基土中，由动能变成波能，从震源向深层扩散，能量释放于一定范围内的地基中，使土体得到不同程度的压密加固。强大的夯击能使土体表层产生剪切压缩和侧向挤压等，而横波使土体表层松动，当达到一定深度时，只有压缩波（纵波）才对土体起压密加固作用。随加固深度的增加，纵波强度衰减，其压密作用也逐渐减弱。

在强夯过程中，地基土根据压密状态可分为四层。第一层是地基表层土，因冲击力而主要受横波和面波作用，横波传播方向和质点振动方向垂直；面波分别按椭圆形运动和按地面水平向运动，在地表层传播使土体产生上下运动形成松弛区域。第二层是受压缩波的反复作用，土中应力超过了地基的破坏强度的区域，因吸收大量纵波放出的能量，所以这一层的加固效果最好。第三层是压缩波效果减弱区域，也就是土中应力与固结效果迅速下降的区域。第四层是强夯能量消耗到已无法使土体产生塑性变形的区域，此层基本上没有固结作用。

在施行强夯时，能量会随地基的压密加固发生变化。初夯时，土体产生压缩塑变，因波速与介质密度、弹性模量、剪切模量有关，纵波很快被土体吸收产生塑变。达到一定能量时，塑变完成，渐变为弹性压缩变形，随着土体密度的增加，压缩模量和剪切模量增大，波的传播速度相应加快，这时横波增加，纵波削弱，并且波的折射和反射要消耗能量，不利于土体的加固，如果再增加夯击能，其效果不会明显。

对于非饱和土体基，其加固机理可以归结为压缩波的反复作用消耗能量做功，从而对土体产生压密固结。其中一部分能量使土体产生塑变转换为土的位能，使土体产生弹性变形，并将另一部分能量向深层传播而加固深层地基，最终使能量转换为土的塑变位能。对含水量较高的饱和土体基，其也是压缩波的反复作用和波的折射、反射重复做功而获得加固效果的。具体地说，由于压缩波的反复做功和孔隙水压力的共同作用，在土中形成了网状贯通排水通道，土体的渗透条件得到明显改善，夯击之后，土体将在良好的渗透条件和较高的孔隙水压力作用下完成其动力固结过程。但夯击初期，因土体渗透性较小，大量土体只会在夯后固结。因此，夯击后的土体应有足够的间隔时间，否则即使较小能量的过早夯击也是有害无益，使土体无法恢复。这一动力固结过程，成为强夯法处理淤泥质土的显著特点，随着这一固结过程的完成，土体性质将得到明显改善，从而获得强夯加固的预期效果。

2.4　动力置换

对于透水性极低的饱和黏性土，强夯使土的结构破坏，难以使孔隙水压力迅速消散，夯坑周围土体隆起，土的体积没有明显减小，因而这种土的强夯效果不佳甚至会形成“橡皮土”。夯击能量的大小和土的透水性的高低，是影响饱和黏性土强夯加固效果的主要因素，此时可在土中设置袋装砂井等来改善土的透水性，再进行强夯，此时机理类似动力固结。也可采用动力置换，如桩式置换、整式置换等。

动力置换法是近年来从强夯加固法发展起来的一种新的地基处理方法，按动力置换方式的不同，动力置换法又可分为桩式置换和整式置换两种不同的形式。桩式置换是利用强夯过程中夯成的夯坑作为桩孔，向坑中不断按需要充填各种散体材料并夯实，使夯填料形成一个直径约 2m、深度达 3～6m 的散体材料桩，与周围土体共同组成复合地基。由于散体材料桩的加筋作用，地基中应力向桩体集中，桩体分担大部分基底传下来的荷载；同时散体材料桩的存在也使得土体中由强夯引起的超静水孔隙水压得以迅速消散，土体迅速得到固结，土体抗剪强度不断得到提高，对桩体的约束不断得到增强，从而使复合地基承载力不断提高。整式置换是近年才发展起来的，用于淤泥、淤泥质土体基的一种整体式强夯置换法，它以密集的点置换形成线置换或面置换，通过强夯的冲击能将含水量、抗剪强度低，具有触变性的淤泥挤开，置换以抗剪强度高、级配良好、透水不透淤泥的块石或石渣，形成密实度高、压缩性低、应力扩散性能良好、承载力较高的垫层。

2.5　结构动力学理论

结构动力学理论最初研究强夯时是利用理想模型（即模量、泊松比不随振动频率变化），采用经典的结构动力学理论来预估地基土在强烈冲击下的反应，假定土体初始应力 $\sigma_0 = \rho Cv$（C 为膨胀波速，v 为落锤冲击速度），得出了锤底接触面应力 σ 与锤体下沉位移 ω 之间的关系。但是该公式中没有考虑土的性质在加荷与卸荷阶段的显著不同，且在 t=0 时 $\sigma_z \neq 0$。钱学德、钱家欢、赵维炳对这个问题做了较为完善的处理，尽管忽略了冲击加荷阶段黏滞力对动力反应的影响，得到的冲击应力的计算结果与实测值还是基本吻合的。

2.6 强夯加固机理分析研究

强夯加固地基是借助于夯锤对地基土施加的冲击荷载，使一定范围内的地基土体发生动力反应，由于地基土明显的非弹性性质，经动力反应后一定范围内地基土的工程性质发生一定程度的改变，即地基土得以加固。强夯加固地基的作用机制主要是：加密、固结和预压变形的共同作用。当重锤自由下落夯击时，势能转化为动能，在夯击地面的瞬间，动能的一部分以声波形式向四周扩散，一部分由于重锤与土体摩擦而变成热能，其余大部分动能则使土体产生自由振动，使空气或气体排出，从而使土的组构重新定向排列，其在瞬间重新排列的加密过程大致可分四个阶段。

第一阶段，在土的结构单元中，颗粒的排列以及由颗粒组成的团块的排列都是随机的。此时团块是各向同性的。

第二阶段，动应力作用下，土的结构单元部分定向排列，土块中颗粒的排列是随机或者部分定向，空气可迅速排出。

第三阶段，土的结构单元完全定向，团块中的颗粒仍处于部分定向或随机排列状况，这时空气排出完成。

第四阶段，土的结构单元完全定向，团粒中颗粒全部定向，亦即在强夯作用下，土颗粒由夯前任意排列变成夯后明显的定向排列，并且垂直向的压缩变形大于水平向的挤压变形。

由于土体由固相、液相、气相组成，在强夯过程中土体中的气体被排出压密后，基本上只有固相和液相而成为饱和土，这样在重锤作用下，排水而使土体得到固结。对于非饱和土的强夯机理，可认为是夯击能量产生的波和动应力的反复作用，迫使土骨架产生塑性变形，由夯击能转化为土骨架的变形能，使土密实，提高土的抗剪强度，降低土的压缩性。

在强夯过程中，土体有效应力的变化十分显著，且主要为垂直应力的变化。由于垂直向总应力保持不变，超孔隙水压逐渐增长且不能迅速消散，则有效应力减小，因此，在强夯饱和土体基中产生很大的拉应力。水平拉应力使土体产生一系列的竖向裂缝，使孔隙水从裂缝中排出，从而加速土体的固结。饱和细颗粒土体经强夯后，在夯坑周围会出现径向或环向裂缝，孔隙水从这些裂缝中冒出。当夯击反复进行时，土颗粒相互靠拢，土颗粒表面的薄膜受到挤压，使其部分薄膜水由物理-化学吸附作用与土颗粒相互联系，由此产生多余的水变为自由水流向土颗粒之间形成孔隙水逸出，导致土颗粒周围吸附的薄膜水量减少，土颗粒进一步挤密，由紊乱状态进入稳定状态，超孔隙水压力消散，土体达到新的稳定状态，承载力提高，这就是动力固结作用。同时，强夯冲击波的作用下，土中原来相对平衡状态的颗粒、阳离子、定向水分子受到破坏，颗粒结构从原先的絮凝结构变成一定程度的分散结构，粒间联系削弱，强夯后经过一段时间的休置期，土骨架中细小颗粒即胶体颗粒的水分子膜重新逐渐联结，形成新的空间结构，于是土体又恢复并达到新的更高强度。对于饱和土的强夯加固机理，可以分为三个阶段：

① 加载阶段，即夯击瞬间，夯锤的冲击使地基土体产生强烈的振动和动应力，在波动的影响带内，动应力和孔隙水压力急剧上升，而动应力往往大于孔隙水压力，有效动应力使土体产生塑性变形，破坏土的结构。对于砂土，迫使土的颗粒重新排列而密实。对于黏性土，土骨架被迫压缩，同时由于土体中的水和土颗粒两种介质引起不同的振动效应，两者的动应力差大于土颗粒的吸附能时，土中部分结合水和毛细水从颗粒间析出，产生动力水聚结，形成排水通道，制造动力排水条件。

② 卸载阶段，即夯击动能卸去的一瞬间，动能的总应力瞬息即逝，然而土中孔隙水压力仍然保持较高的水平，此时孔隙水压力大于有效应力，故土体中存在较大的负有效应力，引起砂土液化。在黏性土体基中，当土颗粒之间的最大孔隙水压力依然保持较高水平，且大于土体小主应力、侧限压力及土的抗拉强度之和时，土体将发生开裂，形成渗透通道，孔隙水压力迅速下降。

③ 动力固结阶段，在卸载之后，土体中仍然保持一定的孔隙水压力，土体就在此压力作用下排水固结。在砂土中，孔隙水压力消散甚快，使砂土进一步密实；而黏性土中孔隙水压力消散较慢，可能要延续 2～4 周。如果有条件排水固结，土颗粒进一步靠近，重新形成新的水膜和结构连接，土的强度逐渐恢复和提高，达到加固地基的目的。

2.7　强夯振动机理研究

强夯施工过程中，夯击能转化为动应力在土体中传播，引起地基与周围环境的振动。史慧杰认为强夯振动与爆破振动引起的振动波波形均为三角形，仅从波形方面探究振动波波形还不够深入，存在着一定的片面性。李实等从振动信号的多分辨率与频谱考虑，基于小波分析方法对比分析山体爆破及强夯作业中的振动监测数据，认为爆破与强夯激励下地震波性质存在区别，强夯振动主频不明显，低频频谱相对较平缓。

有学者针对夯击作用产生的能量频谱进行研究，分析了强夯能量的频段分布。史慧杰认为夯击能量振动频率为 4～20Hz，强夯振动产生的低频面波对建筑物影响最大。龚成明等以黄土边坡为研究对象，得出强夯振动主频率集中在 25～45Hz 之间的结论。李润等根据实测资料认为强夯诱发的地面振动主频率在 7～12Hz 之间，同时，龚成明和李润等都认为振动周期在 1s 之内。

对于强夯能量的衰减规律而言，研究发现强夯能量随着距离增加衰减较快。李润等发现强夯振动加速度与速度最大峰值均出现在离夯点最近的位置，随着震源距离的增加迅速减小，而随着夯击次数的增加则不断增大。彭进宝通过实测竖向质点振动速度与强夯振动简化模型，推导出地层振动速度理论计算公式。此外，夏瑞良认为强夯引发的地面振动振幅衰减规律均符合负幂函数曲线的形式。刘健得出在衰减过程中一般出现 4～6 个较大峰值，主振动频率与夯击数成正相关，且近处频率高，远处频率低的结论。

强夯振动机理通常有物理模型试验以及数值模拟等研究方法。孟庆山等对软黏土进行室内冲击荷载动力固结试验，并对土体内部的振动现象进行了研究。张恺通过采用室内模型结合数值计算的方法，得出了夯击振动在土体中的传播衰减规律。杭的平通过模型试验等方法研究了黄土边坡在一定夯击能下边坡表面振动速度的特点。曲兆军结合现场试验和数值模拟方法以土石混合体填筑边坡为研究对象，在以上所涉及的研究方法上探讨其动力特性，认为边坡的中上部为主要变形区域，而最大变形发生在坡顶。刘深等结合重庆茄子溪港区陆域堆场强夯工程实例，研究了强夯受高边坡的影响。杨丹对台阶状黄土边坡在坡底进行强夯施工的项目进行了现场试验，证明与水平地面的强夯振动相比，边坡土体距振源越远时，振动幅度变小，能量衰减的速度越慢等结论。于长杰利用 Plaxis 模拟黄土边坡在坡脚强夯时边坡的振动响应，发现坡顶附近存在放大现象，即坡顶的振动幅值峰值大于坡面区域振动幅值，影响这一放大效应的因素有振源频率、边坡介质衰减系数、边坡坡高等。王鹏程结合正交分析法与数值模拟方法对强夯参数与土体参数进行敏感度分析，认为土体自身参数对于强夯振动的影响，大于强夯项目自身设计参数；夯锤底面半径、夯锤的重量与落距对强夯振动影响依次减小。

此外，很多学者提出了新的理论方法来研究强夯振动机理。如谢能刚等基于碰撞分析理论，采用基于网络并行计算技术的复形优化法，求解能量补充方程与碰撞方程，并且对强夯法加固地基机理进行数值分析等。孔令伟等基于摩尔-库仑破坏准则等，得出强夯冲击荷载作用地基土动应力衰减速度较一般动荷载缓慢的结论；并且认为动应力是引起强夯振动的本质原因，动应力衰减引起强夯振动的速度、加速度及振幅的衰减，对研究强夯振动对周围环境的影响有一定的参考价值。李高提出了一套与南水北调中线主干渠强夯地基处理工程实际需要相匹配的强夯振动监测新方法，得出强夯地面振动监测的测线布置方式以直线式最为合理等一系列结论。吕国仁通过应力波传播理论与工程类比法分析认为路堤高度会对地面振动产生缩小效应。Svinkin 提出了在强夯施工开始前观测现有土层建筑物和设备整个时域内振动记录的脉冲反应函数预测法。

2.7.1 点荷载振动波场

在计算弹性波动理论力学中，振源机制是指振源引起场地振动的物理过程，而振源波场辐射特征是指振源四周不同方向上振动相位的强弱，如图 2-2 所示，在满足弹性力学假设的各向均匀的弹性介质中，场地中的点 O 受到脉冲力 I 的作用，在振源四周设置距离相等的观测点以便描述振源波场的辐射传播特征，振源点与观测点间的连线与脉冲方向夹角为 0°～180°。

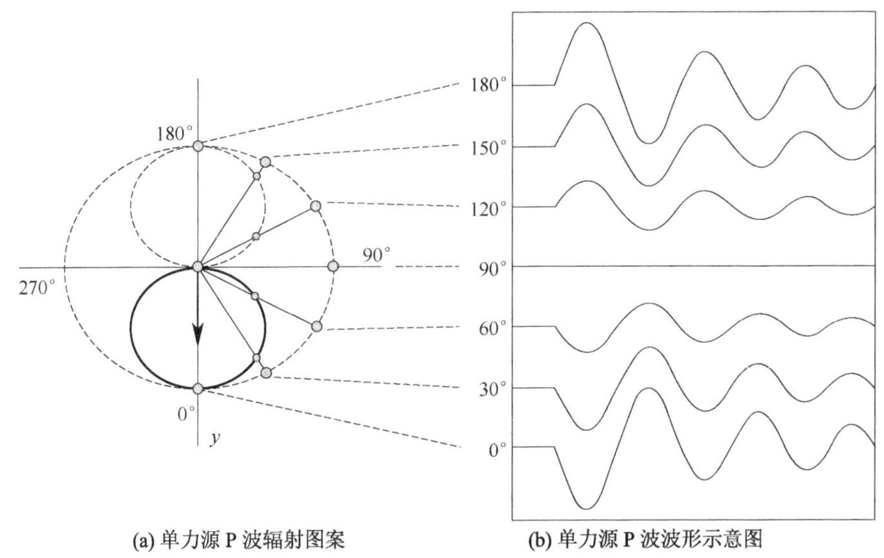

(a) 单力源 P 波辐射图案　　(b) 单力源 P 波波形示意图

图 2-2　振源辐射图案与观测波形的对应关系

同时，用观测方位上矢径的长度 U 来表示观测点上记录的振波初始波的振幅。在弹性体中，振源辐射出两种体波——纵波（P）和横波（S）。

P 波在传播过程中，质点振动方向与波的传播方向在一条直线上。若波传播与指向测点初动的方向一致，表明介质被压缩，用“+”表示，称为压缩波；若波传播与指向振源的初动方向相反，表明介质被拉伸，用“-”表示，称为拉伸波。S 波在传播过程中质点振动方向与波的传播方向垂直。

强夯振动的研究中，由于场地相对于夯锤很大，通常将地表以上的辐射去掉，将无限空间缩减为半无限空间，将场地简化为三维的半无限空间，夯锤荷载视为点荷载。

由于主要研究的是地表振动，在不考虑阻尼的情况下，根据半无限空间波动辐射理论，可知地面上 S 波的强度最大，而 P 波的强度为零。由于阻尼作用，S 波的衰减很快，因此只有在距离夯击点较近的地区，横波（S）较强，而随着距离的增大，面波（瑞利波等）逐渐成为优势波，转折距离与场地的工程地质情况和施工参数有关。

瑞利波（R）的传播方向和质点的振动方向垂直，但是质点的振动轨迹为逆进椭圆，椭圆的长轴与地面垂直。和横波（S）产生剪切作用不同，瑞利波（R）产生压剪作用。根据工程实践和相关研究，不管是横波（S）还是瑞利波（R），在强夯施工中地面的振动主要以竖向振动为主。

2.7.2 夯锤的动力作用

一个质量为 m_1 的夯锤从距离地面 h 的高度上自由坠落，忽略空气阻力，仅受重力的作用，根据牛顿定理，夯锤做加速度为 g 的由落体运动。利用动量定理，在夯锤与地面发生接触瞬间，夯锤的下落速度 v_1 为：

$$m_1gh=\frac{1}{2}m_1v_1^2 \tag{2-4}$$

$$v_1=\sqrt{2gh} \tag{2-5}$$

随后随着夯锤侵入土体，夯锤进入减速阶段，受到的阻力越来越大，逐渐停止运动并发生反弹，最终停止运动。夯锤侵入土体过程极为复杂，伴随着各种形式的能量转化，锤、土发生一系列的相互作用，有许多不同的假设模型，如图 2-3 所示。

在夯锤的侵入作用下，一方面，夯锤底部土体与周边土体被冲切剪断；另一方面，夯锤与锤底土体发生耦合，复合体的质量随着夯锤的减速运动而增大。伴随着夯锤向下贯入，锤底土不断地被压密并向两侧变形，导致夯锤四周土体也发生一定程度的压密，并使得夯击点附近的土体隆起。

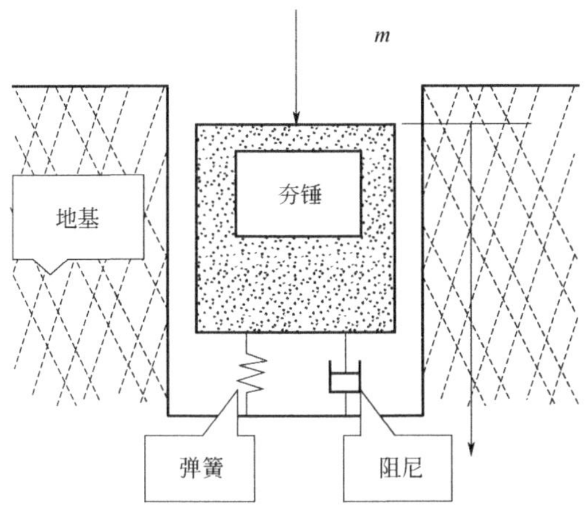

图 2-3　夯点单自由度受迫振动模型

上述夯锤侵入土体的过程，是地基土体发生结构改变的过程，也是夯锤能量转换为土体内能的过程。地基土体吸收能量发生结构改变来增强稳定性和强度，大部分能量被土体的塑性变形利用。

质量为 m_1 夯锤从距离土体 h 处的地方与质量为 m_2 的土块发生碰撞，若接触前锤、土的速度分别为 v_{11}、v_{21}，碰撞后锤、土速度分别为 v_{12}、v_{22}，则根据能量守恒系统损失的能量 ΔE 为：

$$\Delta E=\left(\frac{1}{2}m_1v_{11}^2+\frac{1}{2}m_2v_{21}^2\right)-\left(\frac{1}{2}m_1v_{12}^2+\frac{1}{2}m_2v_{22}^2\right) \tag{2-6}$$

根据动量定理：

$$m_1v_{11}+m_2v_{21}=m_1v_{12}+m_2v_{22} \tag{2-7}$$

土体的初始速度 $v_{21}=0$，$v_{11}=\sqrt{2gh}$，由式（2-6）与式（2-7）得：

$$\Delta E=\frac{m_2}{m_1+m_2}\left[1-\left(\frac{v_{22}-v_{12}}{v_{11}-v_{21}}\right)^2\right]m_1gh \tag{2-8}$$

令 $H_\mathrm{f}=\dfrac{v_{22}-v_{12}}{v_{11}-v_{21}}$，$E_0=m_1gh$ 得到：

$$\Delta E=\frac{m_2}{m_1+m_2}(1-H_\mathrm{f}^2)H_0 \tag{2-9}$$

式中，E_0 为夯锤重力势能；H_f 为恢复系数。

H_f 的大小表示碰撞过程中能量损失的程度，H_f 越大表面能量损失越小。H_f=1

时，表示系统无能量损伤；H_f=0 时，表示系统能量全部损伤；0<H_f<1 时表示系统有能量损失。对于不同的地基土体，强夯施工时夯击能转化为土体内能的比例与土体性质、夯击能有关。

强夯作用下土体的加固范围是有限的，距离较近的地基土体以发生塑性变形为主，距离较远的地基土体以发生弹性变形为主，至于距离的大小取决于场地工程地质条件和施工参数。远场土体距离夯点较远，对强夯振动作用的动力响应表现为弹性，远场振动表现为弹性波动场。强夯施工中夯击能转为近场土体结构改变的塑性内能和远场地基土体振动的弹性波动能。

强夯加固区域塑性变形区和弹性变形区的界限的确定对于强夯振动研究具有重要意义，通常将塑性区看作振源体，而塑性区的范围约为夯锤直径的 2～3 倍。

由于土体性质复杂，夯锤冲击过程发生的各种作用也很难观测，因此实际中对夯击振动的观测一般避开夯击点附近的塑性变形区，而主要集中在远场弹性区内，通常而言适用强夯法加固的施工场地比较广阔，相对于塑性区而言很大，因此可将夯锤荷载简化为点荷载，将场地视为半无限空间进行理论计算。

2.7.3 强夯振动波场

前述为理想情况下，简化的场地模型中夯锤能量的转化过程以及点源振动在无限（半无限）空间波场中的辐射特征。与此同时，强夯施工中夯锤自由落体后与土体发生碰撞，利用夯锤的强大冲击力改变一定范围内的土体的结构，提高土体的工程性能，但夯锤的能量并不能全部用来加固土体，一部分夯击能将转化为场地中各种形式的振动波动能，引起夯击点附近和周边场地强烈的振动，在附近岩土体中形成了强夯振动波的振动场。

夯点附近振动波场示意图如图 2-4 所示。在锤、土碰撞，土体被加固的动力过程中，一方面夯击能转化为土体的变形内能，另一方面弹性波向四周传播并受场地阻尼作用先后衰减。

场地中的弹性波的形式主要包括纵波（P）、横波（S）、瑞利波（R）、勒夫波（L），前两者为体波，后两者为面波，不同弹性波具有不同的特点，主要表现在传播速度、质点的振动方式、作用机理等几个方面。

纵波（P）的传播方向与质点振动方向在一条直线上，引起材料的压缩和拉伸，传播速度最快；横波（S）的传播方向与质点的振动方向垂直，引起材料的剪切传播速度较快；勒夫波（L）的传播方向与质点的振动方向垂直，轨迹为水平面上的逆时针椭圆，传播速度相对较慢；瑞利波（R）的传播方向与质点振动方向垂直，但质点的振动方向与地面垂直，轨迹表现为逆进椭圆，传播速度最慢，如图 2-5 所示。

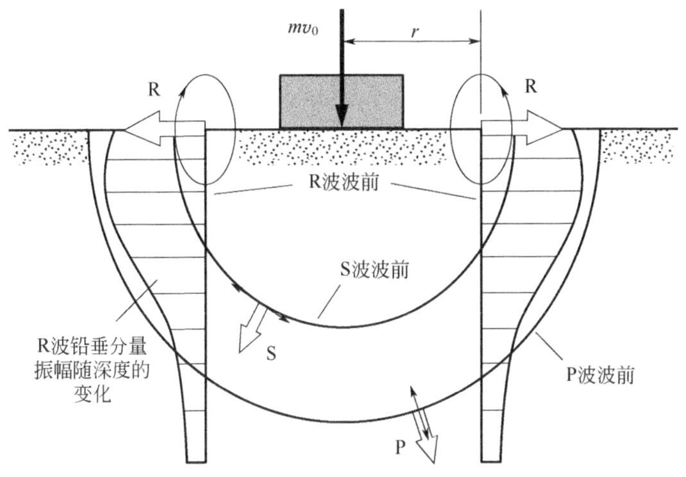

图 2-4　强夯场地振动示意图

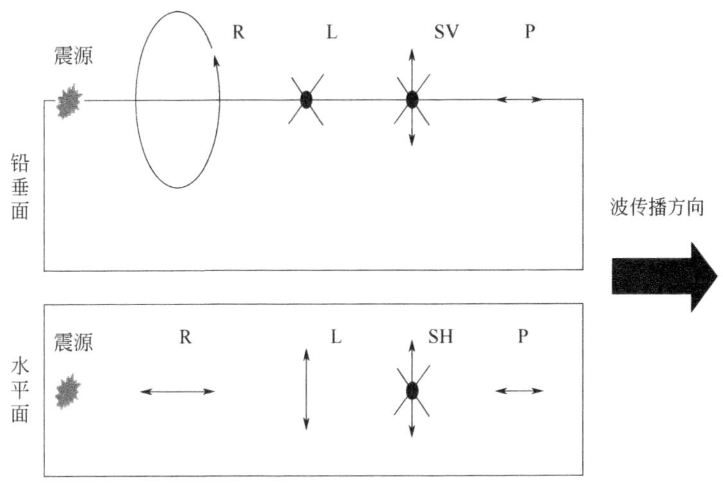

图 2-5　各类弹性波质点振动方式比较

根据前面的介绍，将横波（S）分解为水平面内的 SH 波和铅垂面内的 SV 波。由于强夯冲击的作用方向为竖向，所以在理想弹性波场理论中，在半无限的强夯振动波场中几乎不存在 SH 波和 L 波，场地表面不存在纵波（P）。实际中的情况和理论假设有出入，只在距离夯击点很近的范围内可观测到 P 波。各种波作用于地基相互叠加，随着时间和距离的增大，逐渐相互取代成为优势波。

作为体波，纵波（P）和横波（S）自夯源（振源）向场地中扩散传播，在场地均匀的情况下，波前面表现为球面，波动能量的衰减与传播距离的平方近似成反比关系；瑞利波（R）是面波，从振源向均匀的场地中传播扩散时，其波前面为一圆柱面，波动能量的衰减与传播距离近似成反比关系，能量衰减的速率远比体波慢。根据相关试验研究，强夯振动波场中波动能量比例纵波（P）占 6.9%，横波（S）占 25.8%，瑞利波（R）占 67.3%，勒夫波（L）忽略不计。横波（S）和瑞利波（R）所携带的能量约占振动能量的 93.1%，是场地振动的主要因素。

由实际的强夯施工实践已经证明，由于地基土体的阻尼作用，强夯振动波在四周场地扩散传播的过程中，振动强度随着传播距离的增加而逐渐减小。振动加速度峰值随距离衰减的规律：

$$a = k_a R^{-\alpha} \tag{2-10}$$

式中，a 为振动波的峰值加速度；k_a 为与场地工程地质条件有关的常数；R 为距夯击点的距离；α为加速度衰减系数。

振动速度峰值随距离衰减的规律：

$$v = k_\beta R^{\beta} \tag{2-11}$$

式中，v 为振动波的峰值速度；k_β为与场地工程地质条件有关的常数；R 为距夯击点的距离；β为加速度衰减系数。

工程监测资料统计分析表明，强夯施工场地周边振动主要以竖向振动为主，可以用竖向振动的峰值参数作为振动评价的依据。场地模量越低，振动主频越低，衰减越慢，传播距离越远。强夯振动的主频一般小于 10Hz。

由于强夯振动的复杂性，当前关于强夯振动衰减的规律研究主要集中在现场土体竖向振动速度数据的分析上，通过在场地中（或实验室模型、数值模拟模型）按照一定的间隔布置测线，将振动检测仪安装到预定的地点，进行施工时的振动记录，最后将检测记录进行统计分析，研究不同场地、不同施工参数与技术下强夯振动的衰减规律。

2.8 多夯机强夯叠加作用

多台夯机共同施工时，可将其对土体的冲击视为较弱的爆炸，根据爆炸学中的 Anderson 线性叠加公式，可以获得由多个冲击源（多台夯机）引起的测量点 x 处的振动（图 2-6）：

$$u(x,t)=m(\xi,\tau)\cdot G(x,t,\xi,\tau) \tag{2-12}$$

式中，$m(\xi,\tau)$ 表示多个冲击源的时间函数；$G(x,t,\xi,\tau)$ 为弹性动态格林函数；ξ 为冲击源位置，t 为时间；τ 为格林函数变量。

根据公式（2-12），单个夯锤引起的振动和源函数可表示为

$$u_s=m_s\cdot G \tag{2-13}$$

将多个冲击源时间函数 m 改写为与单个夯锤振动相关的脉冲序列 $m=m_s\cdot m_R$

$$m_R=\sum_{i=1}^{n}a_i\delta(t-t_i),i=1,2,\cdots,n \tag{2-14}$$

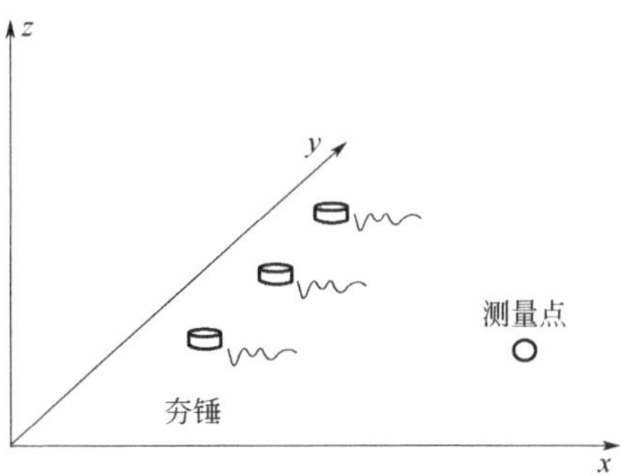

图 2-6　多夯机冲击能量叠加示意图

式中，m_R 是脉冲序列函数；a_i 表示脉冲 i 的振动比系数；δ 为狄拉克脉冲函数；t 为冲击时间间隔；n 为脉冲数（锤击数）。

由于土体的非线性，冲击振动波在地层中的传播是一个复杂的过程，其衰减规律受场地条件和岩土性质的影响。各国学者根据试验数据总结的地面振动强度和场地非线性的经验公式（如常用的 Sadovsky 公式）大多是与以下表达式类似的广义表达式：

$$A=K\cdot Q^{\alpha}\cdot R^{\beta} \tag{2-15}$$

式中，A 为振动强度；Q 为冲击能量；R 为测点与冲击点之间的距离；K 为与冲击源设计参数相关的经验系数，α 和 β 为根据现场条件和岩土性质确定的衰减系数，一般通过现场试验数据分析得出。

基于上述分析，由多台夯机冲击叠加引起的地面振动可表示为：

$$u=u_s\cdot\sum_{i=1}^{n}K\left(\frac{Q_i}{Q_0}\right)^{\alpha}\delta(t-t_i) \tag{2-16}$$

式中，Q_i 是夯击能量；K 是与夯锤参数相关的经验系数；α 是由现场条件和岩石和土壤性质确定的衰减系数。

公式（2-16）即为多台夯机振动能量叠加引起的地面振动强度的理论描述，但实际强夯冲击并不是公式中的理想脉冲，强夯的复杂性和场地条件限制了这一公式的应用。为了解决这一问题，引入基于能量守恒的显式动力有限元数值方法，以此来研究强夯振动的叠加。

其中，土体振动的阻尼可以通过能量守恒来实现。根据热力学第一定律，固定物质的动能和内能的时间变化率等于表面力和物体力所做的功的速率之和。这可以表示为：

$$\frac{\mathrm{d}}{\mathrm{d}t}\int_V\left(\frac{1}{2}\rho\boldsymbol{v}\cdot\boldsymbol{v}+\rho U\right)\mathrm{d}V=\int_S\boldsymbol{v}\cdot\boldsymbol{t}\mathrm{d}S+\int_V\boldsymbol{f}\cdot\boldsymbol{v}\mathrm{d}V \tag{2-18}$$

式中，ρ 为当前质量密度；$\boldsymbol{v}$ 为速度场矢量；U 为单位质量内能；$\boldsymbol{t}$ 为表面牵引矢量；$\boldsymbol{f}$ 为物体力矢量；$\boldsymbol{n}$ 为边界 S 上的法向矢量。

在边界 S 上显然有 $\boldsymbol{t}=\boldsymbol{\sigma}\cdot\boldsymbol{n}$，由此得到：

$$\int_S\boldsymbol{v}\cdot\boldsymbol{t}\mathrm{d}S=\int_V\left(\frac{\partial}{\partial\boldsymbol{x}}\right)\cdot(\boldsymbol{v}\cdot\boldsymbol{\sigma})\mathrm{d}V=\int_V\left[\left(\frac{\partial}{\partial\boldsymbol{x}}\cdot\boldsymbol{\sigma}\right)\cdot\boldsymbol{v}+\dot{\boldsymbol{\varepsilon}}:\boldsymbol{\sigma}\right]\mathrm{d}V \tag{2-19}$$

则公式（2-18）可以被改写为：

$$\frac{\mathrm{d}}{\mathrm{d}t}\int_V\left(\frac{1}{2}\rho\boldsymbol{v}\cdot\boldsymbol{v}+\rho U\right)\mathrm{d}V=\int_V\left[\left(\frac{\partial}{\partial\boldsymbol{x}}\cdot\boldsymbol{\sigma}+\boldsymbol{f}\right)\cdot\boldsymbol{v}+\boldsymbol{\sigma}:\dot{\boldsymbol{\varepsilon}}\right]\mathrm{d}V \tag{2-20}$$

其中是 $\dot{\boldsymbol{\varepsilon}}$ 应变率张量。利用柯西运动方程，积分可得：

$$\int_V\frac{1}{2}\rho\boldsymbol{v}\cdot\boldsymbol{v}\mathrm{d}V+\int_V\rho U\mathrm{d}V=\int_0^t\dot{E}_{WF}\mathrm{d}\tau+\text{constant}$$

或

$$E_K+E_U=\int_0^t\dot{E}_{WF}\mathrm{d}\tau+\text{constant} \tag{2-21}$$

式中，$E_K=\int_V\frac{1}{2}\rho\boldsymbol{v}\cdot\boldsymbol{v}\mathrm{d}V$ 为动能；$E_U=\int_V\rho U\mathrm{d}V=\int_0^t\left(\int_V\boldsymbol{\sigma}:\dot{\boldsymbol{\varepsilon}}\mathrm{d}V\right)\mathrm{d}\tau-U_0$ 为内能（U_0 为时间 t=0 时的能量）。外力和接触面之间的接触摩擦力对物体所做的功的速率 $\dot{E}_{WF}$ 定义为：

$$\dot{E}_{WF}=\left(\int_S\boldsymbol{v}\cdot\boldsymbol{t}^l\mathrm{d}S+\int_V\boldsymbol{f}\cdot\boldsymbol{v}\mathrm{d}V\right)-\left(-\int_S\boldsymbol{v}\cdot\boldsymbol{t}^f\mathrm{d}S\right)-\left(-\int_S\boldsymbol{v}\cdot\boldsymbol{t}^{qb}\mathrm{d}S\right)\equiv\dot{E}_W-\dot{E}_F-\dot{E}_{QB} \tag{2-22}$$

式中，$\dot{E}_W$ 是外力对物体所做的功的速率；$\dot{E}_{QB}$ 是固体介质无限元阻尼效应耗散的能量速率；$\dot{E}_F$ 是接触面之间接触摩擦力耗散的能量速率，则整体能量平衡可以写成：

$$E_U+E_K+E_F-E_W-E_{QB}=\text{constant} \tag{2-23}$$

将内部能量的耗散部分 E_U 分解为

$$E_U=\int_0^t\left(\int_V\boldsymbol{\sigma}^c:\dot{\boldsymbol{\varepsilon}}\mathrm{d}V\right)\mathrm{d}\tau+\int_0^t\left(\int_V\boldsymbol{\sigma}^v:\dot{\boldsymbol{\varepsilon}}\mathrm{d}V\right)\mathrm{d}\tau\equiv E_I+E_V \tag{2-24}$$

式中，$\boldsymbol{\sigma}^c$ 是从用户指定的本构方程导出的应力；$\boldsymbol{\sigma}^v$ 是黏性应力；E_V 是黏性效应耗散的能量（通过有限元模型中设置体积黏度、材料阻尼和结构阻尼等确定）；E_I 是剩余能量，可表示为

$$\begin{aligned}E_I&=\int_0^t\left(\int_V\boldsymbol{\sigma}^c:\dot{\boldsymbol{\varepsilon}}^{el}\mathrm{d}V\right)\mathrm{d}\tau+\int_0^t\left(\int_V\boldsymbol{\sigma}^c:\dot{\boldsymbol{\varepsilon}}^{pl}\mathrm{d}V\right)\mathrm{d}\tau+\int_0^t\left(\int_V\boldsymbol{\sigma}^c:\dot{\boldsymbol{\varepsilon}}^{cr}\mathrm{d}V\right)\mathrm{d}\tau\\&=E_S+E_P+E_C\end{aligned} \tag{2-25}$$

式中，$\dot{\boldsymbol{\varepsilon}}^{el}$，$\dot{\boldsymbol{\varepsilon}}^{pl}$，$\dot{\boldsymbol{\varepsilon}}^{cr}$ 分别为弹性、塑性和蠕变应变率；E_S 是弹性应变能；E_P 是塑性耗散的能量；E_C 是时间相关变形（蠕变、膨胀和黏弹性）耗散的能量。

通过上述一系列公式，即可在有限元模型中实现土体振动能量的耗散和衰减，并通过动力平衡得到土体单元的应力应变——将土体视为具有弹塑性本构关系的均质连续介质，根据虚功原理，可得到节点平衡方程：

$$[M]^e\{\ddot{\delta}\}+[C]^e\{\dot{\delta}\}^e+[K]^e_{ep}\{\delta\}^e=\{F_{(t)}\}^e \tag{2-26}$$

其中，$[M]^e$ 是单元的质量矩阵；$[C]^e$ 是单元的阻尼矩阵；$[K]^e_{ep}$ 是单元的刚度矩阵；$\ddot{\delta}$, $\dot{\delta}$, δ 分别为节点速度矢量、加速度矢量和位移矢量；$F^e_{(t)}$ 是等效的节点负载向量，并有：

$$[M]^e=\iiint_v [N]^{\mathrm{T}}\rho[N]\mathrm{d}v$$

$$[K]^e_{ep}=\iint_v [B]^{\mathrm{T}}[\bar{D}]_{ep}[B]\mathrm{d}v$$

$$[\bar{D}]_{ep}=m[D]_e+(1-m)[D]_{ep} \tag{2-27}$$

$$[D]_{ep}=[D]_e-\frac{[D]_e\left\{\dfrac{\partial Q}{\partial\sigma}\right\}\left\{\dfrac{\partial F}{\partial\sigma}\right\}^{\mathrm{T}}[D]_e}{H'+\left\{\dfrac{\partial Q}{\partial\sigma}\right\}^{\mathrm{T}}\left\{\dfrac{\partial F}{\partial\sigma}\right\}[D]_e}$$

式中，$[D]_{ep}$ 是弹塑性矩阵；$[D]_e$ 是弹性矩阵；$[N]$ 是依赖于节点坐标的插值函数；Q 是塑性势函数；H'是硬化模量；F 是屈服函数，如常用的土体摩尔-库仑模型屈服函数：

$$F=R_{mc}q-p\tan\varphi-c=0 \tag{2-28}$$

$$R_{mc}(\Theta,\varphi)=\frac{1}{\sqrt{3}\cos\varphi}\sin\left(\Theta+\frac{\pi}{3}\right)+\frac{1}{3}\cos\left(\Theta+\frac{\pi}{3}\right)\tan\phi$$

式中，c 是内聚力；φ 是摩擦角；q 是广义剪应力；R_{mc} 是摩尔-库仑偏应力测量值；Θ 是偏极角。

另外，冲击过程由于其自身的复杂性，在有限元分析中通常采用显式算法来求解，其实质是用差分代替微分，用线性插值计算位移和加速度，例如方程（2-26）可表示为：

$$M_{ij}\ddot{u}_j(t+\Delta t)+C_{ij}\dot{u}_j(t+\Delta t)+K_{ij}u_j(t+\Delta t)=P_i(t+\Delta t) \tag{2-29}$$

式中，M 为质量矩阵；C 为阻尼矩阵；K 为刚度矩阵；P 为外力；$\ddot{u}$、$\dot{u}$、u 为加速度、速度和节点位移。

强夯振动在土体中的传播及能量衰减过程是多夯机强夯能量叠加分析的重

点，可以通过设置瑞利阻尼来实现，其表示为质量矩阵 M 和刚度矩阵 K 的线性组合，如下所示：

$$C=\alpha M+\beta K \tag{2-30}$$

式中，α 和 β 为阻尼系数，可通过土壤结构的阻尼比和固有频率来求解。对于有阻尼的土体，稳定极限可设为：

$$\Delta t_{\text{stable}}=\frac{2}{\omega_{\max}}(\sqrt{1+\xi^2}-\xi) \tag{2-31}$$

式中，ξ 为最高振动循环频率下整个系统的临界阻尼比。由于很难获得其精确值，在有限元分析中通常可以改为由单元长度和材料波速定义：

$$\Delta t_{\text{stable}}=\frac{L_e}{C_d}$$

$$C_d=\sqrt{\frac{E}{\rho}} \tag{2-32}$$

式中，E 是材料的弹性模量；ρ 是材料的密度。

由此可见，当为土体确定了符合实际情况的强度准则、抗剪强度指标和阻尼系数后，就可以通过一系列基于能量守恒的方程、以显式算法获得土体各处的动力响应参数，实现对多夯机强夯能量叠加性状的分析研究。

参考文献

[1] 冶金部建筑研究总院. 地基处理技术：强夯实法与振动水冲法 [M]. 北京：冶金工业出版社，1989.

[2] Gambin M P. Ten Years of Dynamic Consolidation In：Proc Of the Eighth Regional Conference for Africa on 5011 Mechanics and Foundation Engineering [J]. Harare，1984：363-370.

[3] 地基处理手册编写委员会. 地基处理手册 [M]. 北京：中国建筑工业出版社，1988.

[4] 曾庆军，龚晓南，李茂英. 强夯时饱和软土体基表层的排水通道 [J]. 工程勘察，2000，3.

[5] 孟庆山，汪稔，王吉利. 动力排水固结法对软土力学特性影响的试验研究 [J]. 工程勘察，2002，3.

[6] Nakaoka T.，Mochizuki A，et al. Field Compaction Test at a Fill of Weathered Granite Compaction Method Ground Improvement Geosynthetics [J]. Thomas Telford，London，1997：83-88.

[7] Nakaoka T.，et al. Evaluation of Results of Improvement of Ground by Dynamic Compaction Method [J]. Soil and Foundations，1992，Vol. 40，No. 5，35-40.

[8] Kanatani M，Yoshida Y，Kokusho T，et al. Model tests on densification of sandy ground by dynamic

consolidation method with rotational ram [C]//Ground improvement geosystems Densification and reinforcement：Proceedings of the Third International Conference on Ground Improvement Geosystems London，3-5 June 1997. Thomas Telford Publishing，1997：61-67.

[9] The vanayagm Minimum Density-Residual Strength Relations for Densification Compaction. Ground improve-ement geosynthetics [J]. Thomas Telford，London，1997：39-43.

[10] Jamiolkowski M，Pasqualini E. Compaction of Granular Soils—Remarks on Quality Control [C] //Grouting，Soil Improvement and Geosynthetics. ASCE，1992：902-914.

[11] 钱家欢，钱学德，赵维炳，等. 动力固结的理论与实践 [J]. 岩土工程学报，1986，8 (6)：1-17.

[12] 褚宏宪，史慧杰. 强夯施工振动影响评价 [J]. 岩土工程界，2004，7 (11)：78-80.

[13] 李实，孔福利，徐全军，等. 强夯振动与爆破振动的信号特征对比分析 [J]. 爆破器材，2008，37 (1)：31-34.

[14] 龚成明，程谦恭，刘争平. 强夯激励下黄土边坡动力响应模型试验研究 [J]. 岩土力学，2011，32 (7)：2001-2006.

[15] 李润，简文彬，康荣涛. 强夯加固填土地基振动衰减规律研究 [J]. 岩土工程学报，2011，33 (zk1)：246-250.

[16] 彭进宝. 强夯引起的地层与建筑物振动特性及其控制研究 [D]. 湘潭：湖南科技大学，2012.

[17] 夏瑞良，龚小平，沈小七. 强夯引起地面振动的衰减特征 [J]. 地震学刊，2001，21 (2)：41-43.

[18] 刘健. 强夯法处理湿陷性黄土地基地面振动特性的研究 [D]. 成都：西南交通大学，2009.

[19] 孟庆山，汪稔. 冲击荷载下饱和软土动态响应特征的试验研究 [J]. 岩土力学，2005，26 (1)：17-21.

[20] 张恺. 公路拓宽地基强夯振动传播规律及其应用技术研究 [D]. 济南：山东大学，2013.

[21] 杭的平. 4000kN · m 能级强夯黄土边坡动态响应规律的研究 [D]. 太原：中北大学，2014.

[22] 曲兆军，高永涛，欧阳振华. 强夯作用下土石混合体填筑边坡变形与振动特性 [J]. 河南科技大学学报 (自然科学版)，2011，32 (2)：52-55，110.

[23] 刘深，马红利. 强夯施工受高边坡影响的探讨 [J]. 中国水运 (下半月)，2012，12 (6)：258，260.

[24] 杨丹. 施工振源激励的黄土边坡振动特性的测试与分析研究 [D] . 成都：西南交通大学，2008.

[25] 王鹏程. 强夯法加固地基的振动影响研究 [D]. 北京：北京交通大学，2011.

[26] 谢能刚，王璐，邱晗. 强夯动接触力的碰撞分析与并行优化求解 [J]. 岩石力学与工程学报，2004，23 (13)：2172-2176.

[27] 孔令伟，袁建新. 强夯的边界接触应力与沉降特性研究 [J]. 岩土工程学报，1998，20 (2)：86-92.

[28] 李高. 强夯地基加固质量的实时振动监测方法研究 [D]. 北京：中国地质大学 (北京)，2013.

[29] 吕国仁. 旧路基拓宽改建沉降开裂机理及强夯工艺研究 [D]. 济南：山东大学，2008.

[30] Svinkin M R. Soil and structure vibrations from construction and industrial sources [J]. 2008. 2.

第3章

多夯机强夯加固叠加特性的研究方法

针对强夯施工所引起的振动问题，由于夯击过程本身的复杂性和岩土体材料的非线性，常规解析方法很难进行分析，针对这一问题，已经有众多学者做了大量的研究，证明了有限元数值分析的方法能很好地模拟强夯过程。有限元单元法是将某个结构离散成为有限个通过节点相互连接的单元。计算分析时，用离散后的结构代替原来的结构，而经过离散后的单元只在节点处彼此有力作用，该方法通用性好、适应性强，已在岩土工程中得到广泛利用。

本书将已经在众多实践工程和科学研究中证明其计算结果的真实可靠性、稳定性、实用性的大型非线性有限元分析软件 ABAQUS 作为多夯机强夯加固叠加特性的主要研究手段，模拟强夯动力冲击过程，分析强夯振动的叠加效果，研究其振动能量衰减机理。

ABAQUS 是最具知名度的数值模拟软件之一，具有较强的非线性计算能力，而且还包含了大量的材料模型、单元类型以及分析过程等。同时该软件拥有较好的人机交互式 ABAQUS/CAE 界面，可通过简单的菜单以及参数选择实现有限元建模与计算，也可编写脚本文件（python 文件）或计算输入文件（inp 文件）进行复杂工况的模拟分析，模拟的环节包括 ABAQUS/Standard 和 ABAQUS/Explicit 两个主求解模块。此外，ABAQUS/CAE 还可以提供模型的前处理以及后处理。

ABAQUS/Standard 是隐式分析求解模块，既可以分析线性问题，也可以分析非线性问题；既包括静态问题，也包括动态问题和热电响应等问题。其可以对几何非线性、材料非线性和边界条件非线性以及各种组合非线性问题通过自动增量控制技术进行计算分析。ABAQUS/Explicit 是显式分析求解模块，是分析瞬时动力问题的有效工具，专门用于分析冲击、爆破以及其他短暂、动力等高度不连续问题及其相关接触问题，因此也是本章研究的首选求解器。

ABAQUS 提供了适合广泛土体的本构模型，如适合于砂土等颗粒状材料的不相关流动的扩展 Druker-Prager 模型，适合地质、隧道开挖等领域的盖帽 Druker-Prager 模型（该模型可以考虑蠕变影响），适合黏土的剑桥模型，以及考虑剪切破坏的摩尔-库仑模型。同时，该软件提供了丰富的子程序接口，可以定义各种本构关系，如各向异性或各项正交异性的弹性应力-应变关系等。其中，材料子程序 UMAT 允许用户自定义材料本构关系，如邓肯-张非线性弹性以及考虑土体拉裂破坏的修正摩尔-库仑模型等，蠕变子程序 CREEP 可定义各类蠕变或者膨胀演化方程，UMULLINS 子程序可以定义 Mullins 材料模型的损伤特性等。

ABAQUS 提供了丰富的适合岩土工程与水利工程的单元类型，包括了一阶与二阶的实体单元、轴对称单元以及平面单元。如适合钢筋混凝土模拟的加筋单元，适合渗流模拟的孔压单元，适合渗流应力耦合的 Pore Fluid/Stress 单元，适合桩体模拟的梁单元等。

3.1 材料本构模型的选取

岩土体是一种复杂的三相介质，具有黏、弹、塑性，尤其在实际工程中，土体的应力-应变关系十分复杂，目前尚没有哪种本构模型能够完全适用于不同情况的不同土体，为了进行数值模拟一般都要进行一定的简化，亦即用某本构模型来描述岩土体的物理力学性能。

岩土体的基本本构模型主要包括理想弹性体模型和弹塑性体模型等，而每一种模型又有其具体的分类，常用于岩土体的弹塑性本构模型有 Mohr-Coulomb 模型和 Druker-Prager 模型等。在选取本构模型时，应该充分考虑计算分析的类型、材料的种类以及获取模型参数的实验手段，因此结合多夯机强夯工程的实际情况，选定 ABAQUS 中的 Mohr-Coulomb 模型作为场地岩土体的本构模型。

Mohr-Coulomb 模型具有如下特点：模型中温度可以影响材料的性质，且材料在初始及硬化、软化时具有各向同性，在计算时不用考虑材料的应力硬化或软化特征；Mohr-Coulomb 模型在 ABAQUS 中采用了非关联的光滑曲面作为塑性势面，避免了不收敛现象；Mohr-Coulomb 模型中，屈服行为随第二主应力的变化而变化，且屈服行为受净水压力的影响，净水压力越大，材料强度越大；Mohr-Coulomb 模型中的流动法则可以考虑体积变形时引起的非弹性变形，且在应力空间中存在着弹、塑性区以及弹塑性分界面。

在 ABAQUS 中，Mohr-Coulomb 模型的屈服准则表现为剪切破坏准则，也可以设置成受拉破坏准则。Mohr-Coulomb 模型的基本理论如下：

Mohr-Coulomb 准则中剪切屈服面为：

$$F = R_{mc}q - p\tan\varphi - c=0 \tag{3-1}$$

式中，φ 为材料的摩擦角，取值范围为 $90^\circ \geqslant \varphi \geqslant 0^\circ$；$q$ 为 Mises 等效应力；p 为等效压应力；c 为材料的黏聚力。

$R_{mc}(\Theta,\varphi)$ 控制了屈服面在 π 平面上的形状，其计算公式如下：

$$R_{mc}=\frac{1}{\sqrt{3}\cos\varphi}\sin\left(\Theta+\frac{\pi}{3}\right)+\frac{1}{3}\cos\left(\Theta+\frac{\pi}{3}\right)\tan\varphi \tag{3-2}$$

式中，Θ 为极偏角，$\cos(3\Theta)=r^3/q^3$；r 为第三偏应力不变量 J_3。

当 Mohr-Coulomb 模型的屈服准则为受拉破坏准则时，采用 Rankine 准则：

$$F_t=R_r(\Theta)q - p - \sigma_t=0 \tag{3-3}$$

式中，$R_r(\Theta)=2/3\cos(3\Theta)$；$\sigma_t$ 为抗拉强度，其取值随等效拉伸塑性应变而变化。

Mohr-Coulomb 屈服面在子午面 $(\Theta=0)$ 和 π 平面上的形状见图 3-1，Mohr-Coulomb 屈服面与 Drucker-Prager 屈服面、Tresca 屈服面、Mises 屈服面之间的相对关系也可由此图表示。

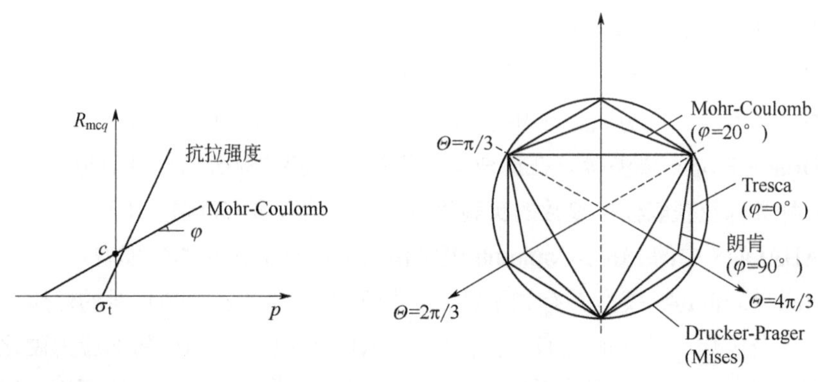

图 3-1　Mohr-Coulomb 模型中的屈服面

由于 Coulomb 屈服面存在尖角（见图 3-1），如果采用塑性势面与屈服面相同的流动法则，则在尖角处将会出现塑性流动方向不唯一的状况，从而导致计算变慢，甚至出现不收敛的情况。

在 ABAQUS 中，塑性势面采用了如下形式的连续光滑的椭圆函数，从而避免了尖角处塑性流动方向出现的问题。其形状如图 3-2 所示。

$$G=\sqrt{(\varepsilon c|_0\tan\psi)^2+(R_{mw}q)^2}-p\tan\psi \tag{3-4}$$

式中，ψ 为剪胀角；$c|_0$ 为初始黏聚力；ε 为子午面上的偏心率，若 $\varepsilon=0$，塑性势面在子午面上将是一条倾斜向上的直线，ABAQUS 中默认为 0.1。

$R_{mw}(\Theta,e,\varphi)$ 控制了其在 π 平面上的形状，其下式计算：

$$R_{mw}=\frac{4(1-e^2)\cos^2\Theta+(2e-1)^2}{2(1-e^2)\cos\Theta+(2e-1)\sqrt{4(1-e^2)(\cos\Theta)^2+5e^2-4e}}R_{mc}\left(\frac{\pi}{3},\ \varphi\right) \tag{3-5}$$

e 是 π 平面上的偏心率，主要控制了 π 平面上 $\Theta=0\sim\pi/3$ 的塑性势面的形状。其默认值计算如下：

$$e=\frac{3-\sin\varphi}{3+\sin\varphi} \tag{3-6}$$

上式计算的 e 的作用是确保塑性势面在面受拉和受压的角点上与屈服面相切。e 的大小也可以指定，其取值范围为 $0.5<e\leqslant1.0$。图 3-2 给出了不同的塑性势面。

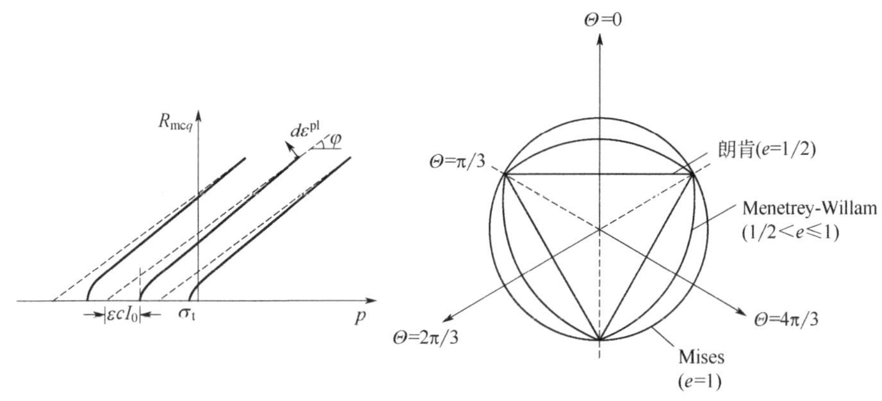

图 3-2　Mohr-Coulomb 模型中的塑性势面

3.2　求解器的选择

多夯机强夯冲击是一个复杂的动态多点冲击过程，对于冲击的模拟决定了整个模型的精度和可信度，因此需要谨慎选择恰当的求解器。ABAQUS 中动态分析包括两大类基本方法：

① 振型叠加法：用于求解线性动态问题；

② 直接积分法：主要用于求解非线性动态问题。

ABAQUS 显式（explicit）和隐式（standard）算法分别对应着直接积分法中的中心差分法（显式）和 Newmark 法（隐式）等。

ABAQUS 显式（explicit）算法由于其与隐式求解相比具有较好的收敛性，常被应用于准静态和非线性动力学问题，特别是在模拟瞬时的动态、短暂等问题时使用较多。该模块可以用于求解高速动力学事件、复杂接触问题、复杂后屈曲问题、材料退化和失效以及高度非线性的准静态问题。

而 Newmark 法更加适合于计算低频占主导的动力问题，从计算精度考虑，允许采用较大的时间步长以节省计算时间，同时较大的时间步长还可以过滤掉高阶不精确特征值对系统响应的影响。隐式方法要转置刚度矩阵，增量迭代，通过一系列线性逼近（Newton-Raphson）来求解。正因为隐式算法要对刚度矩阵求逆，所以计算时要求整体刚度矩阵不能奇异，对于一些接触高度非线性问题，有时无法保证收敛。

同时，ABAQUS 显式（explicit）采用的中心差分法也非常适合研究波的传播问题，如碰撞、高速冲击、爆炸等。显式中心差分法的质量矩阵 M 与阻尼矩阵 C 是对角阵，如给定某些有限元节点以初始扰动，在经过一个时间步长后，和它相关的节点进入运动，这些节点对应的分量成为非零量，此特点正好和波的传播特点相一致。另外，研究波传播的过程需要微小的时间步长，这也正是中心差分法的特点。

显式中心差分法用于解决动力方程问题的动力方程表示如下：

$$\boldsymbol{M\ddot{u}} + U - W = 0 \tag{3-7}$$

式中，$\ddot{\boldsymbol{u}}$ 为位移向量。质量矩阵 M，内能 U 和内力做的功 W 由式（3-8）～式（3-10）计算：

$$M = \sum_{i=1}^{n}\int_{V_0} N_i^T N_i \mathrm{d}V_{i0} \tag{3-8}$$

式中，ρ_{i0} 为第 i 号单元的密度；N 和 V 分别为单元的形函数和体积。

$$U = \sum_{i=0}^{n}\int_{s} \rho_{io} B_i^T \sigma_i \mathrm{d}V_{io} \tag{3-9}$$

$$W=\sum_{i=1}^{n}\int_{S}N_i^T t_i \mathrm{d}S_i+\int_{V}N_i^T f_i \mathrm{d}V_i \tag{3-10}$$

式（3-9）、式（3-10）中，σ、t、f 分别为应力、表面力、体力；B 为应变位移转换矩阵；S 为单元的表面积；V_0 为单元的体积。

为了求解式（3-7），显式中心差分法利用对位移时间导数的有限差分来近似获取当前步的加速度以及速度。单元的速度和位移中心差分表达式如下：

$$\dot{\boldsymbol{u}}^{\left(j+\frac{1}{2}\right)}=\dot{\boldsymbol{u}}^{\left(j-\frac{1}{2}\right)}+\frac{\Delta t^{(j+1)}+\Delta t^{(j)}}{2}\ddot{\boldsymbol{u}}^{(j)} \tag{3-11}$$

$$\dot{\boldsymbol{u}}^{(j+1)}=\boldsymbol{u}^{(j)}+\Delta t^{(j+1)}\dot{\boldsymbol{u}}^{\left(j+\frac{1}{2}\right)} \tag{3-12}$$

式（3-11）、式（3-12）中，$\dot{\boldsymbol{u}}$ 为速度向量；$\ddot{\boldsymbol{u}}$ 为加速度向量。标在右上方的 (j) 和 $(j-1)$ 代表中间增量值。

中心差分法作为一种显式积分方法，能够从先前增量步的 $\dot{\boldsymbol{u}}^{\left(j-\frac{1}{2}\right)}$ 和 $\ddot{\boldsymbol{u}}^{(j)}$ 的值获得下一时刻的运动状态。通过进一步使用单元质量矩阵为对角矩阵的特性，计算过程中不用求逆，使得中心差分法的计算过程显得非常高效。对于初始加速度的计算，公式如下：

$$\ddot{\boldsymbol{u}}^{(j)}=M^{(-1)}(U^{(j)}-W^{(j)}) \tag{3-13}$$

由于中心差分法的计算过程不是自启动的，因此需要定义平均速度 $\dot{\boldsymbol{u}}^{\left(-\frac{1}{2}\right)}$ 的值。对于 t=0 时刻的速度和加速度一般设置为零，也可以按照如下公式对其重新赋值：

$$\dot{\boldsymbol{u}}^{\left(+\frac{1}{2}\right)}=\dot{\boldsymbol{u}}^{(0)}+\frac{\Delta t^{(0)}}{2}\ddot{\boldsymbol{u}}^{(0)} \tag{3-14}$$

将式（3-14）代入式（3-11）中，可以得到 $\dot{\boldsymbol{u}}^{\left(-\frac{1}{2}\right)}$ 的值：

$$\dot{\boldsymbol{u}}^{\left(-\frac{1}{2}\right)}=\dot{\boldsymbol{u}}^{(0)}-\frac{\Delta t^{(0)}}{2}\ddot{\boldsymbol{u}}^{(0)} \tag{3-15}$$

显式中心差分法积分过程中，由于质量矩阵为对角矩阵，因此没有迭代过程且不需要计算切线刚度矩阵。因此对于每一个增量步，只需要很少的计算量。但是显式积分方法是条件稳定的，它要求每一个增量步必须很小。稳定极限受结构最大特征值限制：

$$\Delta t\leqslant\frac{2}{\omega_{\max}}\left(\sqrt{1+\zeta^2}-\zeta\right) \tag{3-16}$$

式中，ζ 为系统最大特征值对应的临界阻尼百分比。

ABAQUS/Explicit 求解器一般需要 1 万～100 万个增量步才能获得一个可靠的计算结果，但是每一增量步的计算代价特别小。为了保持结果的精确性，时间增量步必须保持在一个非常小的水平。显式求解器使用的最大时间增量与整个结构的稳定极限有关，该稳定极限由系统根据动力系统振型对应的自振频率计算。

显式算法对于高速动力学问题的求解具有较大的优势，它的特点是需要将时间增量步控制在一个较小的值以确保结果的精度。由于时间增量步较小，因此显式算法需要计算次数较多，但是如果荷载持续的时间比较短，例如爆炸荷载，则计算效率将会较高。显式方法与隐式方法最大的区别就是显式方法不需要迭代。通过对节点处加速度的调节，可以保证外力与内力处于平衡。由于是显式的往前推模型的状态，因此并不需要进行迭代和相应的收敛准则。显式算法的非迭代特点使得其可以很高效地处理模型中包含接触以及极度不连续等的情况，因此在多夯机冲击土体的模拟分析中，选择显示算法求解器作为主要工具。

3.3 强夯动力接触问题

夯锤和土体发生冲击时的动力接触问题是相当复杂的，具有很强的非线性，是数值模拟中难度较大的关键性问题。在 ABAQUS/Explicit 程序模块中，提供了两种主要算法来对冲击作用下接触问题进行模拟。

第一种是通用接触算法，在单个交互的模型中定义多个或所有区域之间的接触。这种算法对接触面的类型限制较小，并且接触设置方法也很简单。当运用通用接触算法时，让 ABAQUS/Explicit 程序模块自动生成包含实体的所有面，并在此基础上定义自接触。

第二种是利用接触对算法，表述为两个表面之间的接触。这种算法对接触的定义很复杂，并且对接触面的类型限制较多，但是接触对算法可以解决通用接触算法中某些不适用的问题。

基于以上对 ABAQUS/Explicit 程序模块中对通用接触算法和接触对算法的解，并且为获得更加精确、更符合现实的模拟结果，本书研究中采用接触对算法中面与面接触算法，面与面接触包括一个主面和一个从面组成的接触对，主面可以穿透从面，但从面不能穿透主面。当两个接触面中，一个是可变形面，一个是刚性面时，刚性面一定要是主面。

面与面接触算法的接触属性包括两个部分：一个是接触面之间的切向作用，

另一个是接触面之间的法向作用。

关于接触面之间的切向作用是用来表示两个接触面之间的摩擦作用。ABAQUS/Explicit 程序模块中常用的摩擦类型是库仑摩擦。库仑摩擦是用摩擦系数来定义接触面之间的摩擦特性，其公式表达为：

$$\tau_{crj} = \mu p \tag{3-17}$$

式中，τ_{crj} 为临界切应力；μ 为摩擦系数；p 为法向接触压力。

式（3-17）表达的物理含义是当接触界面上的摩擦（剪切）应力达到某一临界值之前，接触面之间不发生相对滑动，超过这个值后发生相对滑动。

对于接触属性中接触面的法向作用，ABAQUS/Explicit 程序模块中默认采用接触压力与间隙关系为“hard contact”（硬接触）。硬接触是指主面和从面之间能够传递接触压力，当接触面之间的压力变成零或者负值时候，两个接触面发生分离，并且去掉相应节点上的约束。

在动力方程的求解过程中，每个增量步都需要更新接触面的接触状态，这是一个循环迭代的过程，计算的迭代流程如图 3-3 所示，图中 p 代表法向接触力，h 代表接触面间的距离。

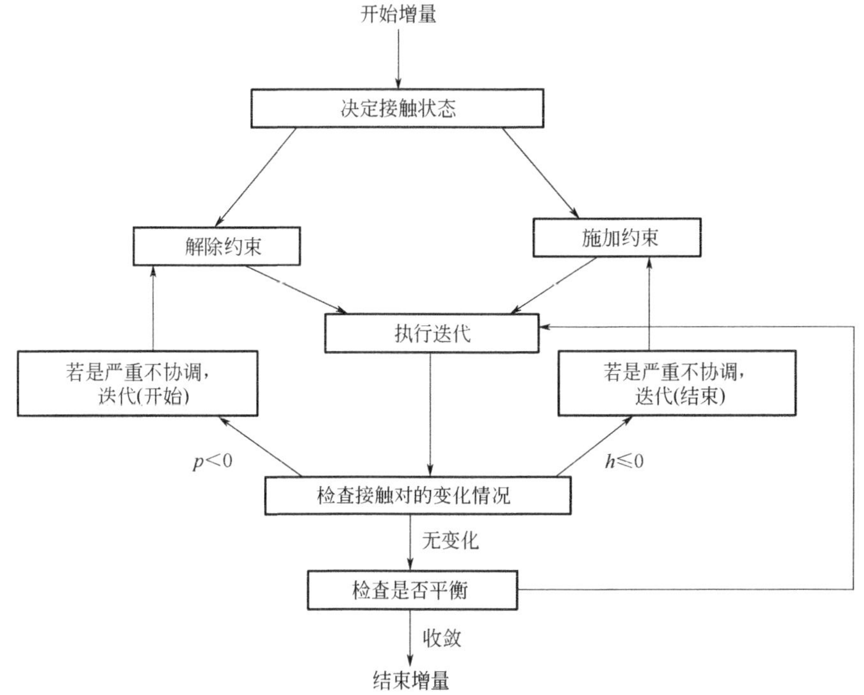

图 3-3　动力接触面算法的逻辑过程

动力接触问题的数值算法，目前有：Lagrange 乘子法、Penalty 法、修正 Lagrange 乘子法和线性补偿法，相对而言，前两种方法的应用更为广泛。

Lagrange 乘子法可以用于求解带约束的函数或是求解泛函的极值问题，在处理动力接触问题时，将接触条件视为能量泛函的约束条件，引入 Lagrange 乘子，对 Hamilton 原理中的能量泛函进行修正，可得到下式：

$$\Pi(U,\Lambda)=\Sigma\pi_i(U)+\int_i^{i+\Delta i}\int_{S_C}\Lambda^{\mathrm{T}}(BU-\gamma)d_s d_t \tag{3-18}$$

式中，Π 为能量泛函；π_i 为第 i 个物体的总势能；U 为位移矩阵；B 为接触约束矩阵；S_c 和 S 分别为接触面的边界和面积；Λ 代表 Lagrange 乘子向量。

求解时，对泛函式（3-18）取变分为零，即

$$\delta\Pi(U,\Lambda)=\Sigma\delta\pi_i(U)+\int_t^{t+\Delta t}\delta\int_{S_C}\Lambda^{\mathrm{T}}(BU-\gamma)d_s d_t=0 \tag{3-19}$$

如此可得到接触问题的控制方程为：

$$\begin{bmatrix}M & 0\\ 0 & 0\end{bmatrix}\begin{pmatrix}\ddot{u}\\ 0\end{pmatrix}+\begin{bmatrix}C & 0\\ 0 & 0\end{bmatrix}\begin{pmatrix}\dot{u}\\ 0\end{pmatrix}\begin{bmatrix}K & B^{\mathrm{T}}\\ B & 0\end{bmatrix}\begin{pmatrix}\ddot{u}\\ \Lambda\end{pmatrix}=\begin{pmatrix}F\\ \gamma\end{pmatrix} \tag{3-20}$$

式中，F 为已知的荷载矩阵；M 为质量矩阵。

ABAQUS 对于动力碰撞接触问题默认采用“罚接触”方法（Penalty 法）处理，其实质就是求解下述泛函的极值问题：

$$\Pi(U)=\Sigma\pi_i(U)+\int_t^{t+\Delta t}\delta\int_{S_C}\beta(BU-\gamma)^{\mathrm{T}}d_s d_t \tag{3-21}$$

式中，β为罚因子，当$\beta\to\infty$时有：

$$BU-r=0 \tag{3-22}$$

利用虚功原理，最终可得到动力接触问题的控制方程，如下式：

$$M\ddot{U}+C\dot{U}+(K+\beta B^{\mathrm{T}}B)U=F+\beta B^{\mathrm{T}}r \tag{3-23}$$

在 ABAQUS 软件中，罚函数法解决碰撞问题的原理是每个时步开始计算前，检查主节点与从节点间是否存在穿透。

如果未检测穿透，不做任何处理；如果存在穿透，在从节点与主节点（被穿透面）间引入接触力，接触力的大小与穿透深度、被穿透面刚度成正比。

如图 3-4 所示，物体 A 与物体 B 发生接触，现时构型分别记作 V_A 和 V_B，边界分别记作 A_B 和 A_C，接触界面记作 A_A。假设物体 A 为主物体（Master），物体 B 为从物体（Slave），位于 A 上的接触界面称为主动面，位于 B 上的接触界面称为从动面。物体 A 与 B 在发生接触时不发生嵌入的边界条件如下：

$$V_{\mathrm{A}}\cap V_{\mathrm{B}}=0 \tag{3-24}$$

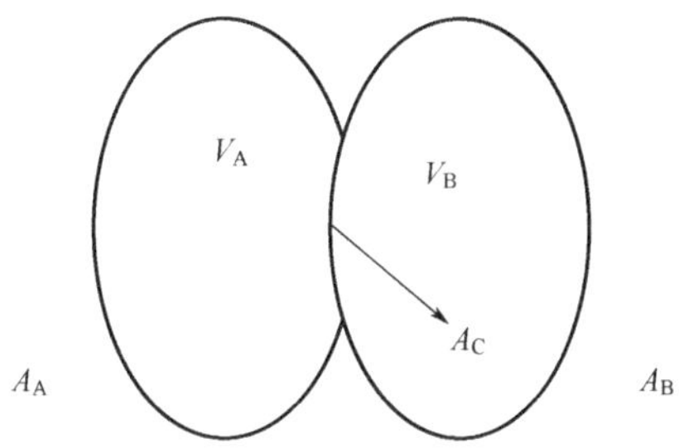

图 3-4　ABAQUS 中两物体接触示意图

在数值计算中，无法使用微分方程表示物体间的非嵌入条件，不能提前确定物体间的接触点。在每个计算时步中，通过对比物体质点间的空间坐标或速率，来确定物体间是否发生接触，物体上的质点位移满足表达式：

$$U_N^{\mathrm{A}} - U_N^{\mathrm{B}} = (u^{\mathrm{A}} - u^{\mathrm{B}})n^{\mathrm{A}} \leqslant 0 \tag{3-25}$$

式中，N 为接触界面法向；n^{A} 为接触界面法向向量。

接触界面上的作用力满足方程式：

$$\begin{cases} t_N^{\mathrm{A}} + t_N^{\mathrm{B}} = 0 \\ t_T^{\mathrm{A}} + t_T^{\mathrm{B}} = 0 \end{cases} \tag{3-26}$$

式中，t_N^{A}，t_N^{B} 为接触界面上物体 A 与 B 的法向作用力；t_T^{A}，t_T^{B} 为接触界面上物体 A 与 B 的切向作用力。

ABAQUS 中罚函数法计算步骤如下：

① 在开始计算前，搜索与任意从节点（n_{s}）距离最近的主节点（m_{s}）。

② 检查从节点（n_{s}）是否穿透与主节点（m_{s}）相关的主动面。如果从节点与主节点重合，表明从节点与主动面接触，如果从节点与主节点不重合，但满足下式时，则从节点与主动面发生接触。

$$\begin{cases} (C_i \times S) \cdot (C_{i+1} \times S) > 0 \\ (C_i \times S) \cdot (S \times C_{i+1}) > 0 \end{cases} \tag{3-27}$$

式中，C_i，C_{i+1} 为主节点（m_{s}）的两条边矢量；S 为 g 在主动面上的投影。

从节点与主面的接触见图 3-5。

③ 确定从节点在主动面上投影点的位置，主动面上任意点的位置都可用节点坐标表示：

$$r = f_t(\xi,\eta)i_1 + f_2(\xi,\eta)i_2 + f_3(\xi,\eta)i_3 \tag{3-28}$$

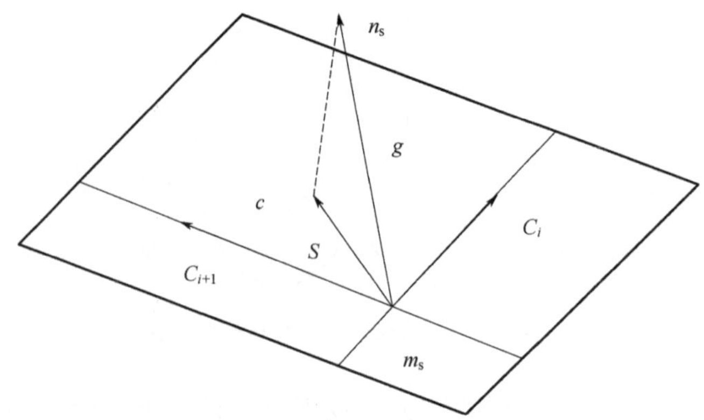

图 3-5　从节点与主面的接触

投影点 C 的位置可表示为：

$$\begin{cases} \dfrac{\partial r}{\partial \xi}(\xi_c,\eta_c)[t-r(\xi_c,\eta_c)]=0 \\ \dfrac{\partial r}{\partial \eta}(\xi_c,\eta_c)[t-r(\xi_c,\eta_c)]=0 \end{cases} \tag{3-29}$$

式中，$f_i(\xi,\eta)-f_i(\xi,\eta)=\Sigma_1^4\phi_j(\xi,\eta)x_j^i$，$\phi_i(\xi,\eta)-\phi_i(\xi,\eta)=\dfrac{1}{4}(1+\xi_j\xi)\dfrac{1}{4}(1+\eta_j\eta)$；$x_i^j$ 为节点 j 在某个坐标轴上的值；η_c 为投影点的坐标值；i_1，i_2，i_3 为各个坐标轴的单位矢量。

④ 检测从节点穿透主动面，当从节点穿透主动面时，满足下式：

$$I=n_i[t-r(\xi_c,\eta_c)]<0 \tag{3-30}$$

式中，n_i 为接触点所在主动面的外方向单位向量。

主动面与从节点的关系见图 3-6。

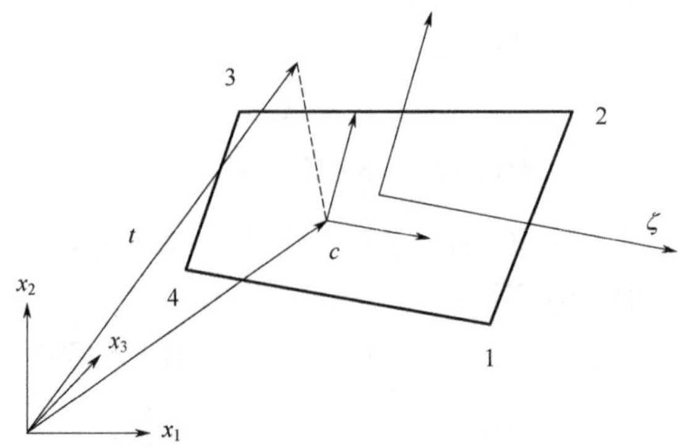

图 3-6　主动面与从节点的关系

⑤ 施加法向接触应力，在从节点与主动面接触点（c）间施加作用力：

$$f_s = -lk_i n_i$$

$$k_i = \frac{fK_i A_i^2}{v_i} \tag{3-31}$$

式中，k_i 为主动面接触刚度，不同类型的单元，计算方法不同。

计算完接触应力后，根据作用力与反作用力相等原理，将接触应力施加到主动面上，再分配到各个节点上。

⑥ 计算切向应力，上一步计算得接触法向应力后根据摩擦力计算原理：

$$F_Y = \mu |f_s| \tag{3-32}$$

式中，μ为摩擦系数。在计算主动面各节点上的摩擦力过程中，摩擦系数可采用插值方法进行平滑。

$$\mu = \mu_d + (\mu_s - \mu_d)^{-C|V|} \tag{3-33}$$

$$v = \Delta e / \Delta t \tag{3-34}$$

式中，μ_s 为静摩擦系数；μ_d 为动摩擦系数；Δt 为时间步长；C 为衰减因子。

⑦ 将接触法向和切向应力作为已知量，组装到整体荷载矩阵中，进行力学计算，处理接触问题。

3.4　场地土边界的模拟

根据实际情况，使用有限元法分析岩土体非线性动力作用时，必须把实际上近于无穷大的计算区域用一个人为边界截断，即截取一个有限大的区域进行分析。对于岩土材料而言，考虑到岩、土的成层性，振波在不同土层界面上会发生反射和透射，所以，分析需要截断的区域具体取多大比较合理以及在边界上如何给定边界条件，是一个非常关键的问题，目前，对于设置人工边界的共识是人工边界不但要反映波动在土层中的辐射现象，还需要保证振波从分析区域内部穿过边界时不产生明显的反射效应。

目前对动力分析问题的人工边界处理方法主要有：自由边界、黏滞边界、透射边界以及有限元和无限元的耦合边界。黏滞边界可以考虑因振波能量的散逸而引起的能量损失对土体动力特性的影响。相对于自由边界，黏滞边界一般可以采用较小的计算区域，这是其优势。

黏滞边界的设置思路是：沿着截断区域的边界，人为施加两个正交方向的黏性阻尼力（分布力），计算时，边界上的分布阻尼力需转化为等效的结点集中力，即求出各边界结点的法向和切向阻尼力。施加阻尼分布力的方式主要是通过阻尼器来实现，阻尼器单元如图 3-7 所示，阻尼器单元施加在边界上的应力条件可表达为：

$$\sigma = \alpha \rho V_{\mathrm{p}} \dot{u}_{\mathrm{n}} \tag{3-35}$$

$$\tau = b \rho V_{\mathrm{s}} \dot{u}_{\mathrm{t}} \tag{3-36}$$

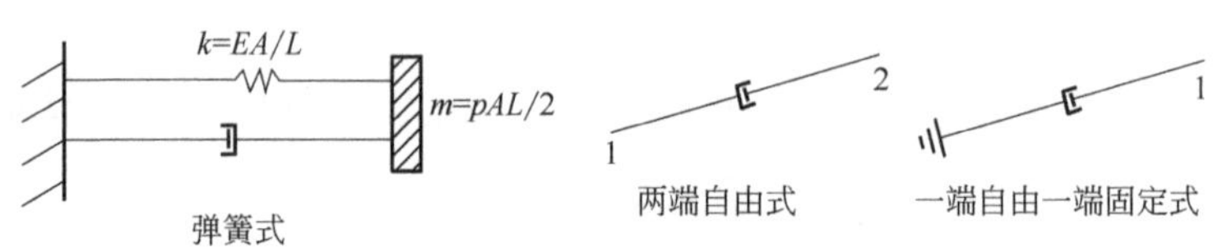

图 3-7　三种常见阻尼器单元的示意图

有限元与无限元耦合边界是另外一种有效的人工边界设置方法，岩土体在冲击荷载作用下，一般都是邻近振源区域的能量和变形较大，振波在传播过程中，能量会衰减，因此，离振源较远的区域变形也会较小，这就意味着：位于场地计算模型的中心区域必须考虑土体的不均匀性、非线性及地层界面的不规则，该区域可以利用有限元进行模拟、计算；而处在场地模型边缘区域的土体，由于其变形相对较小，可近似看作弹性介质，此处区域更适合使用无限元进行离散，目的是建立振波向无限远处传递时的辐射边界条件。

如果无限元所在的边界设定有位移条件，则必须根据位移衰减的特征，确定位移衰减函数，目的是反映土体在地震荷载作用下，近场和远场的位移分布规律，以及在无穷远处的位移边界条件（一般为零）。有限元-无限元耦合边界见图 3-8。

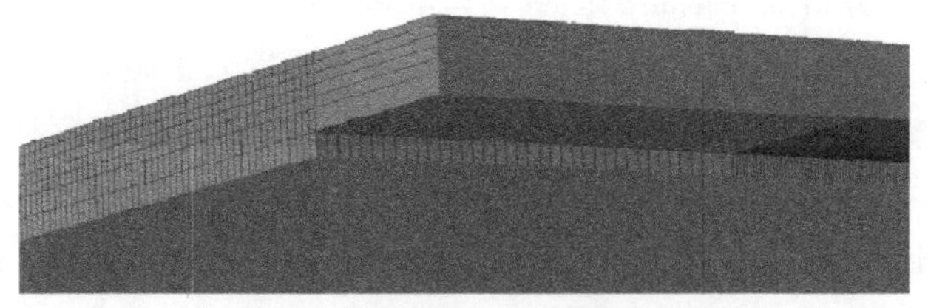

图 3-8　有限元-无限元耦合边界

本研究中，由于有限元与无限元耦合边界拥有良好的衰减特性，可有效消除人工边界的振波反射，因此选用此类型边界作为模型的场地边界。

3.5　强夯振动衰减分析

根据相关研究文献和报告，强夯引起的地基振动频率小于 10Hz，对周围环境主要影响因素瑞利波的波长通常在 8～12m 之间，因此模型中夯锤和地基土接触的夯击加载区单元尺寸设为 0.8m，部分研究中在非加载区以及边缘地区适当放宽单元尺寸，以满足精度要求的同时降低计算成本，模型采用缩减积分三维实体单元，采用已经被广泛应用在绝大部分的岩土分析中具有足够精度的 Mohr-Coulomb 本构来模拟强夯冲击作用下土体的特性。为避免振动波从模型边界向内部反射、出现不符合实际情况的额外振动，在重点观测区域之外保留较大范围的土体作为缓冲，并将边界（包括底部边界）设置为有限元-无限元耦合边界，以模拟土体的半无限空间特性。具体网格划分如图 3-9 所示。

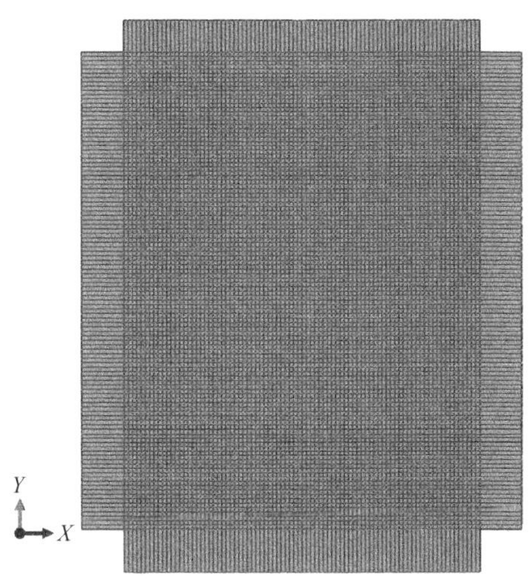

图 3-9　模型单元尺寸划分示意图

Mohr-Coulomb 本构模型主要力学参数有弹性模量 E、泊松比 μ、黏聚力 c 以及土的内摩擦角 φ，可以根据相关项目前期相关室内土工试验数据和实际测量数据的试算，确定分析中所用的相关参数。

强夯冲击荷载的体现形式主要和夯锤的模型实现有关，关于夯锤下落产生的瞬态冲击荷载和锤底接触应力分布问题，国内外众多学者都对此进行了现场测试和理论研究，主要的加载方式有两种：

第一种是将夯锤对地面冲击碰撞的过程简化为一个没有第二应力波的尖峰，作用时间为 0.04～0.2s 的三角形作用形式，施加荷载时间点为 t_N=0.04s。另外，计算时间应该大于锤击时间作用，并且应该大于强夯产生的应力波传播至计算边界的时间，同时还应考虑土体在夯击作用后的回弹和应力释放过程，如图 3-10 所示。

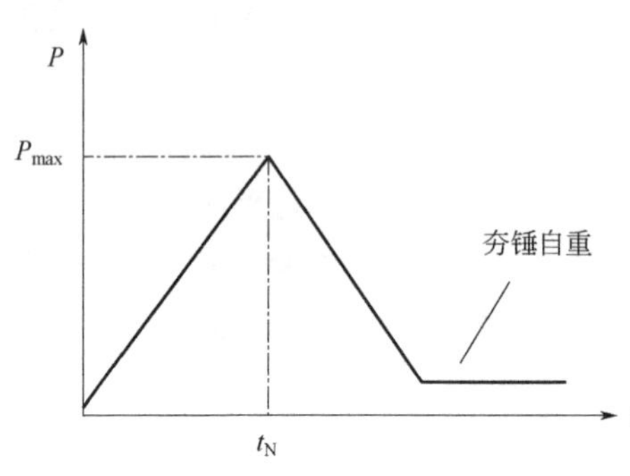

图 3-10 冲击荷载简化为集中力

另一种方法是直接赋予夯锤一定的初速度，由于分析的重点是锤土接触以后的振动影响，因此对于夯锤的下落过程可以忽略，直接将夯锤放置于土体上，根据强夯施工的具体设计方案来计算夯锤下落过程的运动参数，赋予夯锤自由下落至土体表面时的竖向速度。

本书选取第二种方法施加强夯动力荷载，通过 ABAQUS 软件中的预应力场方式赋予。对于分析的时间，结合相关实测资料以及相关文献，一般认为夯锤与土体的接触时间为 0.02～0.01s，此外还应充分考虑强夯振动到达土体边界的时间，因此综合考虑传播速度及场地条件，本书中，分析强夯项目夯机附近土体模型时总持续计算时间设为 t=6s，分析研究多夯机强夯振动能量时模型总持续计算时间设为 t=20s。

由于冲击荷载问题带有高度的几何和材料的非线性，所以在分析冲击荷载过程中的稳定极限不断改变，将为计算和收敛带来困难。因此，在 ABAQUS/Explicit 程序模块中，需要使用最大时间增量来定义稳定极限，应用于动力显示分析中。

ABAQUS 提供了两种时间增量步估计器可供选择：Element by element 方案和 Global 方案。一般一个分析以前者开始，分析中可能在某种情况下转为后者。

（1）Element-by-element 方案

该方式使用每个单元中的膨胀波速进行估计，是一种偏保守的估计方法，得到的稳定步长要小于按整个模型最高频率估计的真实稳定步长。一般来说，边界条件、动力接触等约束可能压缩模型的本征谱，但是 Element-by-element 方案并不计及该效应。

（2）Global 方案

ABAQUS 默认使用 Global 方式估计稳定时间步长。该方式是以整个模型的膨胀波速来估计模型的最高频率，一般来说，该方式估计的时间步长大于

Element-by-element 方案。

由于本次研究中模型使用了有限元与无限元耦合边界作为场地边界，Global 方式不适用于无限元，因此选用 Element-by-element 方法来计算时间增量。该方法基于每个单元的最高频率来计算稳定极限，Element-by-element 方法表示为：

$$\Delta t_{\text{stable}} = \frac{L_e}{C_d} \tag{3-37}$$

式中，L_e 为单元长度；C_d 为波在材料中的传递速度。由于没有明确如何确定单元长度 L_e，所以对大部分单元类型，式（3-37）只是对实际的单元逐个进行稳定性极限计算，作为近似解。但在使用中，单元长度可以使用单元最短长度。稳定极限随着单元长度越短而越小。

波速 C_d 是材料的一个特性，对于泊松比为零的线弹性材料，其表达式为：

$$C_d = \sqrt{\frac{E}{\rho}} \tag{3-38}$$

式中，E 为材料的弹性模量；ρ为材料的密度。从物理角度看，当材料的刚度越大时，波在材料中传递的速度越高，稳定极限越小；当材料的密度越高时，波在材料中传递的速度越低，稳定极限越大。

之后，根据所研究问题的性质，稳定极限可以根据动态系统的最大频率来定义，所述动态系统的最大频率被称为全局稳定极限，使用下面的等式：

$$\Delta t_{\text{stable}} \frac{2}{\omega_{\max}}(\sqrt{1+\xi_{\max}^2} - \xi_{\max}) \tag{3-39}$$

式中，$\omega_{\max}$ 为系统中最高频率；$\xi_{\max}$ 为最高频率模态的临界阻尼。

$\xi_{\max}$ 与系统的阻尼比相关，其表达式为：

$$\xi_{\max} = \frac{c}{c_c} \tag{3-40}$$

式中，c 为系统的阻尼常数；c_c 为系统临界阻尼值，其表达式为：

$$\xi_{\max} = \frac{c}{c_c} \tag{3-41}$$

在冲击模拟过程中忽略阻尼，式（3-39）变为：

$$\Delta t_{\text{stable}} = \frac{2}{\omega_{\max}} \tag{3-42}$$

完全时间自动增量控制使模拟结果更加保守，特别是在初始阶段部分分析时使用 Element-by-element 方法估计稳定性限制，并且它也对分析的进展有更多的控制，因此这种方法对于本书的研究特别适合。

第4章

多夯机强夯能量近场叠加特性

强夯法目前已经是国内最为常用的低成本地基处理方法之一，它加固地基效果好，显著降低土的压缩性、提高地基土的密实度，以此提高地基土的强度和稳定性。在实际施工过程中，特别是近年来，随着建设成本的不断上升，工期要求日趋严苛，各项后续建设工程的施工组织衔接也非常紧凑，有时由于工程场地面积较大，为了加快施工进度，部分项目采用多台强夯机械同时施工的做法来更快地完成。

夯锤冲击产生的应力波向周围传播的过程中，使得场地和建（构）筑物等受振物发生各种形式的振动，当振动波强度超过受振物抵抗强度时，会造成建造物等开裂、变形、倾斜等各种破坏或扰动，随着距离增加能量发生衰减，振动波的强度越来越小，而在这种情况下，多台夯机（两台或以上）夯击作用的叠加效应就成为一个不能轻易忽视的关键因素。

在多台夯机共同施工的情况下，多个夯锤对土体冲击作用的叠加会对土体密实效果造成显著影响，更重要的是多台夯机产生的土体振动共同沿着表层土体向外界传播，必然会产生振动叠加，对强夯能量影响范围内的振动敏感建（构）筑物以及精密设备、水库堤坝等产生比单台夯机施工更大的威胁，因此，多台夯机共同施工时夯锤冲击能量的叠加规律，就成为有必要进行研究的关键课题。

本章根据场地与夯点的距离，将多夯机的能量叠加特性分为研究目标为主要受强夯冲击影响的强夯机夯锤冲击点附近土体的“近场叠加”，以及研究目标为距离夯点一定距离、主要受强夯振动影响的“远场叠加”两部分来分别阐述。

4.1　强夯施工冲击特性

强夯法加固地基的过程中，夯锤自由下落冲击土体，短时间内释放能量，夯击能被转化为不同的形式，其中一部分能量以振动波的形式向四周扩散传播，引起场地以及建筑物、管线、机器设备等振动，因此在工程中必须要做好施工前的振动评价，施工中安全防范和施工后的加固检修。

强夯加固过程复杂，影响能量转化的因素很多，包括夯击能、场地工程地质、施工工序和周围地形等。从波动加载理论的角度，夯锤与土体发生碰撞，可视为冲击荷载瞬间施加于土体中，强大的冲击能量转化为以纵波、横波和面波等应力波形式的能量，进而向土体深部和周边的场地中扩散传播。

随着夯锤侵入土体的深入，夯锤进入减速阶段，受到的阻力越来越大，逐渐停止运动并发生反弹，最终停止运动。夯锤侵入土体过程极为复杂，伴随着各种形式的能量转化，锤、土发生一系列的相互作用，受冲击的土体与夯锤发生的是一个复杂的耦合变形过程，夯锤的侵入作用下，一方面夯锤底部土体与周边土体被冲切剪断；另一方面，夯锤与锤底土体发生耦合，这一可视为“复合整体”的特殊区域，其范围和质量将随着夯锤的减速运动而迅速增大，伴随着夯锤继续向下贯入，锤底土不断地被压密并向两侧变形，导致夯锤四周土体也发生一定程度的压密，并使得夯击点附近的土体隆起。

上述夯锤侵入土体的过程，是地基土体发生结构改变的过程，也是夯锤能量转换为土体内能的过程。地基土体吸收能量发生结构改变来增强稳定性和强度，大部分能量被土体的塑性变形利用，能量损失的原因是土体自身受迫运动变形过程中颗粒的摩擦、土骨架的变形、土中孔隙的压密等，所损耗的能量对于不同的地基土体并不一致，其主要影响因素和土体自身的矿物组成、颗粒结构、整体构造等性质息息相关，同时还有一部分夯击能会转化为热量和声能等传播到外界，强夯施工夯击能转化为土体内能的比例与所设计的夯击能大小也有一定关系，但是很显然能量损失是必然存在的。

由于能量损失过程的存在，强夯作用下土体的加固范围必然是有限的，距离较近的地基土体以发生塑性变形为主，根据工程实践和已有研究，通常将塑性区的范围设为夯锤直径的 2～3 倍是较为合理的；距离较远的地基土体则以发生弹性变形为主，至于这一决定性的“距离”值的大小并不固定，取决于场地工程地质条件和施工参数。远场土体距离夯点较远，对强夯振动作用的动力响应更多表现为“弹性”，因而远场振动表现为弹性波动场。总而言之，强夯施工中夯击能除了部分转变成热能、声能等散逸能量之外，主要转为近场土体结构改变的塑性内能和远场地基土体振动的弹性波动能。

因此要计算强夯工程的实际效果，确定受冲击土体的塑性区范围就是一个关键的前提。一般而言适用强夯法加固的施工场地都比较广阔，相对于塑性区而言整体环境规模很大，因此使用解析法计算强夯各参数时，通常的做法是将夯锤荷载简化为点荷载，将场地视为半无限空间进行理论计算。但由于土体作为一种自然存在的天然非均质、非线性材料，很难进行恰当又精确的简化，而实际施工中夯锤冲击过程的各种相互作用也充满了随机性，解析方法在强夯计算中所得结果误差较大，并不适宜在实际工程中使用，现有项目中通常使用广泛采用的经验公式来估算夯沉量、加固深度等强夯设计参数。

但是这一些脱胎于工程经验的经验公式或者半理论半经验公式，全都是单台夯机测量结果的归纳，理论部分也均为简化成单个振源的模式，对于多台夯机同时工作的相互作用，未能给出能够在工程实践中应用的方法。

长期工程实践经验已经证明，在复杂岩土体问题领域，数值模拟计算以其独特的优点在相关问题的分析中能够得到很好的模拟结果，得到了广泛的应用。目前数值计算理论主要分为有限单元法、有限差分法和边界元法，在此选用普适性最好的有限单元法针对强夯复杂的夯锤-土体相互作用过程进行模拟，揭示多台夯机共同工作时土体受力和变形的发展规律，以及多夯机之间的相互影响。

4.1.1 强夯模型初始参数

模型相关基础参数见表 4-1。

表 4-1 模型相关基础参数表

位置	弹性模量 E/MPa	泊松比 μ	黏聚力 c /kPa	φ /(°)	密度/(kg/m^3)	厚度 /m
上层土	10	0.3	15	25	1850	5
下层土	15	0.3	25	30	1900	5
深层土	50	0.3	50	38	2000	10

4.1.2 土体夯击变形特性

夯锤的势能通过自由落体转化为巨大的动能，与土体接触之后，在压缩破坏表层土体的同时，转化成冲击波以夯击点为振源向土体深处以及周围迅速传播，部分土体获得向下的动量后向下移动，迫使下方土体向周围挤压，最终产生所谓的“夯坑”，坑底大略为圆柱形的土体会在夯锤作用下发生墩粗现象，周围土体的挤压基本沿着圆柱面的辐射方向进行，由于天然岩土体颗粒之间的孔隙，挤压的效果会随着距离的增加而减小。土体内应力演化过程见图 4-1。

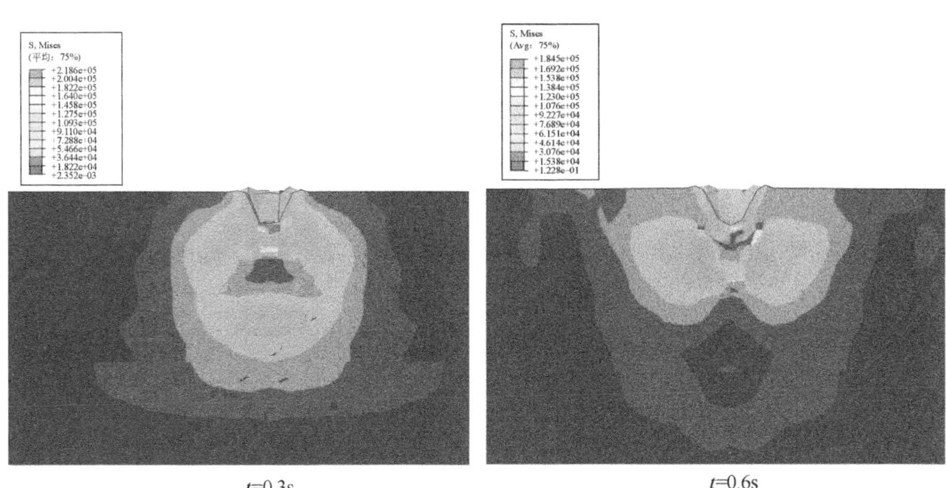

图 4-1　土体内应力演化过程

如图 4-2 所示，在夯锤的作用下土体内产生了高能的冲击波，因此刚开始时土体的主要受力范围基本上是以锤土接触点为圆心向周围扩散的一个大致的椭球形，随着冲击过程的进行，巨大的夯击能量导致锤下土体向深处和周围不断挤压，并使得周围土体由于被动力挤压而隆起，共同形成夯坑，土体的受力范围也向着

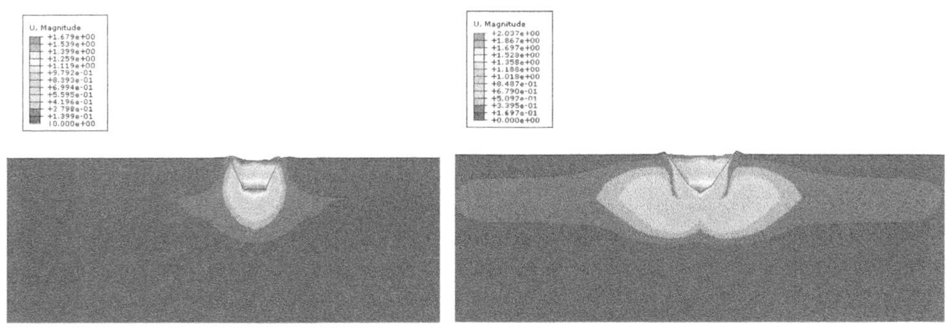

图 4-2　土体位移量的变化

两侧以及更深的土层扩张。但很显然，在表层土体自重应力的长期作用下，深部土体的物理力学性质通常要强于表层土体，因此挤压向两侧土体要更容易一些，这就导致在水平方向上受影响的土体范围增加幅度要明显大于竖直方向，这也是强夯能够加固的土层深度终究有其极限的原因之一。

虽然如此，夯锤下方的深层土体同样也受到冲击能量的影响，在冲击波的压密作用下，土体的塑性破坏区朝着深部延伸，这一部分土体将在后续的夯击过程中不断被压缩，当这部分土体被夯实到一定程度后，冲击波能量向下传递将显著衰减，压缩下方土体变得越来越难，能量的损失将越来越大。土体塑性破坏区域发展过程见图 4-3。

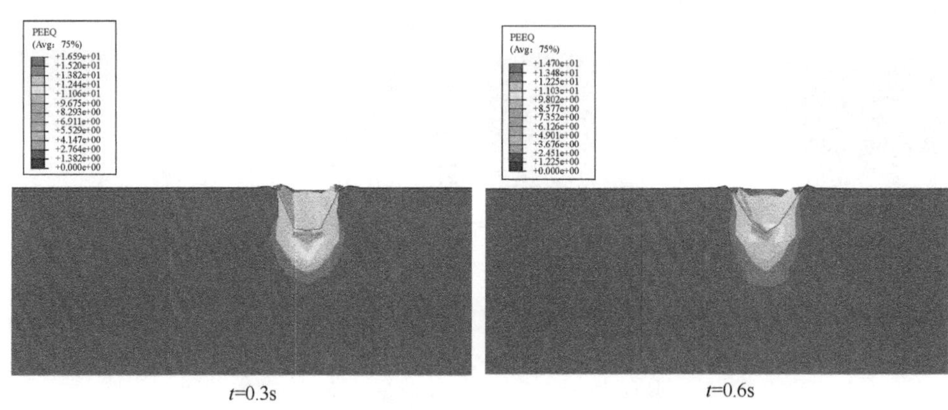

t=0.3s　　t=0.6s

图 4-3　土体塑性破坏区域发展过程

由于土体与夯锤相互作用的复杂性，夯锤下落的能量并不能完全转化为压密土体的纵波，而是有相当一部分的能量转化为横波和面波在土层中传播出去，从图 4-4 冲击过程中土体单元加速度值的变化发展规律可以清楚看见这一点，冲击

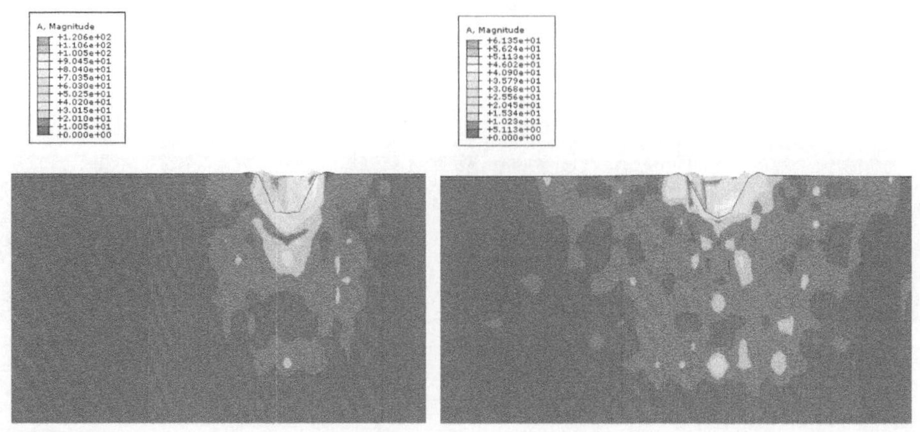

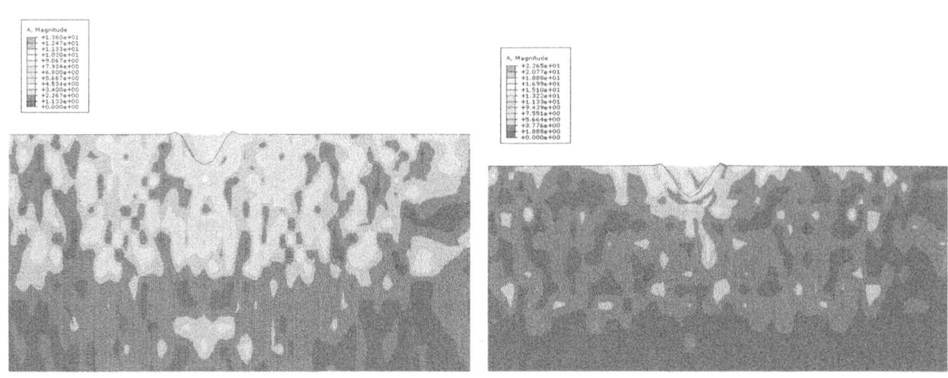

图 4-4　土体加速度的发展规律

刚开始时主要受到影响的是锤体下方土体，但随后冲击能量就在土体中出现了水平向的广泛传播，其影响范围要远远超出在深度方向上的发展。

如图 4-5 所示，土体中振速矢量的演变也证明了有相当部分的能量转化成了散逸能量传播到周围中去，冲击刚开始时土体的运动主要是向下压密，然后很快向深部运动就不再是主要的趋势，开始转化为对周围土体的挤压，夯击点周围土体也出现了明显的地面波动传播，证明有相当部分的能量对压密土体毫无贡献的

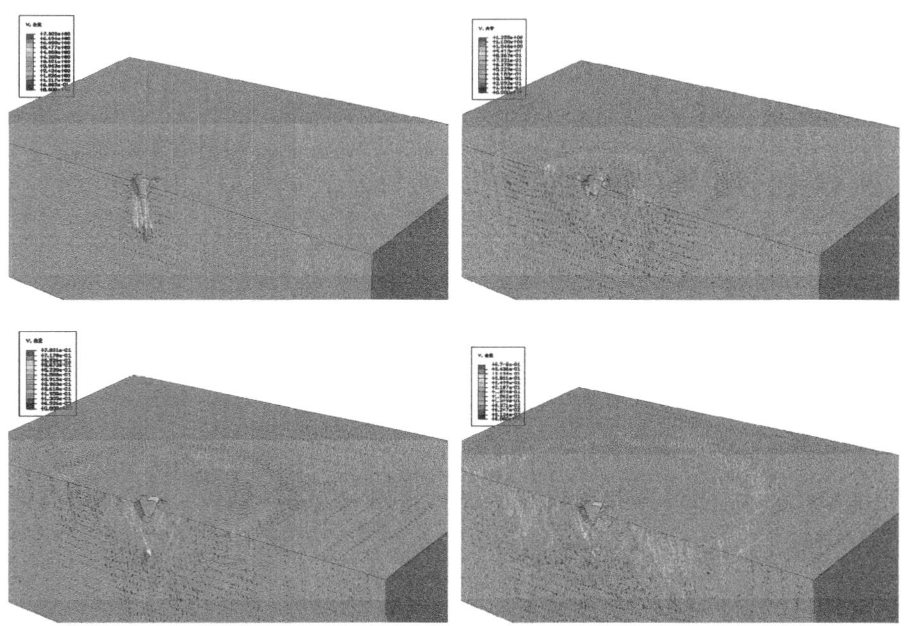

图 4-5　土体深层和表层中质点振速的发展规律（剖面立体图）

同时，还成为了周围环境中各种建筑物稳定性的不利因素。

4.2 多夯机施工的近场能量叠加

多个夯锤同时工作时，冲击土体产生的应力波将在岩土体中相互叠加，容易发生干涉现象。根据相关波动理论，理想均质的岩土体中某质点此时的速度与其所受应力，可近似等于岩土体分别受各自振源引起的状态变化的矢量和，此时两应力波叠加处岩土体质点的状态为：

$$\begin{cases}\sigma=\sigma_1+\sigma_2+\cdots+\sigma_n=pc(V_1+V_2+\cdots+V_n)\\ V=V_1+V_2+\cdots+V_n\end{cases} \tag{4-1}$$

式中，σ_i 为单个冲击源引起的应力；V_i 为波的质点速度；c 为应力波在岩土体中传播的波速，此状态下岩土体中该质点受到的应力值，理论上为 n 个应力波的和。

实际上，天然土体中的强夯冲击是一个非常复杂的过程，夯锤与土体相互作用、相互影响，施工虽然以垂直落体方式进行冲击，但由于纵波的能量会迅速被吸收用来压密土体，因此传播开的振动通常表现为以水平方向振动速度为主，同时具有脉冲型的峰值，这就使得强夯冲击波难以简化为波动理论中的理想叠加状态，用解析法得到较为符合工程实际的结果也具有较大的难度，因此在相关研究中，采用数值模拟方法的学者越来越多，其可靠性和工程可用性也已经得到了广泛的验证。

4.3 两台夯机冲击能量的叠加

在当前施工区域采用两台夯机共同施工时，其各自夯锤产生的冲击波首先作用于锤下方土体使其压密，随着后续土体动力挤压的发生，位于两台夯机之间的土体将受到两者的共同作用，包括不同方向同时受力、各种强夯引起的波动在此处的叠加等，产生了后续一系列的运动变化，其受力和变形特性比单夯机工作时的单源振动影响要复杂得多。

考虑实际工程的现场操作需要、夯机之间的相互影响以及工作人员身体健康因素，两台夯机之间的最小距离被设为 15m。

从图 4-6 中可以看出，当两台夯机的夯锤刚与土体发生冲击作用时，由于此时另一台夯机的影响尚未完全叠加，夯机“外侧土体”（即与另一台夯机所处位置方向相反、不直接受另一夯锤冲击作用影响的土体部分）中的应力分布规律与单台夯机相比基本类似，“内侧土体”（即位于两台夯机之间的土体部分）则较为明显地受到了叠加作用的影响，由于锤下土体是先受到强烈的冲击压缩，然后才发生向周围的动力挤压，因此受力变化主要发生在表层土体下方，表层土体此时尚未受到明显的影响。

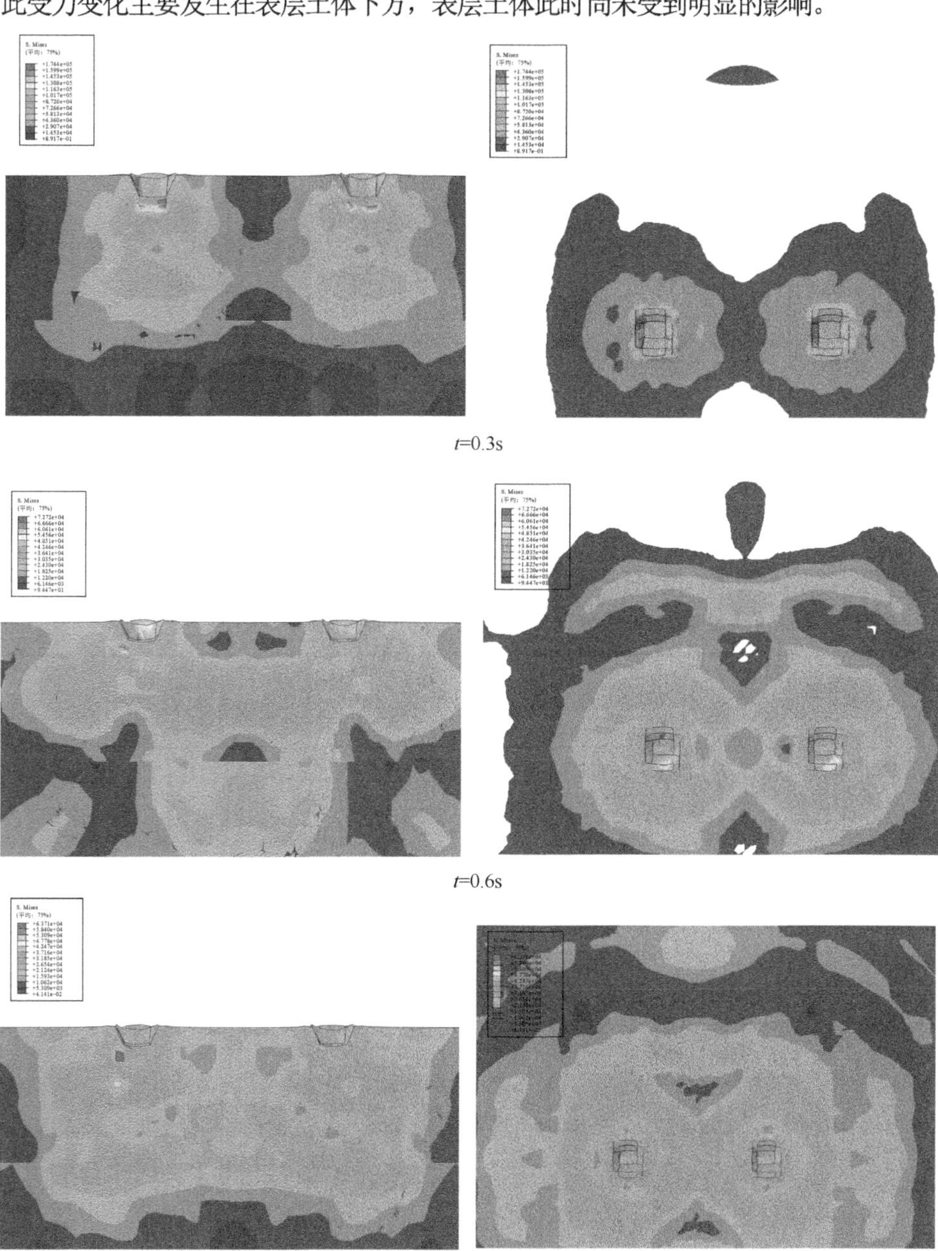

t=0.3s

t=0.6s

t=0.9s

图 4-6

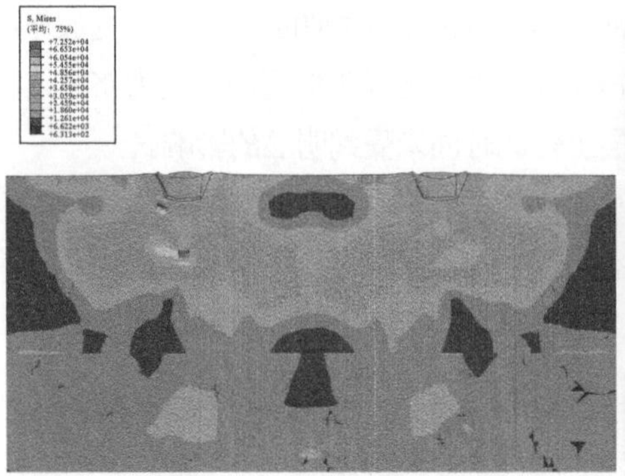
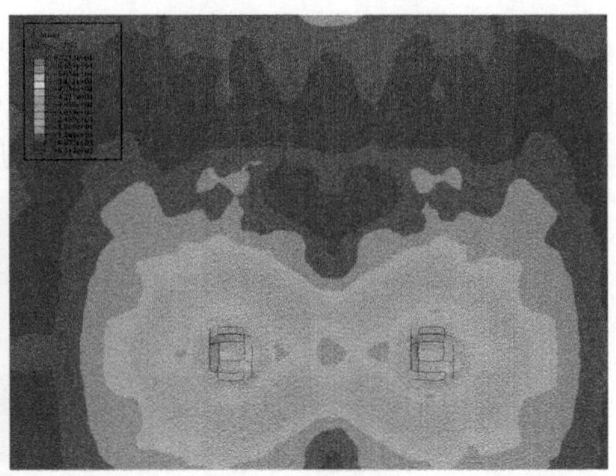

t=1.2s

图 4-6　两台夯机同时工作时土体中应力变化（截面图及俯视图）

表 4-2 中所列数值为两台夯机连线中点处、地表以下不同深度测点处的土体受强夯冲击引起的应力值。从表中可以看出，在冲击过程中随着动力挤压过程，土体受力呈现出一个动态的重分布过程，总体而言表层和深部土体所受影响相对而言较小，中层土体是强夯能量影响的主要区域。

表 4-2　两台夯机内侧土体受强夯冲击引起的 Mises 等效应力值　　单位：Pa

测点深度/m	时间/s			
	0.3	0.6	0.9	1.2
-0.5	19834.3	14896.3	22594.3	17624.0
-2.0	22298.0	14967.1	22233.1	10096.6
-4.0	23651.8	30536.7	18632.8	24089.0
-7.0	37318.3	36431.6	18026.7	25355.0
-10.0	11506.5	7331.7	21507.2	6001.7
-15.0	3015.3	26687.2	7243.7	14576.4

随着夯锤冲击过程的继续发展，内侧土体受到的影响变得更加明显，其所受应力大小以及影响范围都明显超过外侧土体，同时还向土体深部延伸，形成了一片额外的强化区域，其后由于纵波被土体吸收、强夯能量耗散，内侧土体的受力叠加状态变得不那么显著，但依然和外侧凸起有明确区别，这一过程从土体中质点加速度的演变规律也能得以证明。

从图 4-7 的模拟分析中可以看到，当两台夯机同时工作时，初始阶段土体中的质点加速度值和单台夯机时的情况相差不大，随着强夯能量的扩散和传播，两台夯机间的内侧土体出现了明显的能量叠加，这一特征从俯视图上能够看得更加明确清晰，沿着两台夯机连线的垂线方向，土体的加速度值产生了非常明显的强化区域，也说明两台夯机强夯能量的叠加范围内，受影响最大的是其连线的垂直线所在区域。

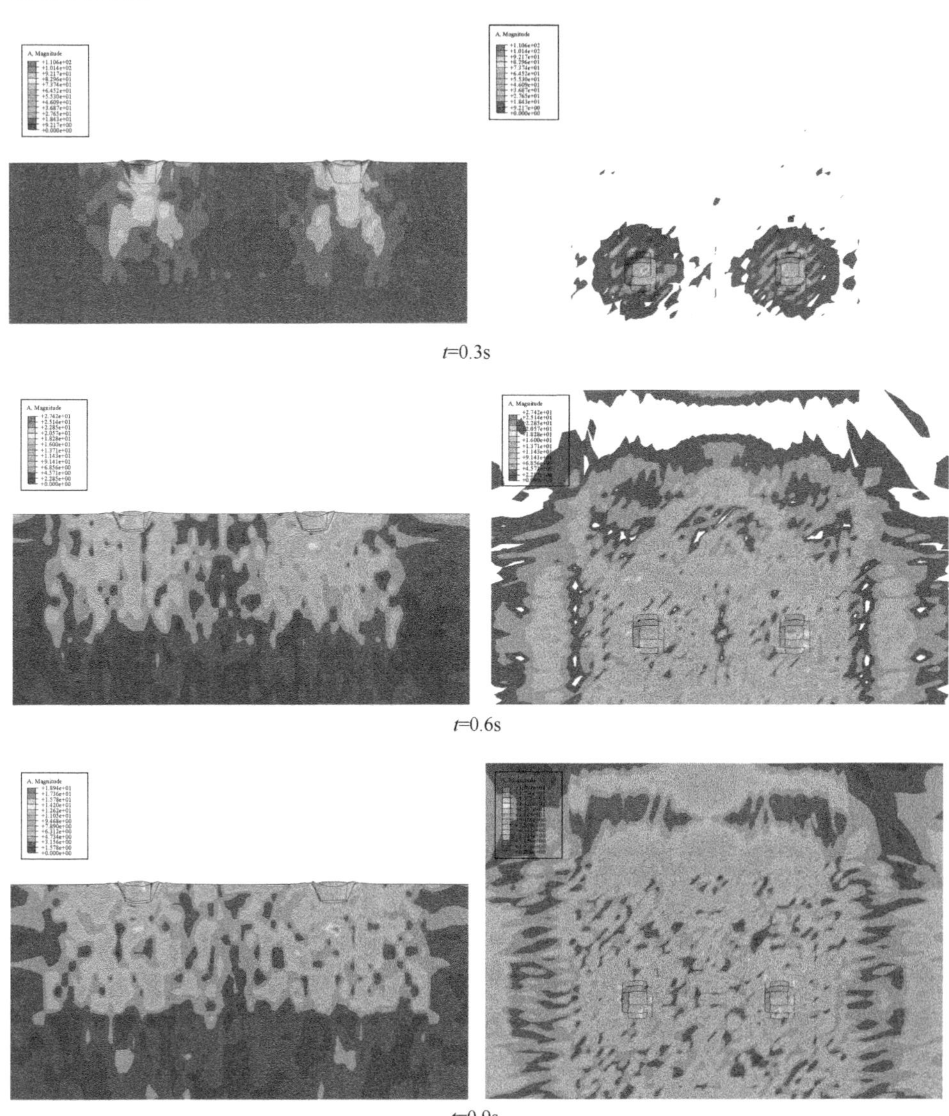

图 4-7

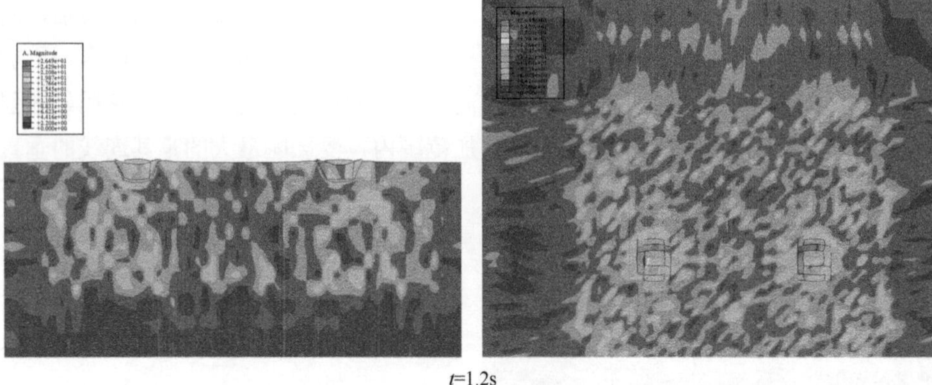

t=1.2s

图 4-7 两台夯机同时工作时土体中加速度演变（截面图和俯视图）

土体中变形区域的发展也呈现着同样的趋势，如图 4-8 所示，冲击刚发生时土体的变形区域和单台夯机的分布规律基本相同，两台夯机之间的内侧土体出现了一定的额外变形，主要分布在地面较下方，基本没有影响到表层土体；随着强夯能量的进一步叠加，夯机之间的内侧土体被两台夯机挤压，其位移量和影响区域变得更加明显。

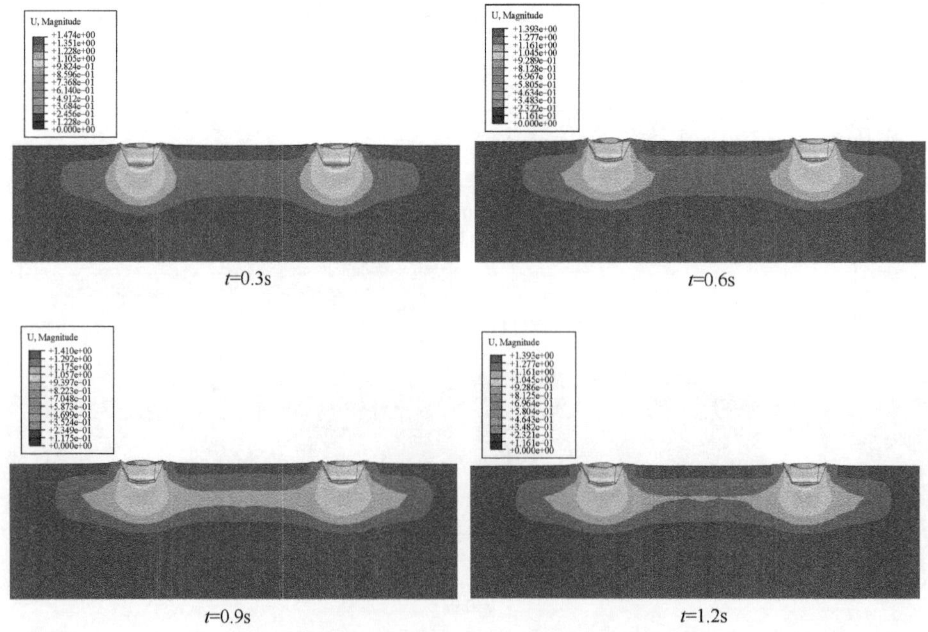

t=0.3s　t=0.6s

t=0.9s　t=1.2s

图 4-8 两台夯机同时工作时土体中的位移量变化

表 4-3 中所列数值为两台夯机连线中点处、地表以下不同深度测点处的土体受强夯冲击引起的位移值。从表中可以看出，在冲击过程中，主要发生变形的区域集中在夯坑底部下一定深度的土体，深层土体及表层土体受到的影响都相对较弱，再次证明中层土体是强夯能量影响的主要区域。

表 4-3　两台夯机内侧土体受强夯冲击引起的土体位移值　　单位：m

测点深度/m	时间/s			
	0.3	0.6	0.9	1.2
−0.5	−0.00264	0.03045	−0.00390	0.01923
−2.0	−0.18918	−0.20949	−0.25286	−0.23961
−4.0	−0.10618	−0.10562	−0.13848	−0.12099
−7.0	−0.00304	0.01122	−0.00505	0.00832
−10.0	0.00020	0.00581	−0.00259	0.00316
−15.0	0.00112	0.00300	−0.00106	0.00185

夯锤自由下落的能量，很大一部分并没有能够转化为对土体加固有作用的压缩波，而是变成了恒波和面波散逸到了周围环境中去，两台夯机同时工作时，散逸到周围环境中的波动能量强度更大，范围更广，引起的地面震动也更加明显，特别是在两台夯机连线的中垂线上，地面震动产生了非常明显的叠加增强，对周围环境造成的影响不可忽视。两台夯机同时工作时土体振速变化规律见图 4-9。

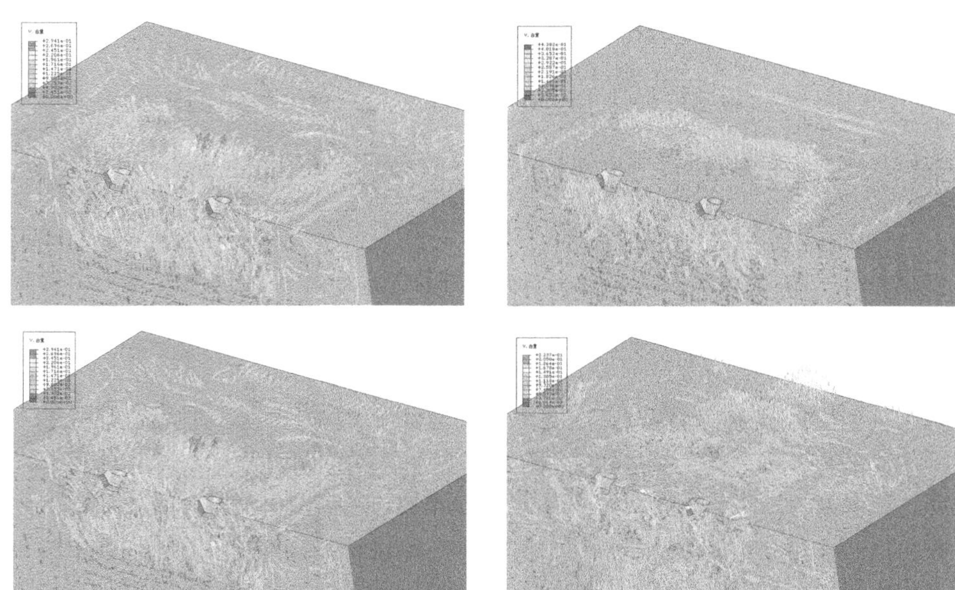

图 4-9　两台夯机同时工作时土体振速变化规律

4.4 三台夯机冲击能量的叠加

在强夯项目工作范围内同时使用三台夯机进行地基加固作业时，夯机之间的相互影响将更加复杂，其各自夯锤产生的冲击波将锤下方土体进行压密后，随着三个不同夯点后续土体动力挤压的发生、强夯引起的波动的互相叠加等，其受力和变形特性比单夯机以及两台夯机工作时更加难以计算。

三台夯机共同工作的方式有两种排列形式（图 4-10）：其一为等边三角形排列（梅花式），第三台夯机位于其他两台夯机连线的中垂线上；其二为直角三角形排列（行列式），第三台夯机与另外两台夯机中的其中一台位于同一竖直线上。

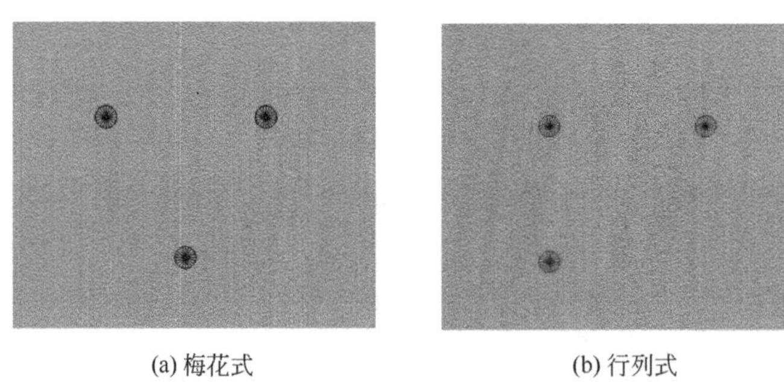

(a) 梅花式　　(b) 行列式

图 4-10　三台夯机的排列方式

4.4.1 梅花式排列

梅花式排列的夯机，由于三台夯机处于基本对称关系，其内侧土体的受力和变形相对而言更有规律一些。由于两种排列方式中前排的两台夯机位置不变，因此取它们的连线向土体深部作竖直剖面，以此为基础研究三台夯机的相互影响。

从土体等效应力云图（图 4-11）中可以看出，受多夯机同时施工影响最大的还是夯机之间两两连线上的土体，作为夯机下动力挤压作用的最直接影响区域，这部分的土层出现了比较明显的应力叠加，同时由于三台夯机互相影响存在时间差，在冲击过程的后期，土层中再次出现了明显的受力区域，主要分布在夯坑底部下方一定深度的中层土体中，明显是受到此时传播过来的其他夯击能量的影响。

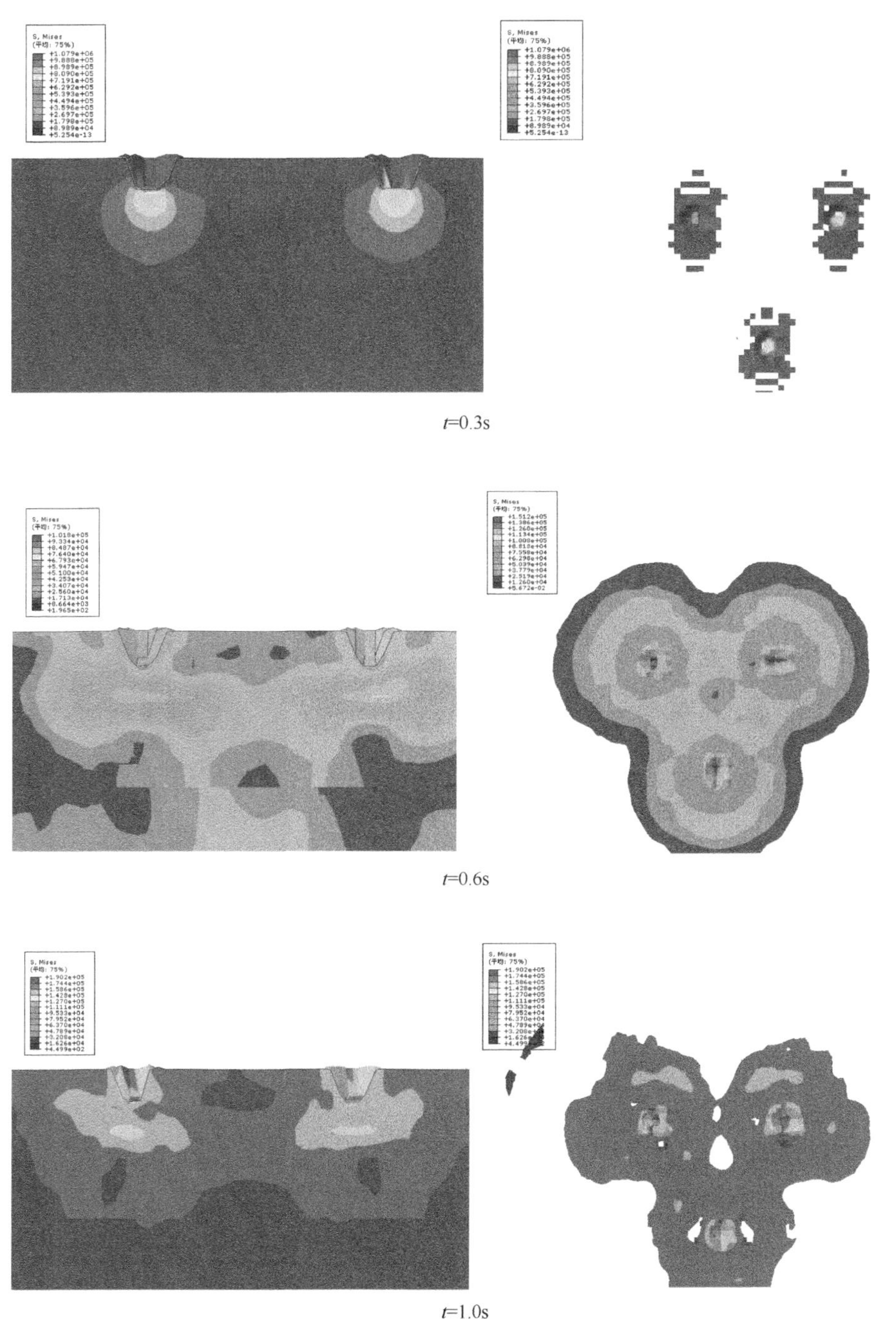

t=0.3s

t=0.6s

t=1.0s

图 4-11

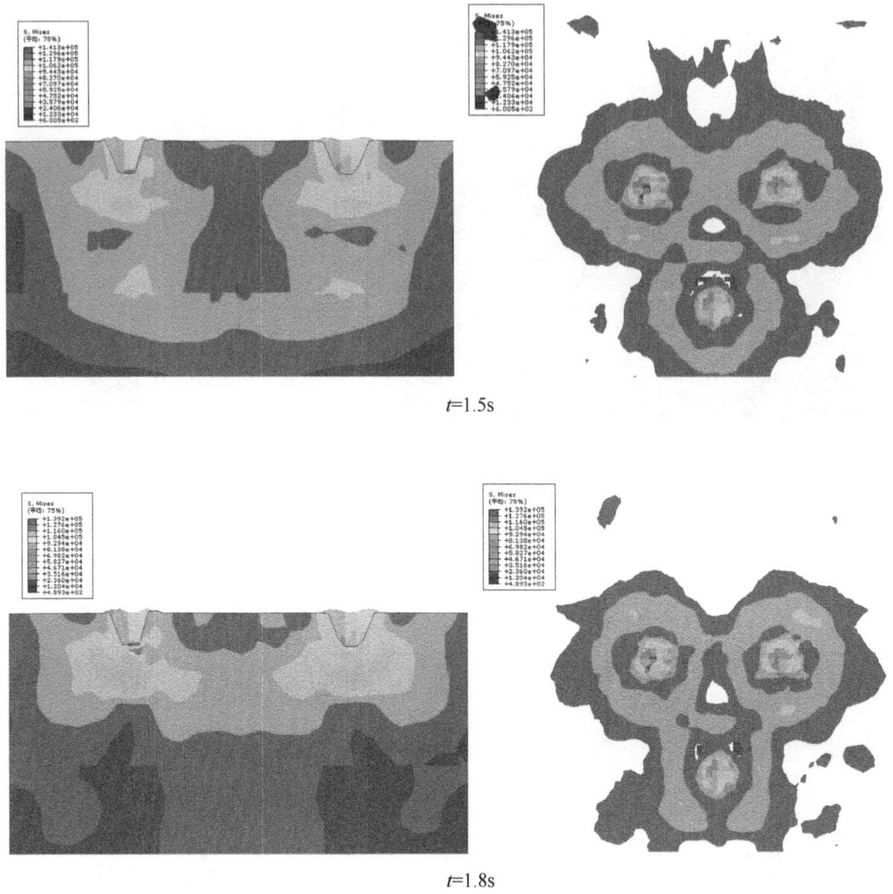

t=1.5s

t=1.8s

图 4-11 三台夯机梅花式排列工作时土体中应力（截面图和俯视图）

从土体质点加速度的变化规律（图 4-12）可以看出，三台夯机同时工作时，内侧土体的能量叠加形式更加复杂，受影响的范围更大，持续的时间跨度更长，冲击过程后期依然存在较为明显的土体波动。对于对称排列的形式而言，位于三台夯机两两连线上的土体受到的影响最大，同时三角形中心部位的土体受到各方向的同时挤压，也存在着较为明显的叠加受力区。

如图 4-13 所示，三台夯机同时工作时，被夯击能量叠加影响的土体范围相较于两台夯机和单台夯机范围更加扩大，基本上整个内侧土体都被调动起来，同时由于三台夯机的方位差，叠加能量出现了较为明显的多次峰值，被转化为横波以及面波散逸出去的能量更加明显，叠加后的振速峰值也超过两台夯机的工况。

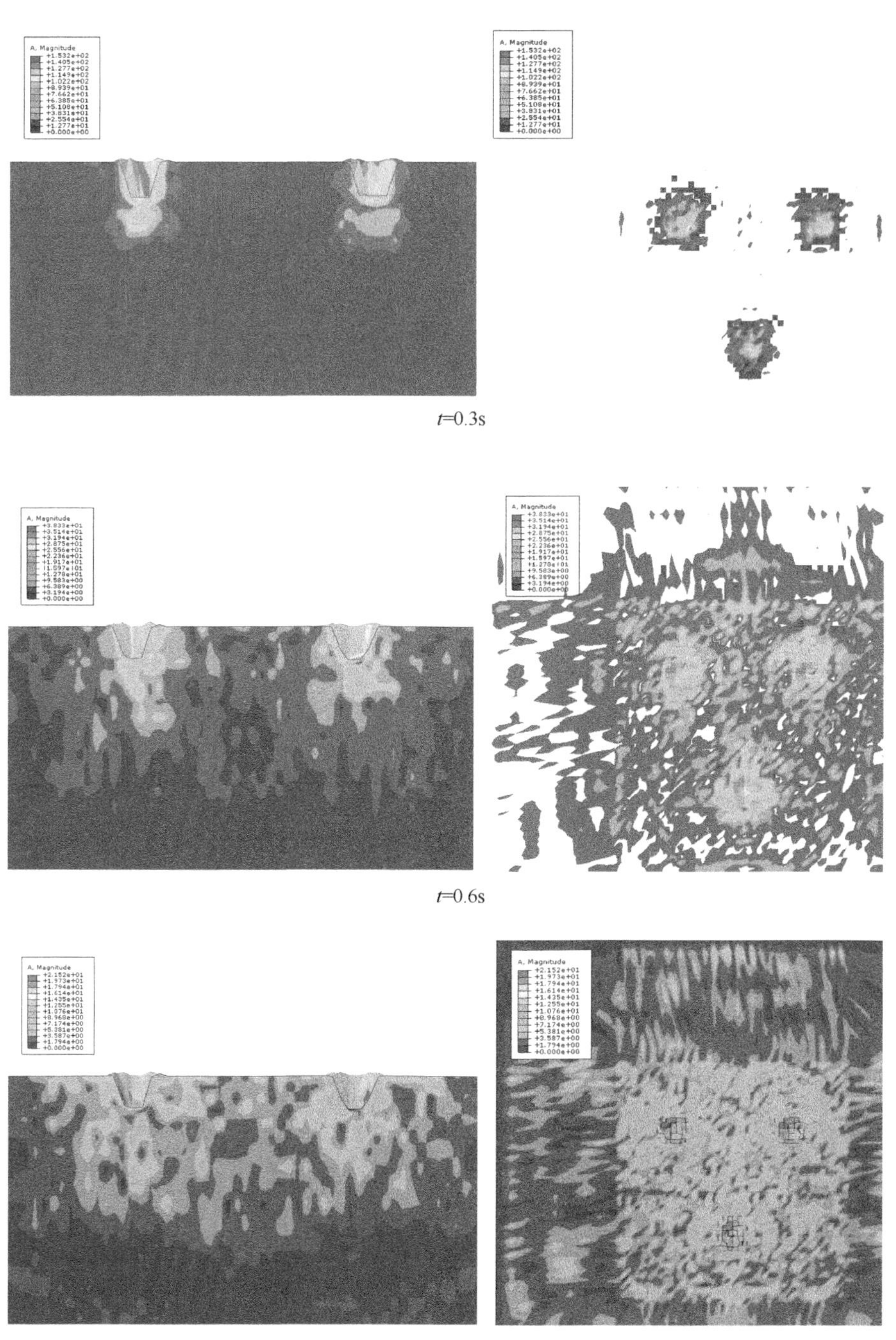

图 4-12

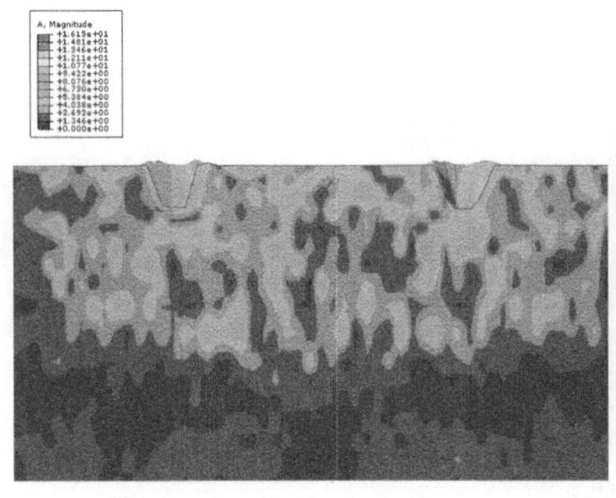

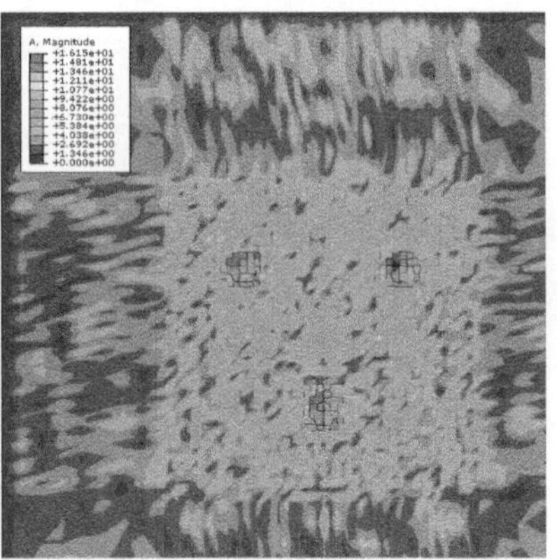

t=1.5s

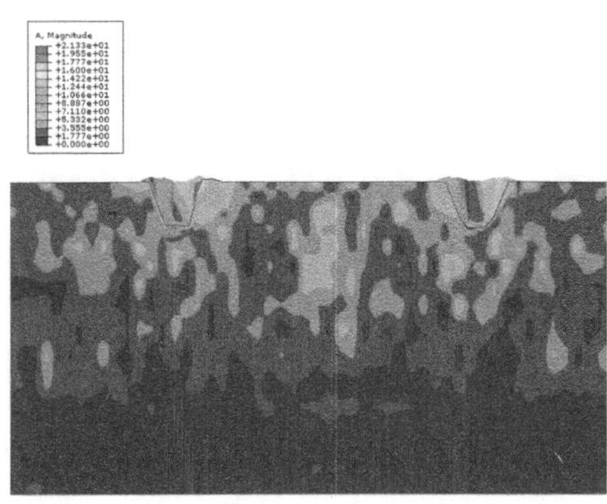

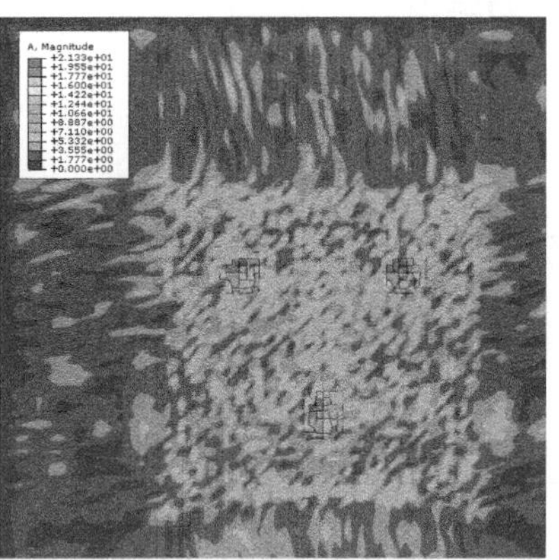

t=1.8s

图 4-12　三台夯机梅花式排列工作时土体中质点加速度（截面图和俯视图）

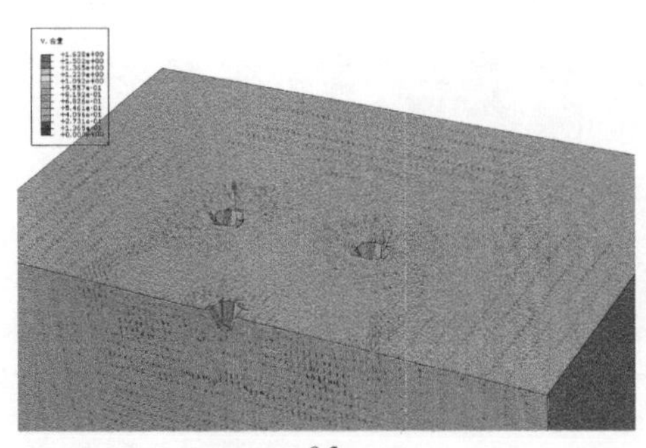

t=0.3s

t=0.6s

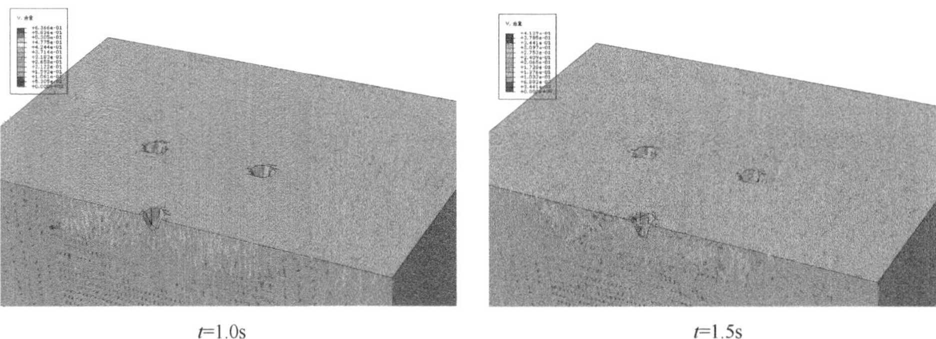

t=1.0s　　t=1.5s

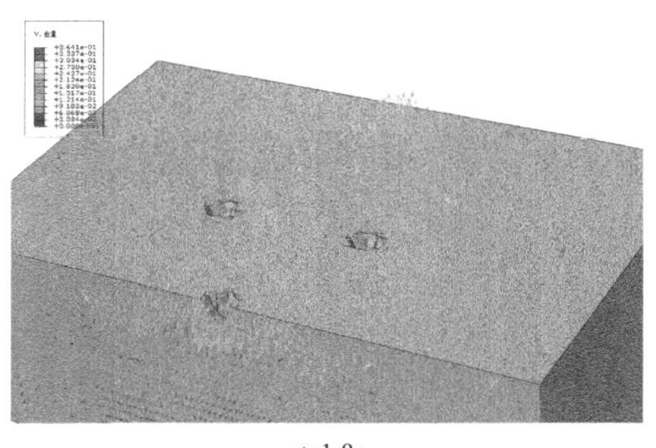

t=1.8s

图 4-13　三台夯机梅花式排列工作时土体中质点振速（截面立体图）

4.4.2　行列式排列

行列式排列的三台夯机，由于第三个夯锤与其他两个夯锤之间的距离不相等，导致其产生的冲击波以及能量散逸形成的横波、面波等，传播到前排两台夯机的时间不等，这一时间差导致土体的叠加状态更加混乱复杂。

从行列式排列的三台夯机共同工作时土体中的应力云图（图 4-14）可以看出，土体的受力变得更加不规律，叠加强化影响最显著的区域大致仍然分布在与其他夯机的连线上。但由于第三台夯机与前排另一台夯机的距离增加，位于两者之间的土体强化趋势变得比较微弱，这两台夯机连线范围内的土体，其应力云图上出现了幅度很小的凸起偏移，说明两者存在一定的影响，但已经较为微弱，冲击后期土体中层的再次受力过程依然存在，但分布较为混乱，难以体现规律性。三台夯机行列式排列工作时土体中质点加速度见图 4-15。

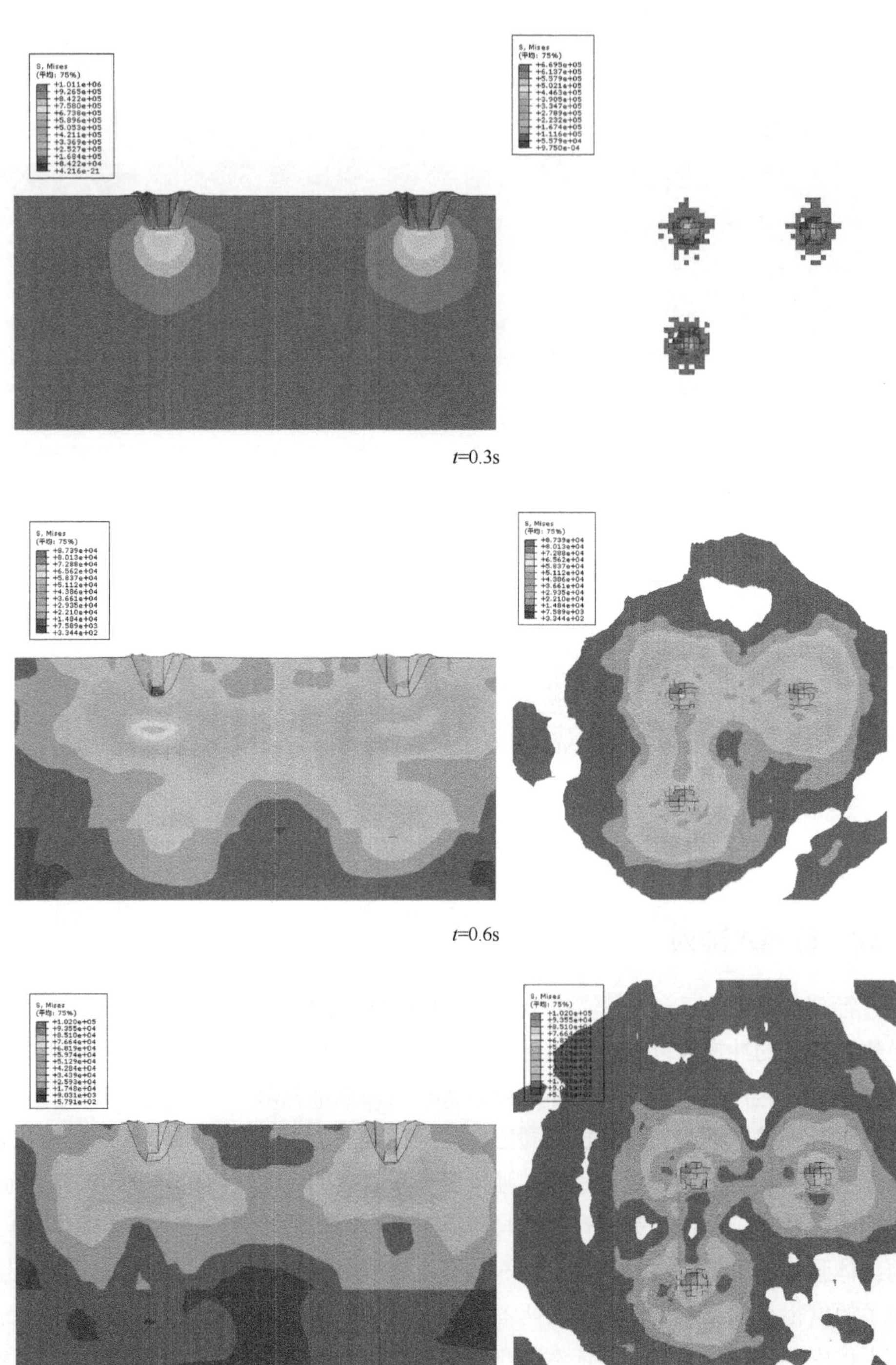

t=0.3s

t=0.6s

t=1.0s

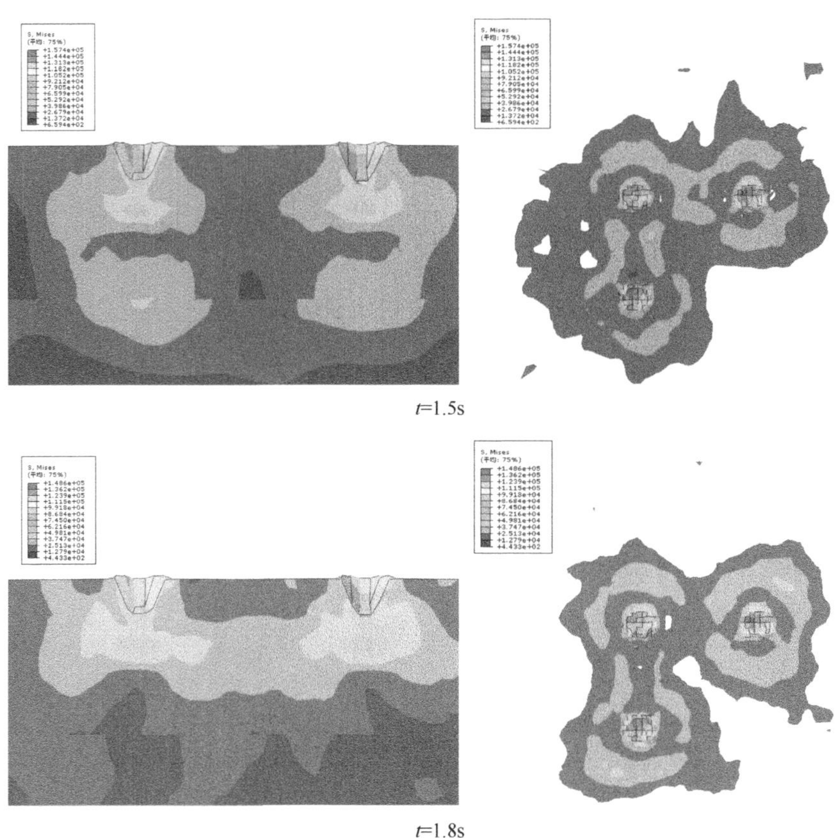

t=1.5s

t=1.8s

图 4-14　三台夯机行列式排列工作时土体中应力（截面图和俯视图）

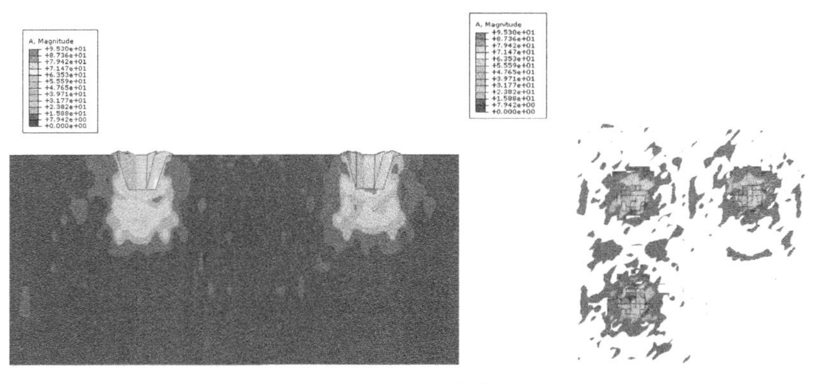

t=0.3s

图 4-15

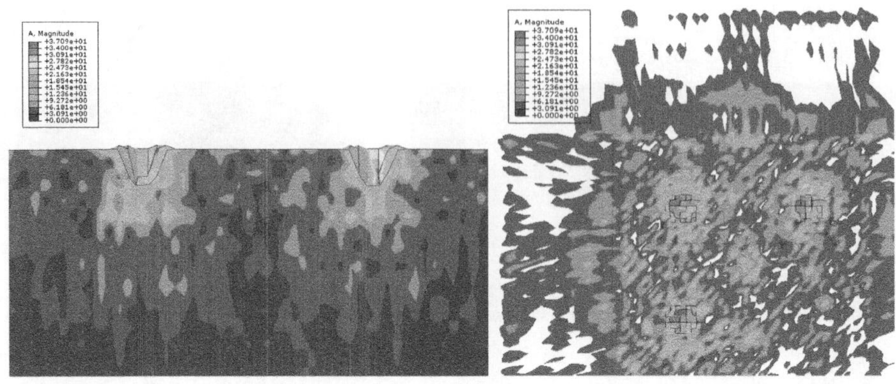

t=0.6s

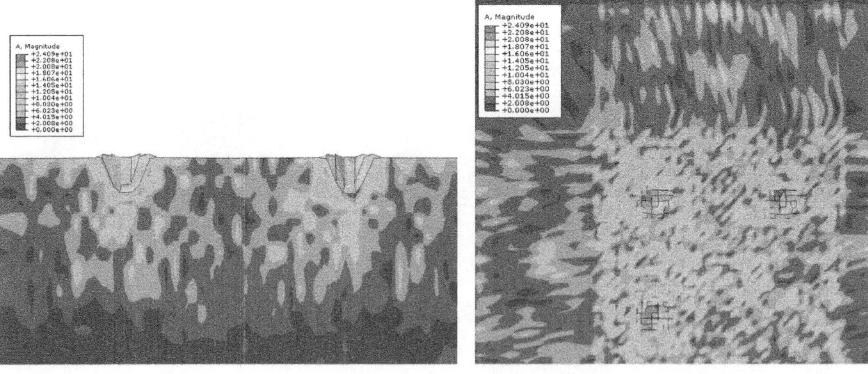

t=1.0s

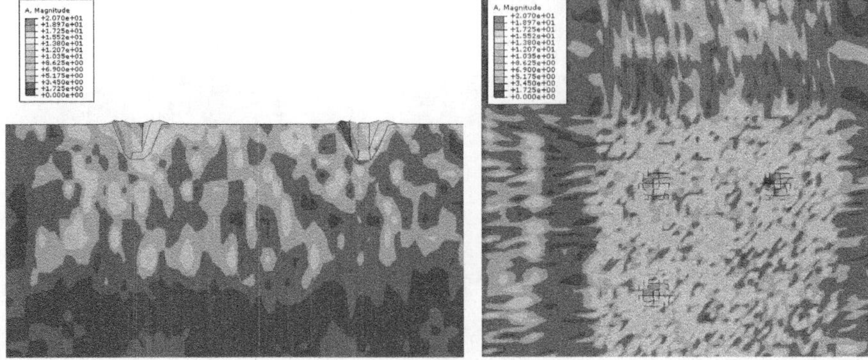

t=1.5s

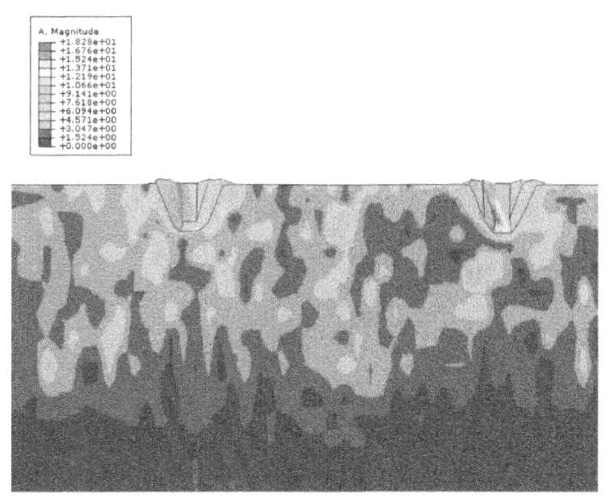

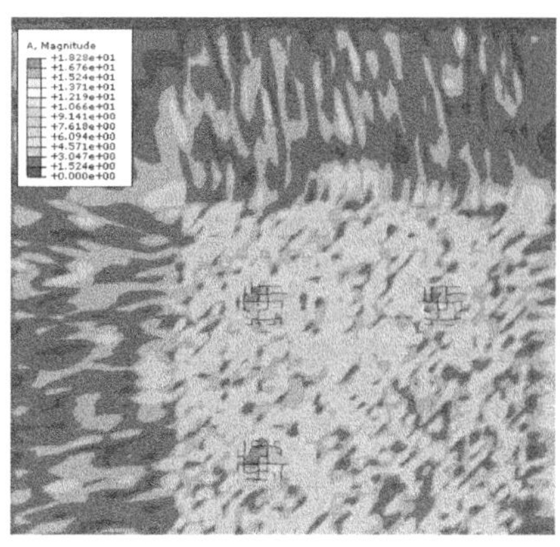

t=1.8s

图 4-15　三台夯机行列式排列工作时土体中质点加速度（截面图和俯视图）

从图 4-16 行列式排列的三台夯机共同工作时土体中的质点振速演变可以看出，土体的受力变得更加不规律，由于第三台夯机与前排夯机的距离变得不对称，位于两者之间的土体受散逸强夯能量的影响变得复杂，夯机内侧范围内受三台夯机影响的土体质点振速的峰值区域，明显偏离了梅花式分布时的形心中心区域，变得偏向于作为中心的第一台夯机的方向，向周围环境中传播出去的面波，其叠加强化的峰值范围也不再位于前方两台夯机连线的中垂线上，冲击后期土体质点振速普遍保持在一个较高的水平，虽然同样存在多次峰值，但没有和其他时间的振速值拉开显著差距，分布较为混乱，难以体现地面振速峰值周期变化的规律性。

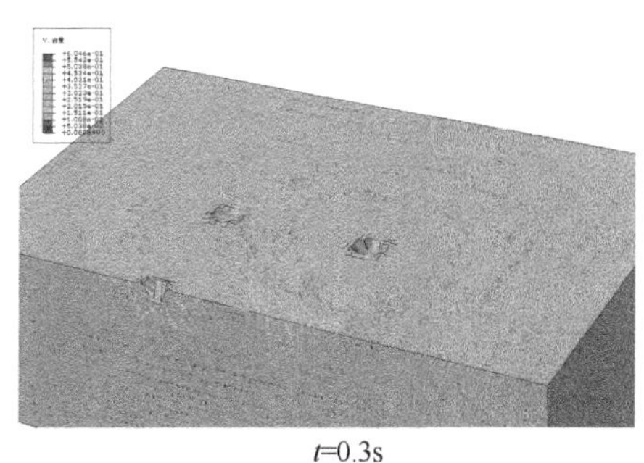

t=0.3s

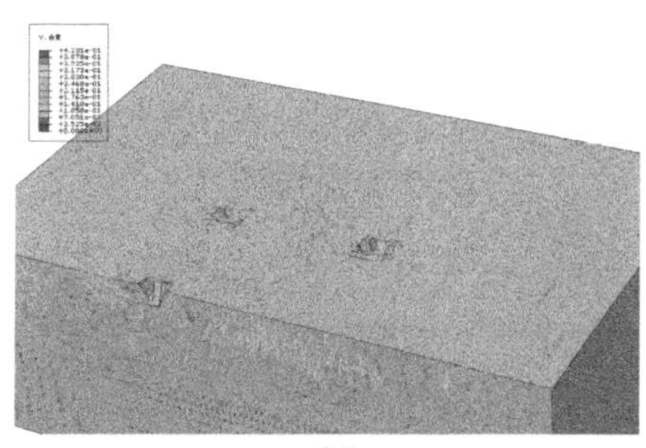

t=0.6s

图 4-16

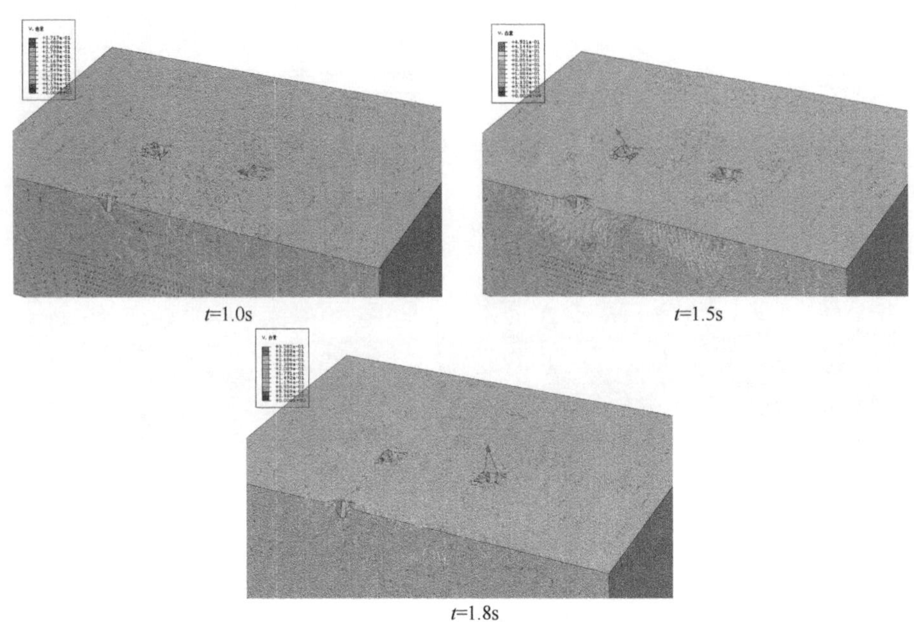

图 4-16　三台夯机行列式排列工作时土体中质点振速（截面立体图）

如图 4-17 所示，两种不同排列方式的三台夯机共同工作工况，在内侧土体的地面振动、能量叠加、多次峰值分布情况等方面有着较大的差异，主要是由于两种不同排列方式中夯机彼此距离的变化，导致了夯击能量的传播路径和抵达时间出现差异，而对于强夯项目主要的工程目的——加固中深层土体而言，根据图 4-17 所显示的三台夯机不同排列方式工作时夯点土体塑性破坏区的对比可以看到，不同排列方式基本没有对处理效果造成什么影响，这主要是由于其加密作用的关键因素为纵波，其能量基本上在夯坑底部土体附近已经被大部分吸收，难以形成明显的叠加效应。

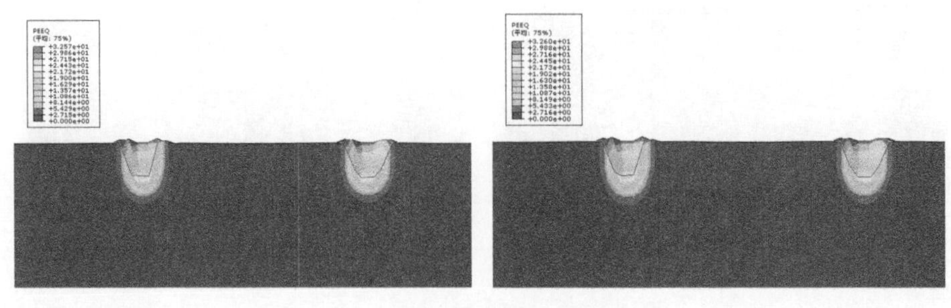

(a) 梅花式

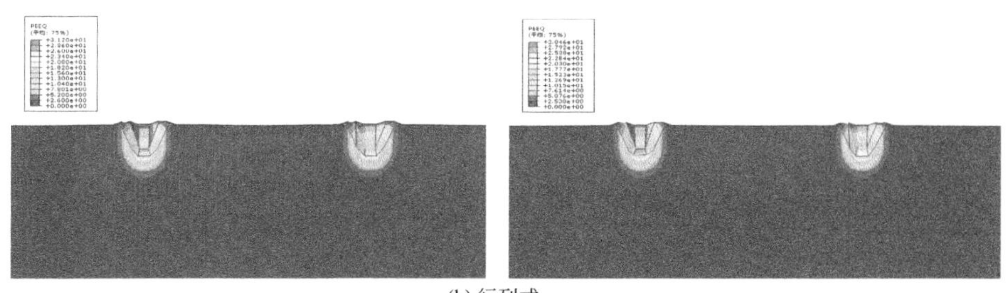

(b) 行列式

图 4-17　三台夯机不同排列方式工作时夯点土体塑性破坏区

4.5　四台夯机冲击能量的叠加

为了追赶工期或者为了与下一步的流水施工作业衔接，某些比较极端的情况下，每个强夯处置单元的范围内可能采用四台夯机同时作业，极少数偶然情况下，四夯锤同时冲击地面，更加巨大的强夯能量散逸在施工区域内的土体内，造成更强的叠加效应。

从图 4-18 对称排列的四台夯机共同工作时土体中的应力云图演变规律可以看出，由于夯机的位置是对称分布的，在模型的均质体中，土体的受力也同样变得比较有对称规律，应力分布呈现出非常明确的对称变化，叠加强化影响最显著的区域仍然分布在与其他夯机的两两连线上，但由于位置对称，各个方向的挤压在土体中最中心处形成了类似压力拱的效果，各方面的影响互相抵消，土体在应力云图上出现了一个“零区域”，此处强化趋势变得非常微弱，由于现实中的土体并非符合均质均层的理想模型，因此中心处这种受力显然是不会在现实中出现的。冲击后期土体中层的再次受力过程依然存在，由于夯机对称分布，各个方向均受到叠加强化，整体表现更像是单个巨大的等效夯锤冲击土体后的受力情况。

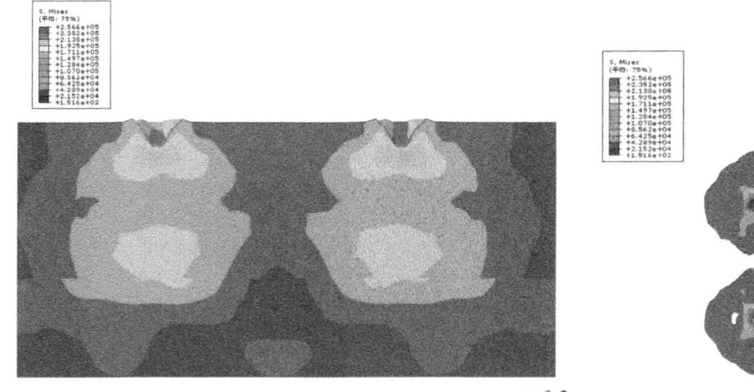

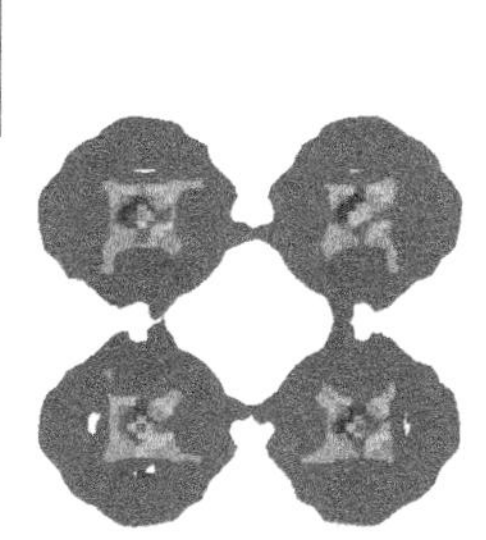

t=0.3s

图 4-18

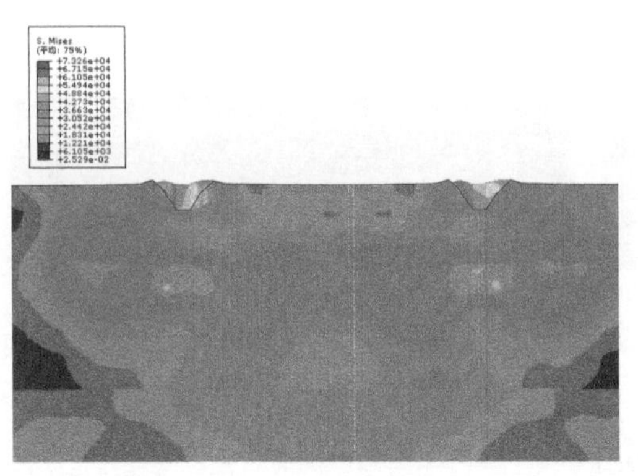

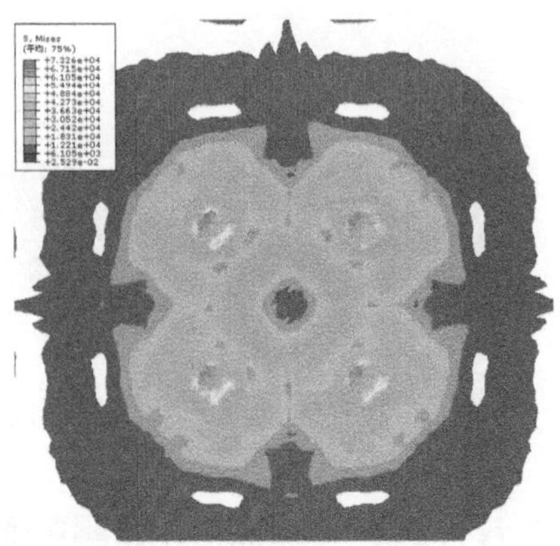

t=0.6s

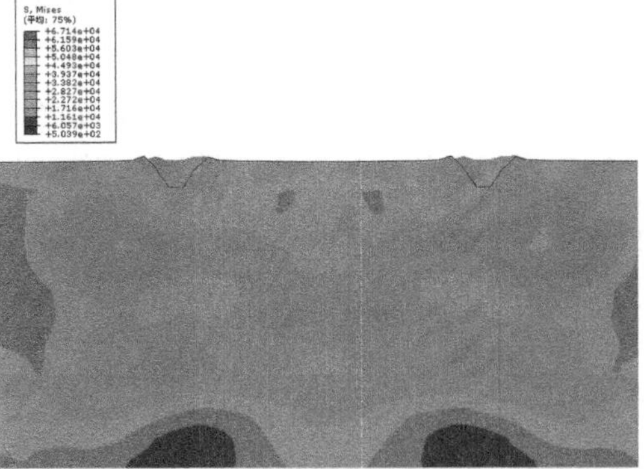

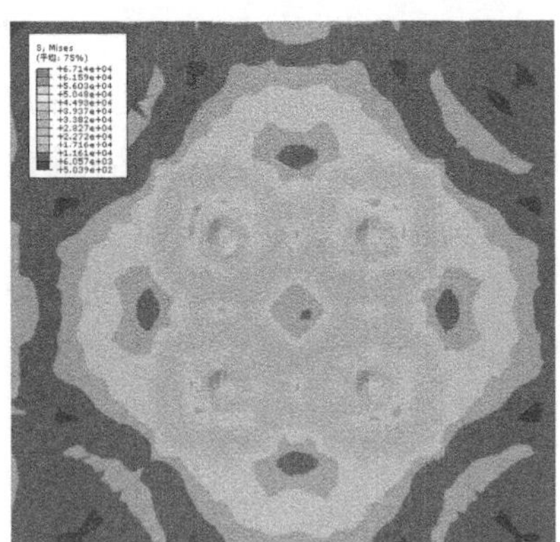

t=1.0s

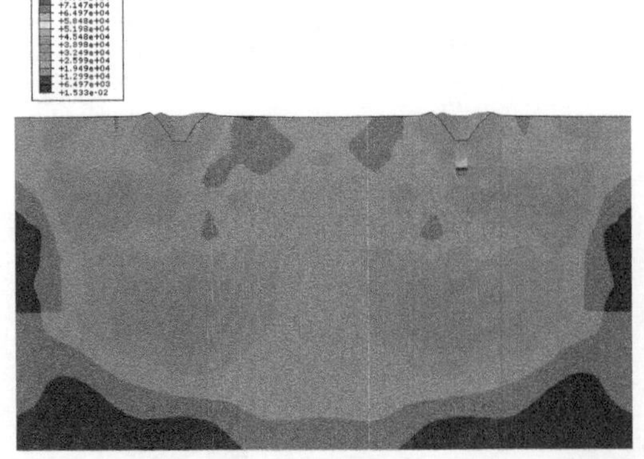

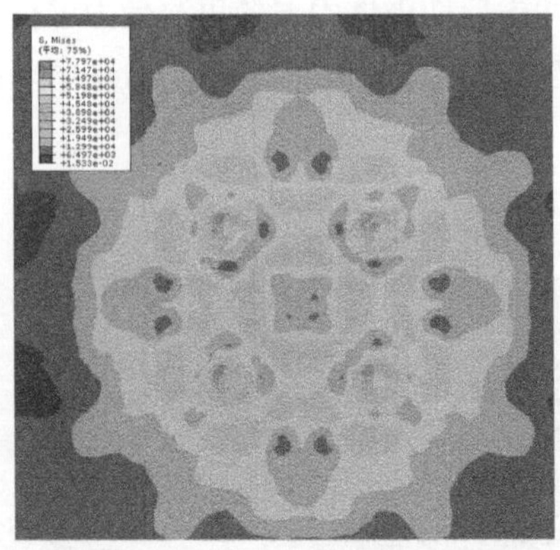

t=1.5s

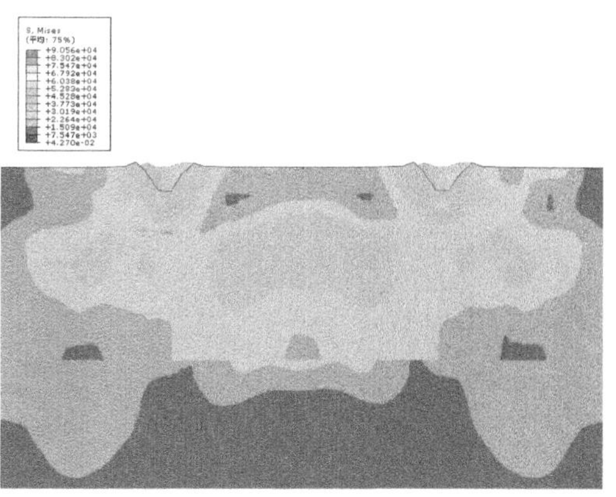

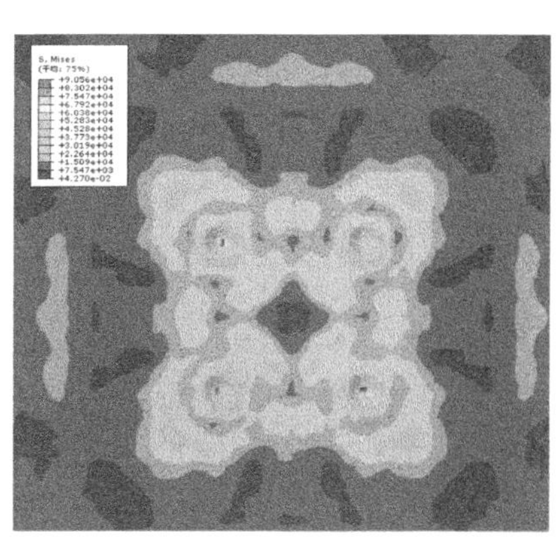

t=1.8s

图 4-18　四台夯机同时工作时土体中应力（截面图和俯视图）

从对称排列的四台夯机共同工作时土体中的质点加速度演变规律（图 4-19）可以看出，由于夯机的位置是对称分布的，加速度分布呈现出非常明确的对称变化，波动能量叠加影响最显著的区域是四台夯机各自两两连线范围的土体以及四台夯机内侧土体的中心处，每台夯机损失的强夯能量转化成波动都传播到这一点，出现了一个加速度值明显高于周围土体的汇聚点，因此中心土体虽然受到的挤压被抵消，但依然会被散逸能量波动带动。同样，由于现实中的土体并非符合均质均层的理想模型，波速传播受土体中随机因素的影响较大，因此中心处这种完美的汇聚形态是不会在现实中出现的，但汇聚的趋势是符合实际的。由于夯机对称分布，各个方向传播到周围环境的散逸能量均受到叠加强化，在四个方向上都出现了强夯散逸能量的叠加，也呈现出非常明显的对称性，四台夯机各自两两连线的中垂线方向都会产生明显的叠加峰值区域，对周围建（构）筑物的安全造成威胁。

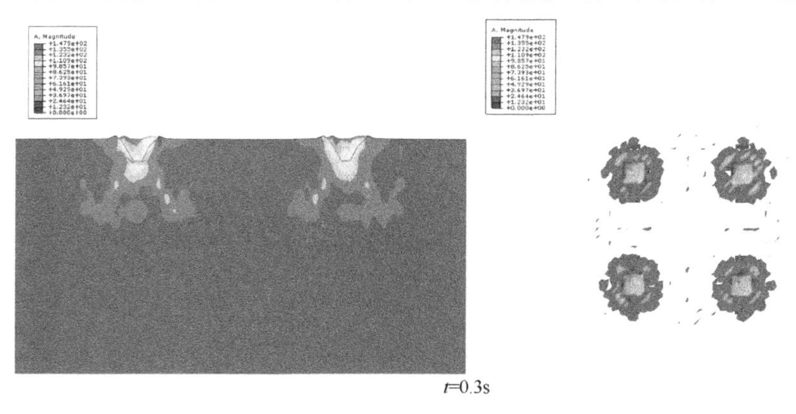

t=0.3s

图 4-19

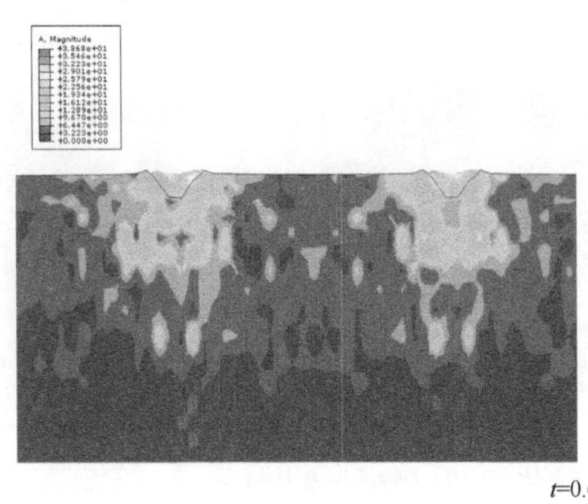

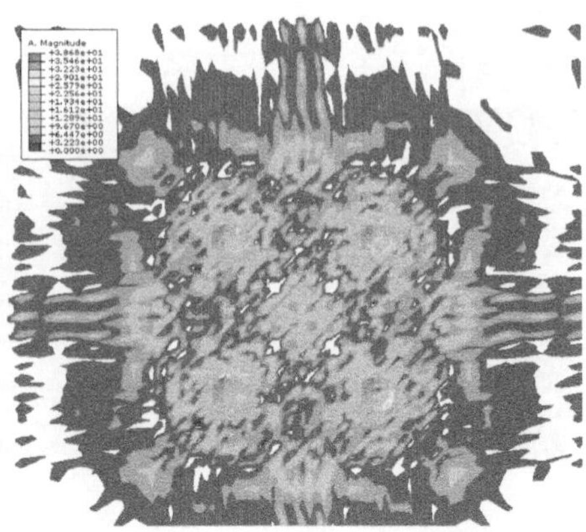

t=0.6s

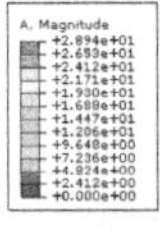

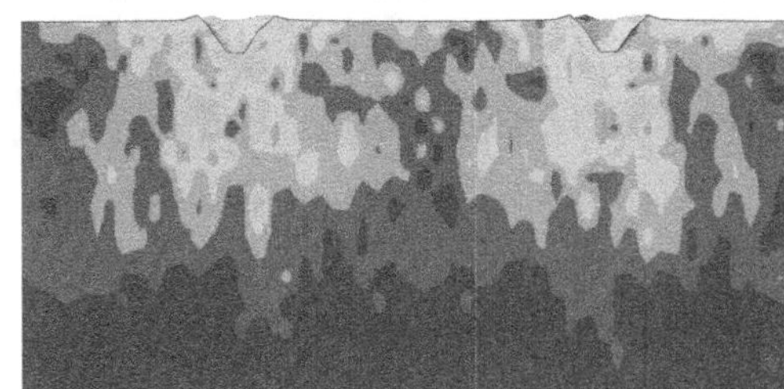

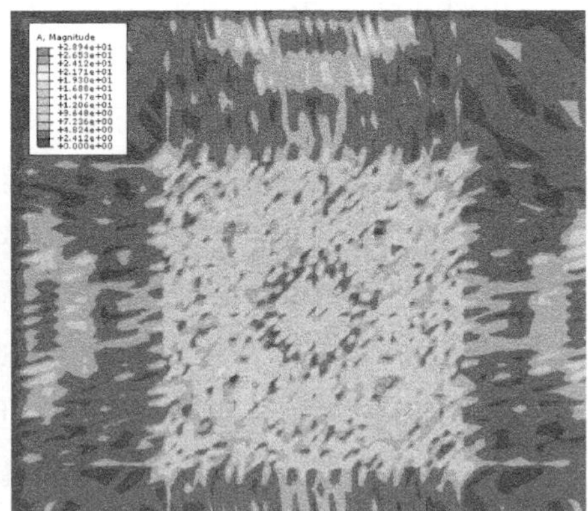

t=1.0s

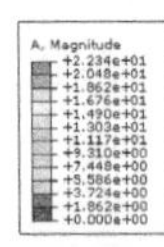

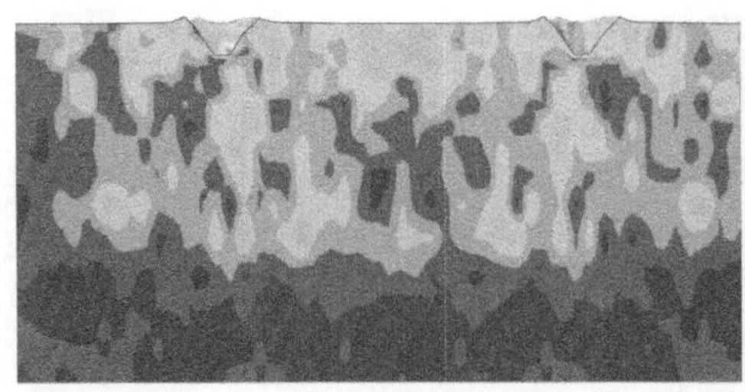

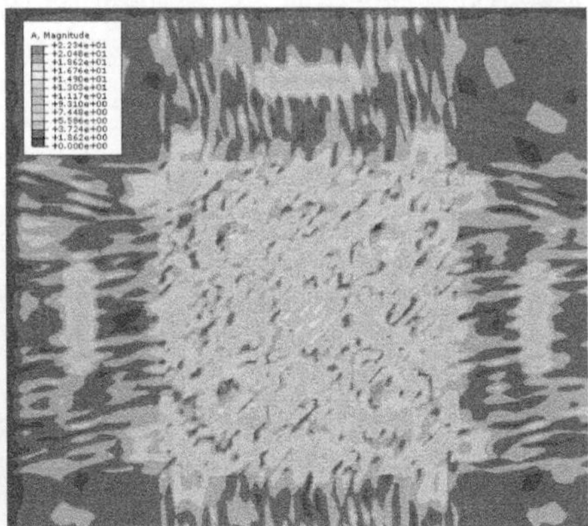

t=1.5s

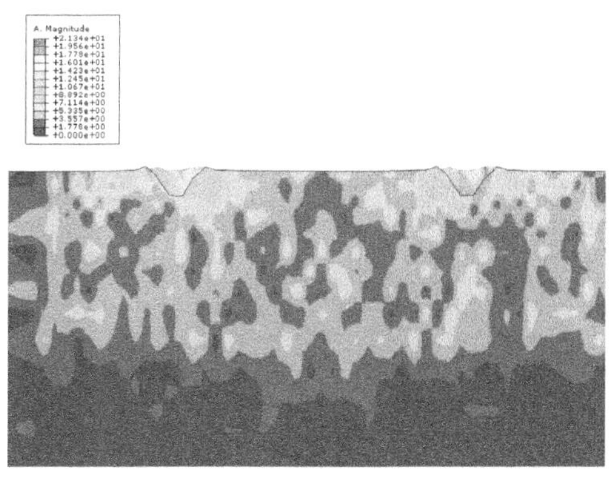

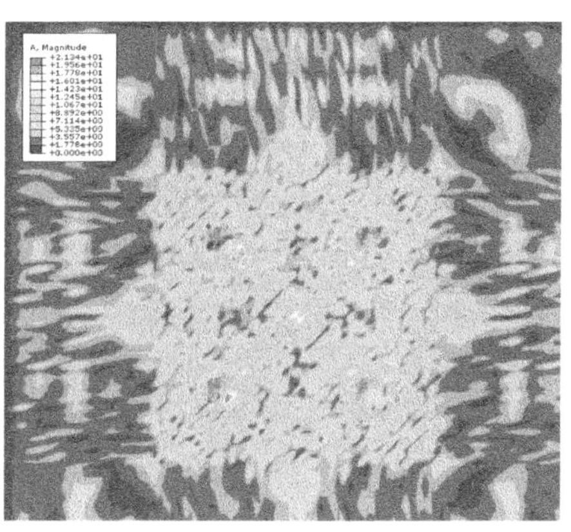

t=1.8s

图 4-19　四台夯机同时工作时土体中质点加速度（截面图和俯视图）

从行列式排列的四台夯机共同工作时土体中的质点振速演变（图 4-20）可以看出，土体的受力以及散逸夯击能量的叠加变得更加明显和剧烈，整个强夯处理单元范围内的土体都出现了明显的运动，位于夯机两两连线范围之内的土体受散逸强夯能量的影响变得更加显著，夯机内侧范围内的中心点受四台夯机能量汇聚的影响，成为土体质点振速的峰值区域，向周围环境中传播出去的面波其叠加强化的峰值范围基本位于夯机两两连线的中垂线上，冲击后期土体质点振速普遍保持在一个较高的水平，向外界传播的地面振速同样存在多次峰值，而且峰值之间的时间间隔明显变短，可知将有更多的能量被传送到周围的环境中去，造成更大的影响。

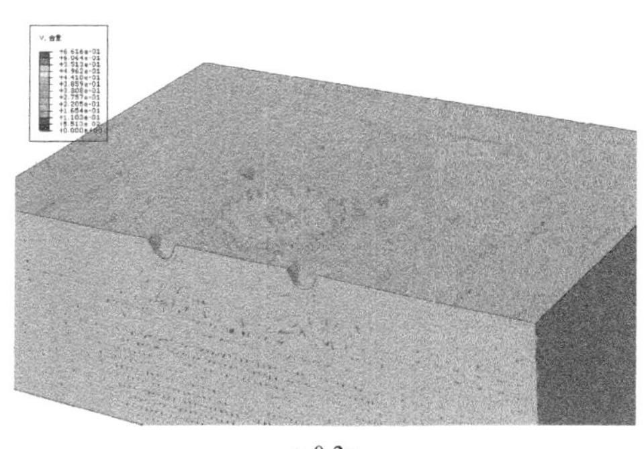

t=0.3s

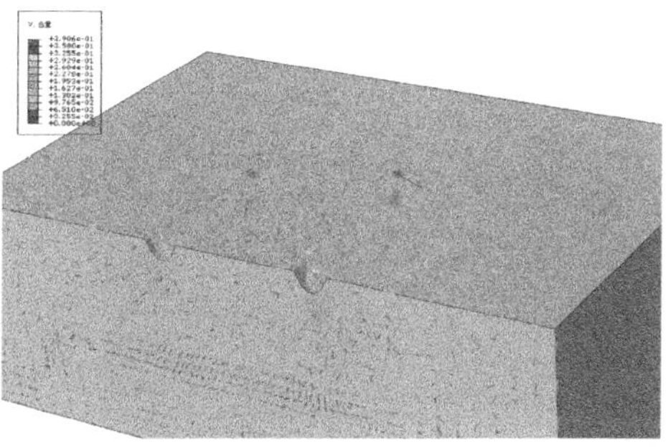

t=0.6s

图 4-20

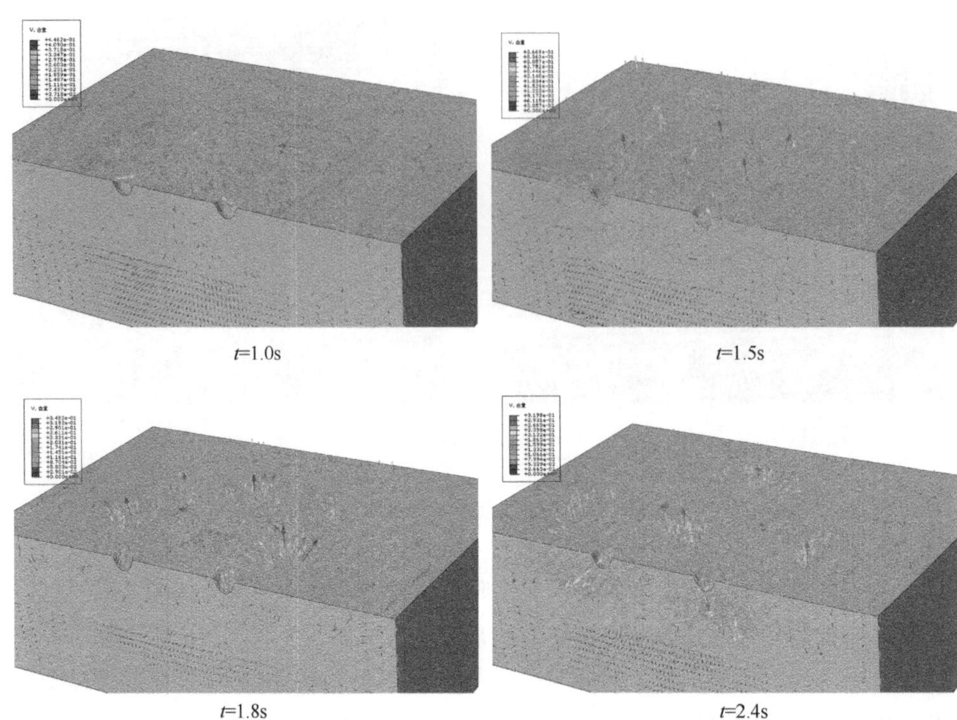

图 4-20　四台夯机同时工作时土体中质点振速（截面立体图）

而从图 4-21 四台夯机不同排列方式工作时夯点土体塑性破坏区的分布则可以看出，虽然四台夯机同时工作产生的能量巨大，但对于增强压缩夯锤下土体的能力并没有显著影响，这同样是由于纵波能量被迅速吸收，难以传播和叠加。

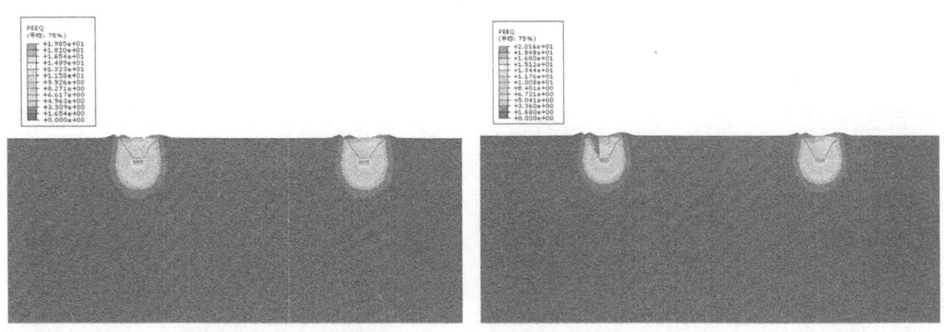

图 4-21　四台夯机不同排列方式工作时夯点土体塑性破坏区

第5章

近场能量叠加的主要影响因素

强夯能量的传播和扩散，除了和夯击能的大小本身相关之外，还受到诸多影响因素的制约，例如土体自身的性质（弹性模量、内摩擦角、黏聚力、颗粒结构和层理构造等）、夯锤的直径、场地的构造以及夯机之间的间距等，为了研究相关影响因素对夯击能量叠加的作用，分别以单一因素的变化为控制条件，建立不同的模型进行数值模拟分析，以揭示其中的规律。

5.1 夯击次数的影响

在强夯过程中，随着夯击次数的增加，夯锤下方土体被冲击压缩，夯坑下方一定深度内的土体结构遭到破坏，并在夯击能量的作用下出现夯击后的土颗粒重新排列，成为较夯击前更为紧密的新土，其工程力学性质发生了较大的变化。强夯次数与土体强化示意见图 5-1。

由于这种性质的变化，每一次夯击的过程都与之前并不相同，强夯能量能够到达的深度、被用来压缩土体的比例、压缩的效果和转化为横波和面波的比例都会出现变化，随着夯击次数的增加，地基土不断被压实，强夯加固区内土体的弹性模量也逐渐增大，由于土体随机性的天然存在，目前已有的强夯有限元模拟分析中一般不考虑这种渐次变化。

为了揭示多台夯机同时工作时夯击次数的影响规律，本章利用钱家欢等学者在试验基础上提出的经验公式，对不同夯击次数的坑底土体赋予不同的弹性模量值，以此来模拟不同夯击次数的影响。

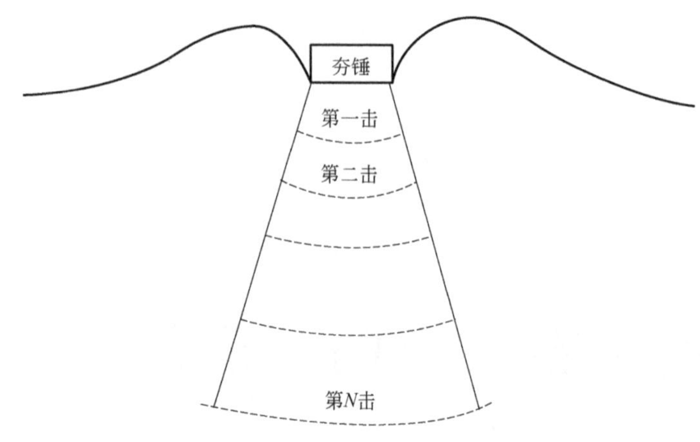

图 5-1　强夯次数与土体强化示意图

$$E_N = E_0 N^{0.516} \tag{5-1}$$

式中，E_N 为夯击 N 次后加固区内土体的弹性模量；E_0 为原始土体弹性模量；N 为当前夯击次数。

按照这一经验公式，计算出第 N 击时坑底土体的弹性模量，每次夯击前手动加以调整，根据工程实践和前人的现场试验研究，通常前两击使得土体变化最大，而 6～8 击时已经基本完成全部夯沉量，因此模拟中分别取第 1 击、第 2 击、第 4 击、第 6 击、第 8 击来作为研究对象。不同夯击次数时坑底土体的弹性模量值见表 5-1。

表 5-1　不同夯击次数时坑底土体的弹性模量值

项目	夯击次数					
	0	1	2	4	6	8
E_N /MPa	10	10	14.3	20.45	25.21	29.24

从图 5-2 中可以很明显看出，夯击刚开始时，土体受力的范围比较大，夯坑下方的土体基本都被调动起来，第 1 击、第 2 击、第 4 击时，夯机间的内侧土体都能够受到动力挤压的作用。而随着夯击的进行，由于夯坑底部土体越来越强，应力向下传递变得越来越困难，从第 6 击开始，最大受力处基本集中在夯坑底部与夯锤接触的那部分土体，而下方其他部分的土体受力则很小，基本已经无法再实现土体压缩的工程目的。

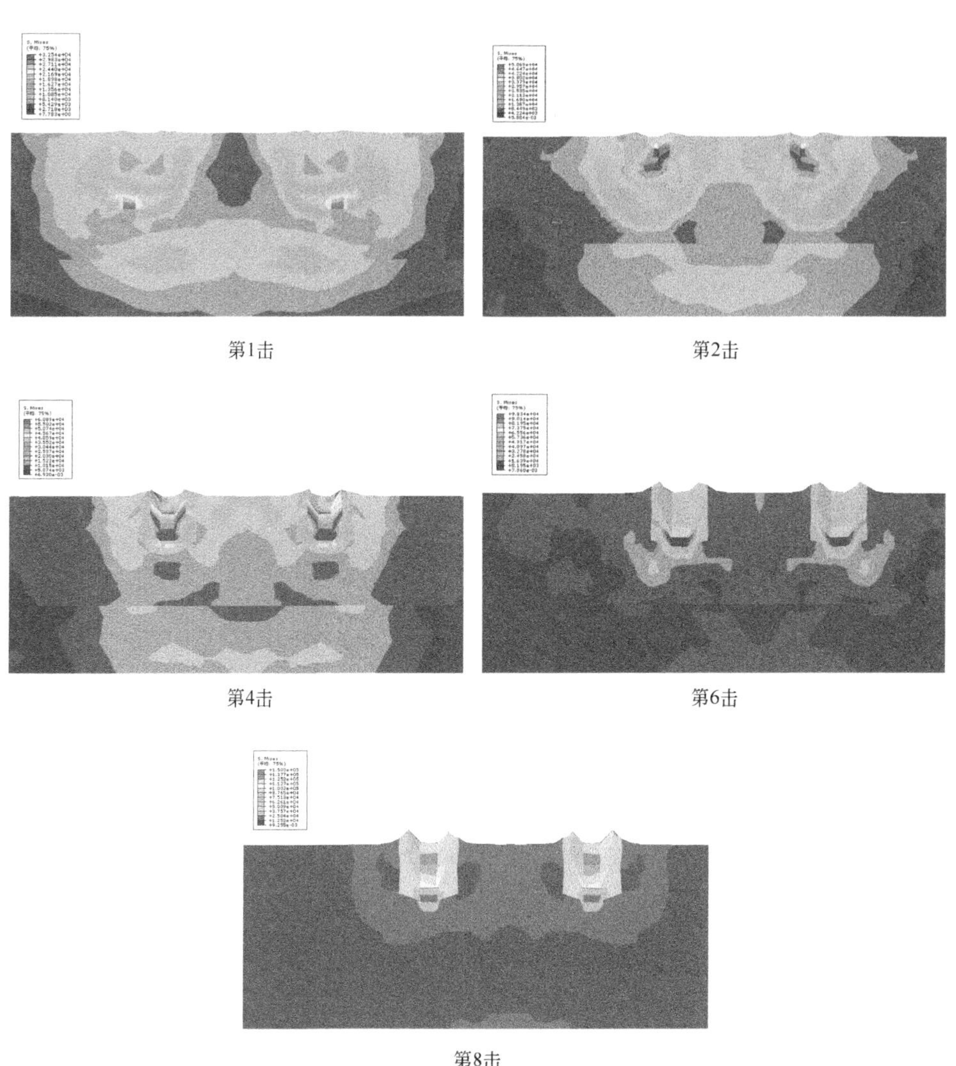

第1击　第2击　第4击　第6击　第8击

图 5-2　不同夯击次数时土体中的应力

如图 5-3 所示，不同夯击次数时，土体下方应力随深度变化趋势也呈现出相同的特点，第 1 击、第 2 击、第 4 击时，应力峰值出现在锤土接触部分以及土体中部，表明此刻夯坑下方土体能够在强夯能量作用下发生压缩，而第 6 击、第 8 击的时候，应力峰值只出现在锤土接触部分，下方土体受力偏低，基本不会发生压缩，这与实际施工中 6～8 击之后夯沉量基本不再变化的情况是符合的。

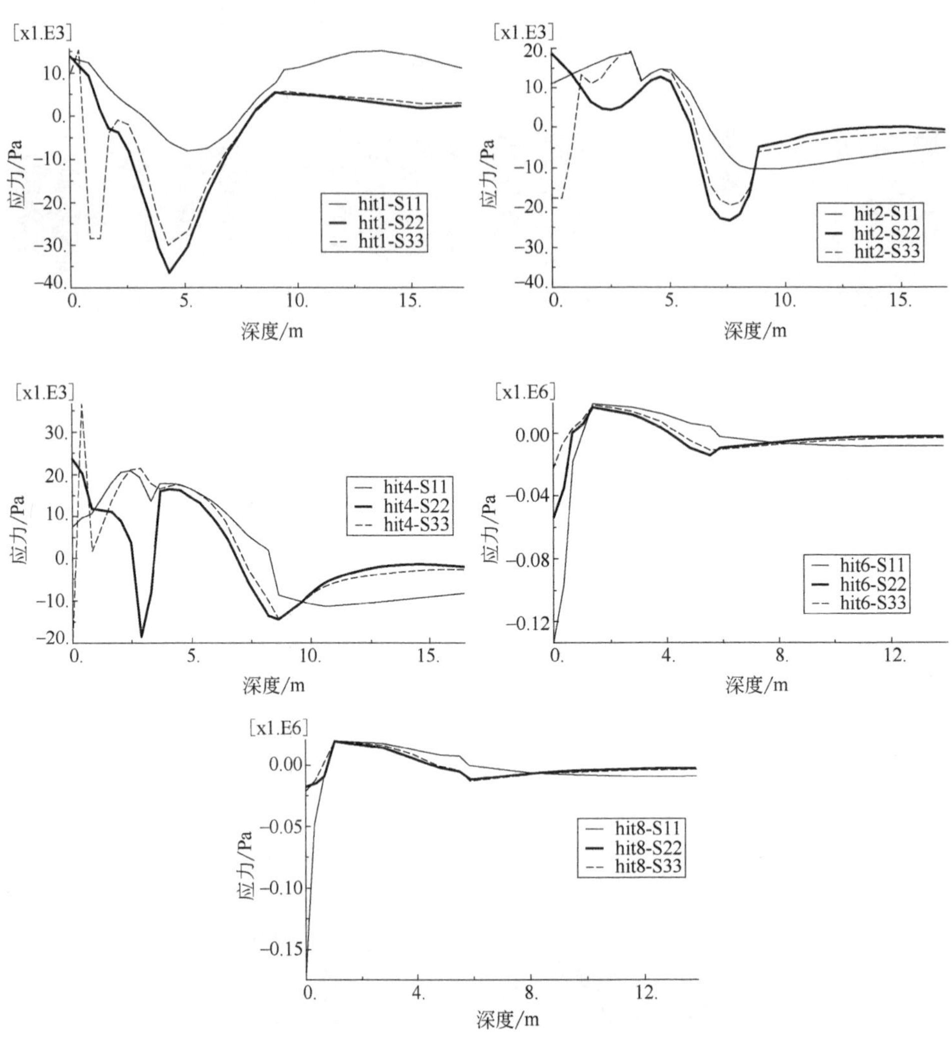

图 5-3　不同夯击次数时夯坑下方土体应力随深度变化趋势

从夯机之间的内侧土体中应力随深度变化趋势曲线（图5-4）中可以看到，第 1 击、第 2 击、第 4 击时，夯机间的内侧土体有明显的受力，而第 6 击、第 8 击的时候，应力峰值只出现在接近表层土体的较浅部，其值也明显降低，证明从第 6 击开始，夯机间的土体基本就不再受两台夯机的能量影响。

因此可以认为，夯击次数对多夯机同时工作时的近场叠加效应有明显影响，从第 6 击开始，夯击能量基本就不再发挥作用，实际工程中随着土体参数的不同，可能这个夯击次数的具体值会发生变化，可以表述为当一个夯击点的夯沉量接近完成时，强夯能量对夯机间的内侧土体将不再有明显影响。

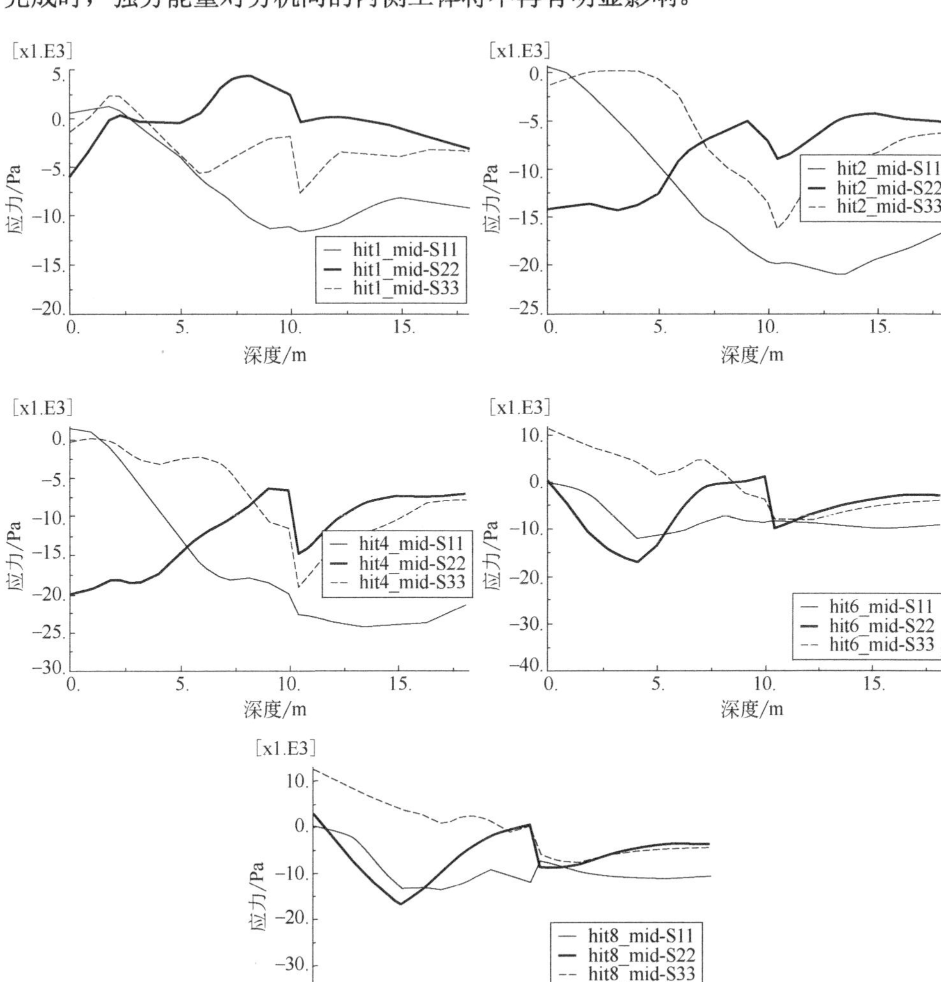

图 5-4　不同夯击次数时夯机之间土体中应力随深度变化趋势

5.2　夯锤直径的影响

在实际的工程中，根据不同的施工要求、场地状况、土体性质等，会在设计强夯施工参数时对应选择不同的夯锤型号。显而易见，夯锤半径的大小直接影响夯锤与地表的接触面积、夯锤与地表的接触时间和地基水平侧向力大小，也就同时影响了锤土之间的相互作用过程，导致土体中的强夯能量分布发生显著变化，从而导致了不同的强夯加固效果。

在工程实践中通常采用的夯锤直径有一个最佳范围，通常以直径 2.5m 最为常见，若处理的土体偏向碎石土，可以适当缩小直径到 2m 左右，若要处理的土体工程地质特性偏软弱，则可以适当增加直径到 3m 甚至更高，本节主要考察不同夯锤半径对多夯机叠加作用的影响，因此选取具有代表性的 2.0m、2.5m 和 3.0m 三种直径的夯锤，在其他物理力学参数不变的条件下，考察不同大小的锤底面积对夯机间土体叠加作用的影响。

如图 5-5 所示，不同直径的夯锤与土体接触的面积不同，多台夯机同时工作时土体中应力变化的规律也不同，可以非常明显看到，同等条件下，夯锤的直径越小，夯沉量越大，冲击能量越趋向于用来破坏锤土接触面正下方的土体，强夯能量难以抵达深层土体，对周围土体的动力挤压作用也变弱；夯锤的直径变大，夯沉量减小，锤土接触面上的应力降低，但是强夯能量影响范围有明显扩大，能够深入较深层，对周围土体的挤压作用也非常明显，这与工程实践中加固表层土体用小锤，加固深层土体用大锤的做法也是相符合的。

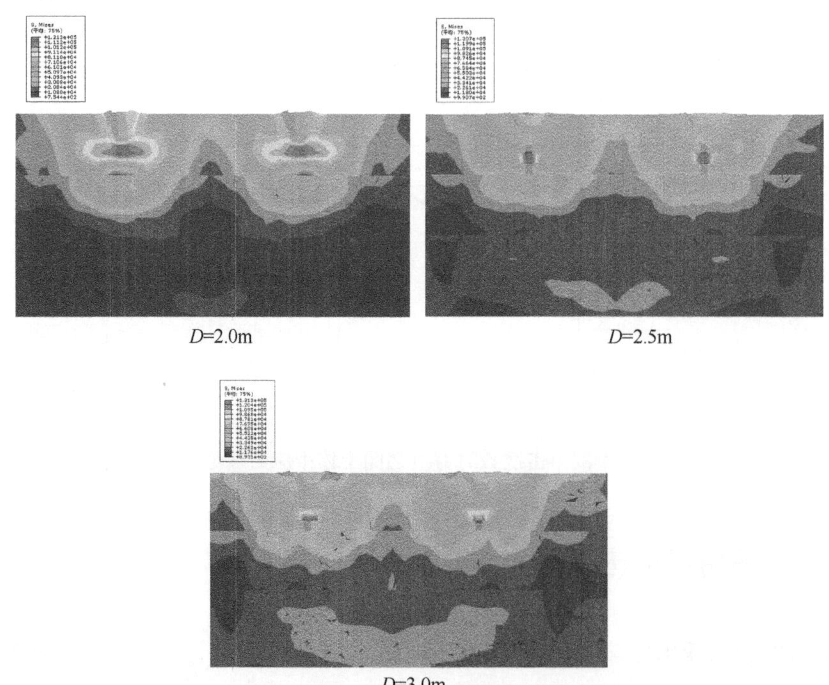

图 5-5　不同直径（D）的夯锤对多台夯机同时工作时土体中应力变化的影响

对于三台、四台夯机同时工作时近场土体受夯锤直径的影响，选取夯坑底部正下方土体、前排两台夯机连线中点下方土体（图例标识为 mid）、强夯处理区域中心点下方土体（图例标识为 center）的受力沿深度变化曲线进行分析，如图 5-6 所示。

从图 5-6 中可以看出，三台夯机同时工作时，夯锤直径对土体受力的影响与两台夯机的情况是类似的，同等条件下，夯锤的直径越小，冲击能量越趋向于用来破坏锤土接触面正下方的土体，强夯能量难以抵达深层土体，从前排两台夯机连线中点下方土体应力随深度变化曲线可以看出，小直径的夯锤对周围土体的动力挤压作用也变弱；夯锤的直径变大，锤土接触面上的应力峰值降低，但是强夯能量影响范围则明显扩大，作用能够深入较深层，从图例标识为 mid 的应力曲线峰值变化上也可以看出夯锤直径越大，对周围土体的挤压作用就越明显；而强夯处理区域中心点下方土体受夯锤直径的影响不明显，虽然随着锤径的增大，峰值受力区域不断向深部延伸，但相对于深层土体来说其值不足以形成对土体的压缩加固，因此可以认为夯锤直径越大，区域中心点土体深部土体受力越大，但对地基总体加固效果影响不大。

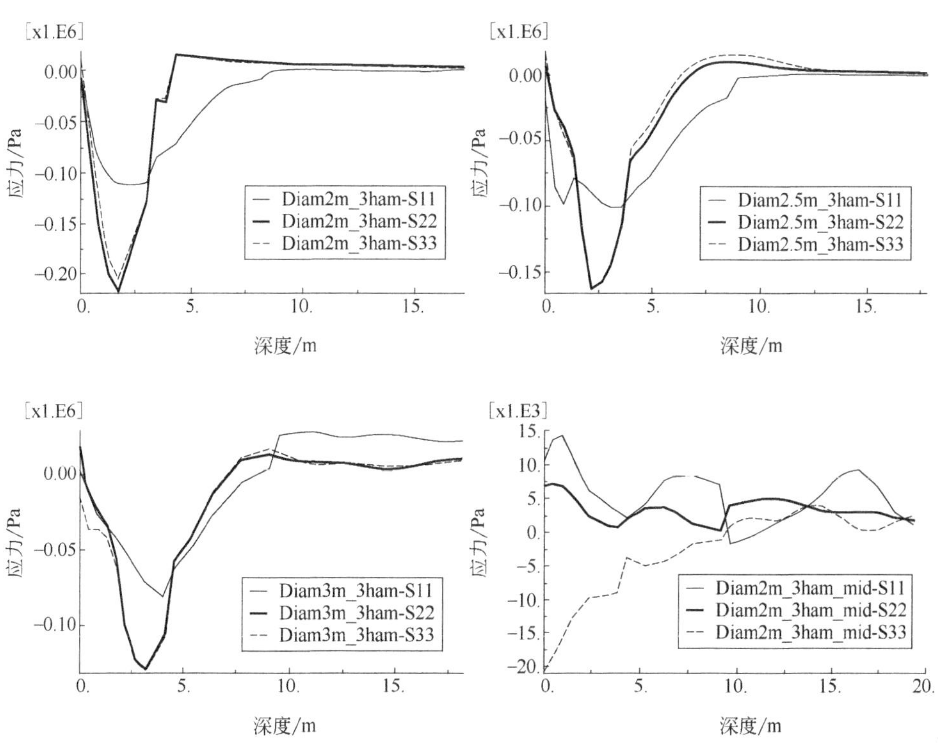

图 5-6

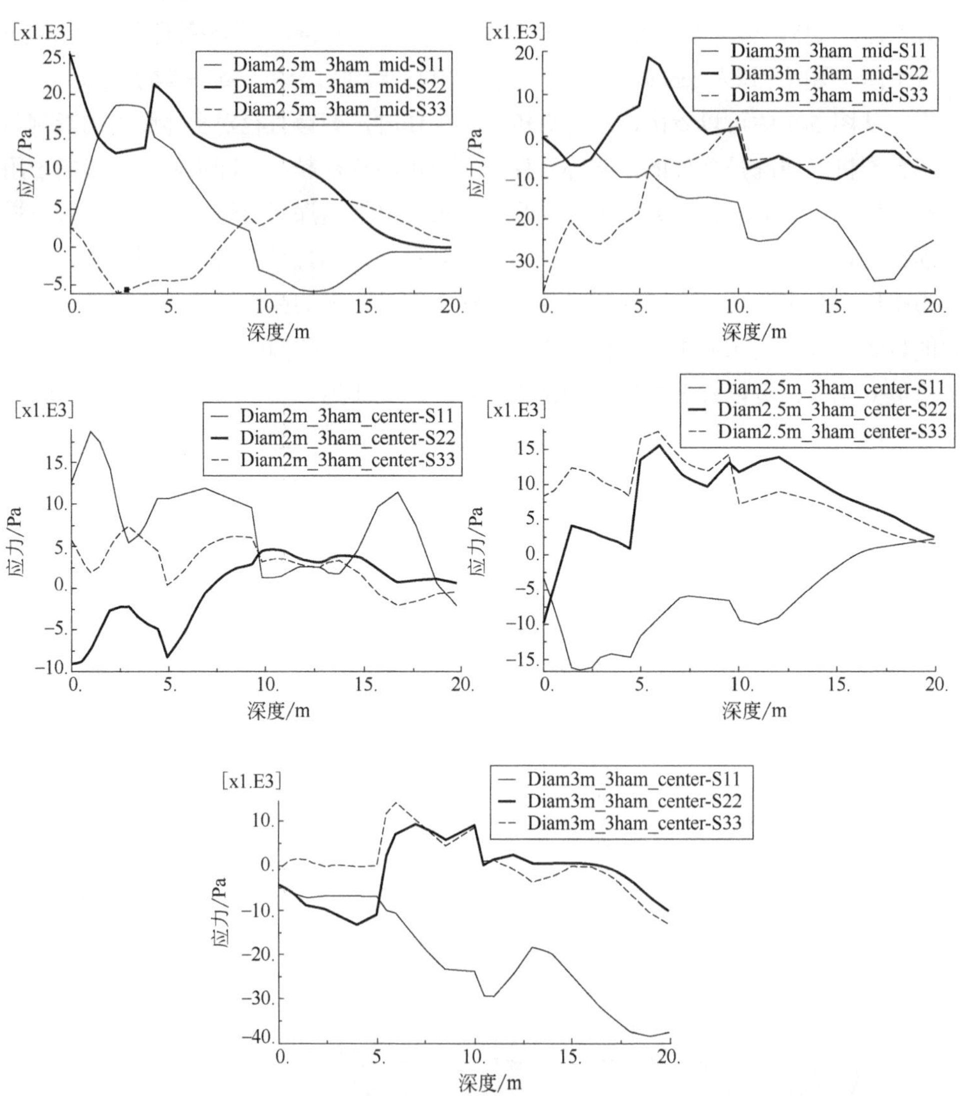

图 5-6　三台夯机同时工作时不同直径夯锤土体中应力随深度变化曲线

从图 5-7 中可以看出四台夯机同时工作时，对于夯坑下方土体，夯锤直径对土体受力的影响与两台夯机的情况是类似的，同等条件下，夯锤的直径越小，冲击能量越趋向于用来破坏锤土接触面正下方的土体，强夯能量难以抵达深层土体，从前排两台夯机连线中点下方土体应力随深度变化曲线可以看出，小直径的夯锤对周围土体的动力挤压作用较弱；夯锤的直径变大，锤土接触面上的应力峰值降低，但是强夯能量影响范围则明显扩大，作用能够深入较深层，从图例标识为 mid 的应力曲线峰值变化上也可以看出，夯锤直径越大，对周围土体的挤压作用就越明显；而强夯处理区域中心点下方土体（图例标识为 center）受夯锤直径的影响不明显，随着锤径的增大，峰值受力区域不断向深部延伸，虽然与三夯机同时工作时的状态相比其值有明显提高，但相对于中深层土体来说仍然不足以形成对土体的压缩加固，因此效果相差不大，可以认为夯锤直径越大，区域中心点土体深部土体受力越大，但对地基总体加固效果影响较小。

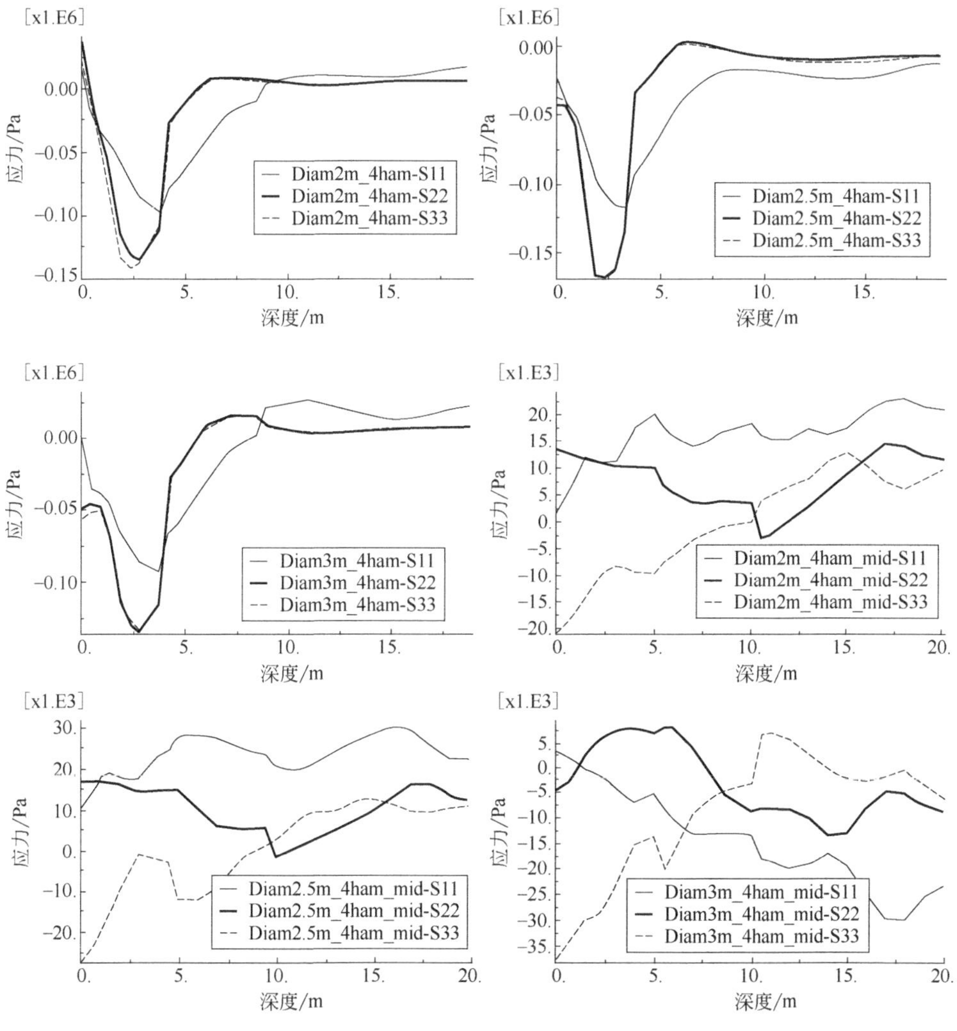

图 5-7

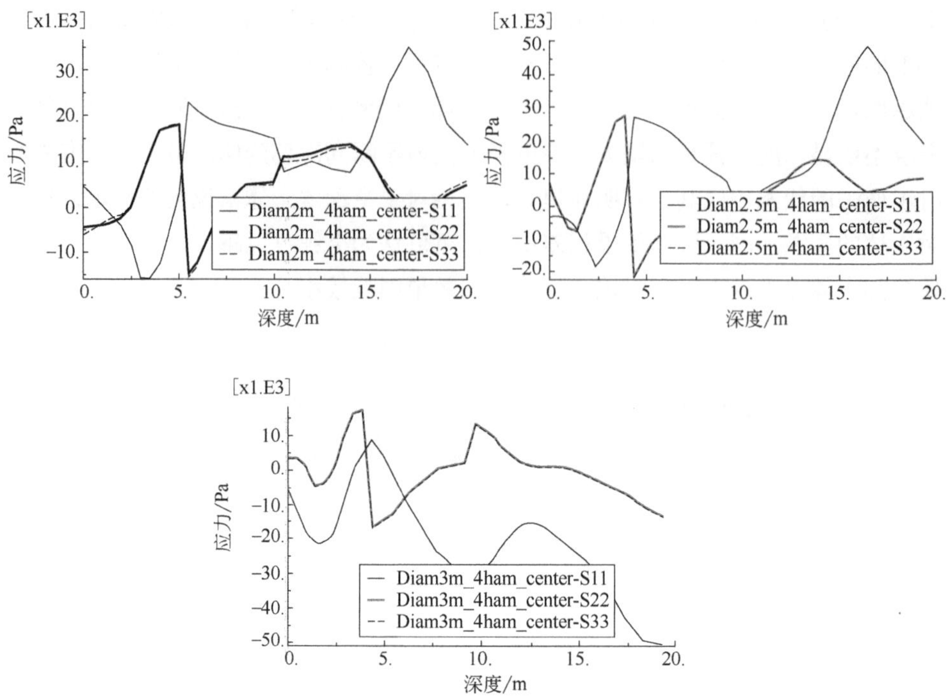

图 5-7　四台夯机同时工作时不同直径夯锤土体中应力随深度变化曲线

5.3　土体物理力学参数的影响

土体的物理力学参数决定了土体在受冲击力之后发生的变形破坏等一系列反应，因此对于强夯效果有着决定性的影响，为了考察这一些物理力学参数在多夯机同时工作情况下对叠加效应的影响，针对黏聚力、弹性模量、内摩擦角等关键参数建立了其他条件相同、关键参数单一变化的模型，揭示其对叠加效应的影响规律。

5.3.1　黏聚力 c 值的影响

土体的黏聚力是土体承载力的来源之一，也是影响土体抵抗变形能力的重要物理力学参数，强夯的本质是靠着冲击力使土体发生压缩变形，土颗粒重新移动排列形成新的致密结构来实现加固目的，这一过程必然会受到黏聚力 c 值的影响。

常见粉质黏土的黏聚力一般为 5～10kPa，黏性土根据所处物理状态和颗粒中黏粒含量的不同，其黏聚力的值跨越幅度较广，可为 10～60kPa。本节主要研究黏聚力的变化对多台夯机叠加效应的影响，因此根据工程实践，在本节的研究中，分别取 c 值为 10kPa、15kPa、20kPa、30kPa、40kPa、50kPa 几个不同档，以此考察叠加效应与土体黏聚力的关系。

从图 5-8 中可以看出，随着土体黏聚力值的提高，土体抵抗变形的能力上升，强夯能量向下传递变得越来越困难，应力峰值逐渐集中在夯坑底部和夯锤接触的土体处，深部土体的受力越来越小，其范围也发生了明显的缩减，可以认为黏聚力高的土体，多夯机同时工作的叠加效应较弱，通过强夯法对深层土体进行加固的效果较差。

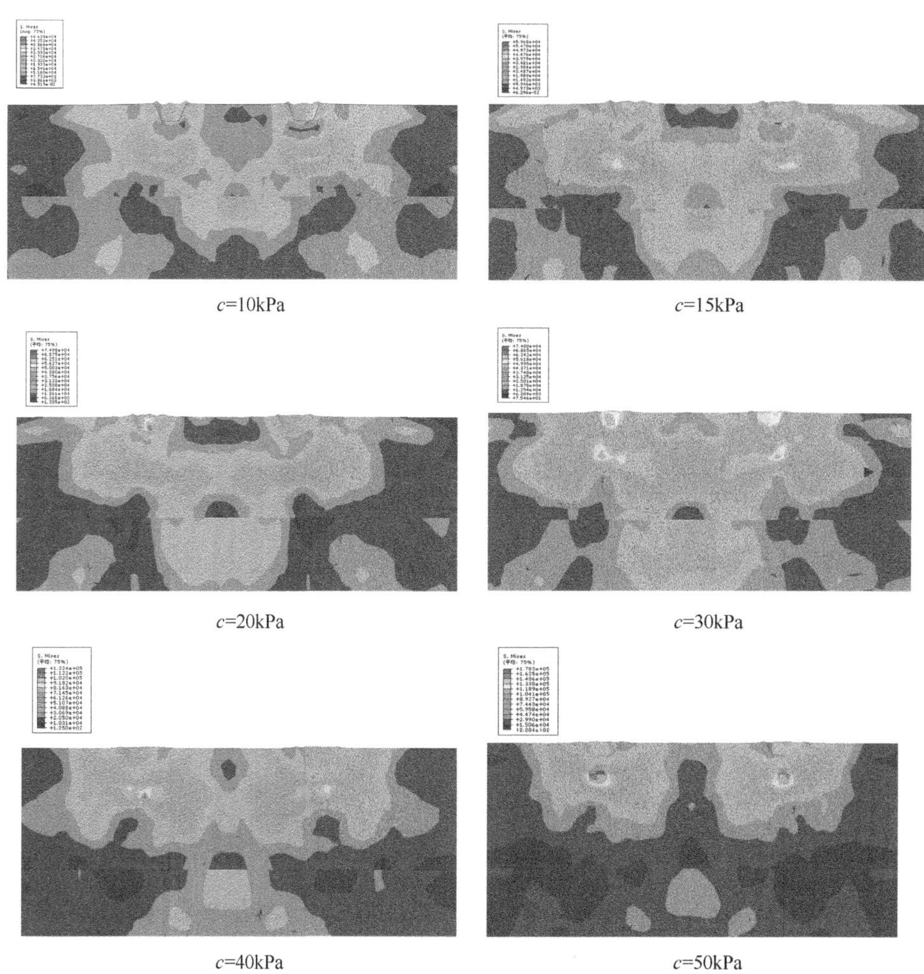

图 5-8　多台夯机叠加效应与土体黏聚力值变化的关系

从图 5-9 中可以看出，随着土体黏聚力值的提高，夯坑下方土体内应力峰值点向表层移动，同样说明强夯能量向下传递变得越来越困难，当黏聚力值超过 30kPa 后，中深层土体受力越来越小，应力峰值逐渐集中在夯坑底部和夯锤接触的土体处，深部土体几乎不受影响，证明黏聚力高的土通过强夯法对深层土体进行加固的效果较差。

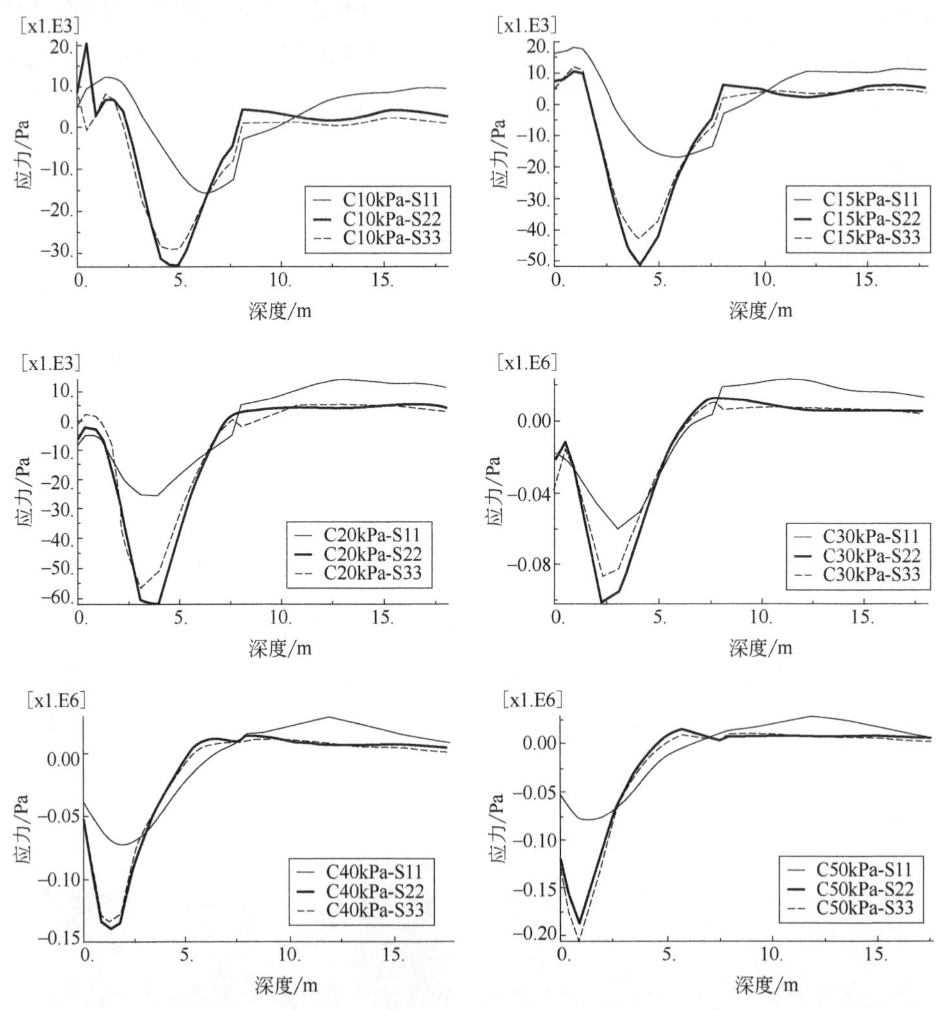

图 5-9　不同黏聚力值下夯坑下方土体内应力沿深度变化关系

从不同黏聚力值下夯机连线中点下方土体内应力沿深度变化关系图(图 5-10)中可以看出，随着土体黏聚力值的提高，强夯能量向下传递变得越来越困难，夯坑周围土体的动力挤压作用变得越来越明显，能量叠加的效应也变得显著，夯机连线中点下方土体内应力峰值逐渐提高，但峰值的数值较小，对土体进行加固的效果应该较为有限。

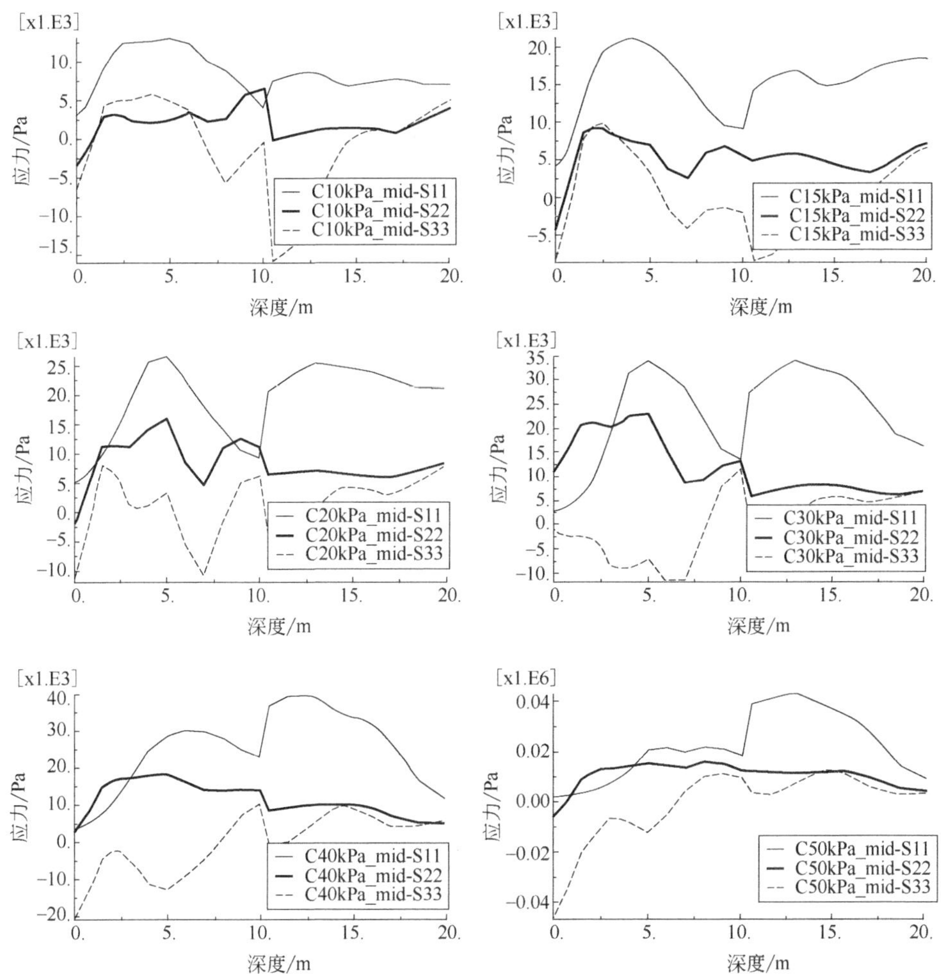

图 5-10 不同黏聚力值下夯机连线中点下方土体内应力沿深度变化关系

将不同黏聚力值下土体中应力沿深度变化关系曲线进行横向比较（图 5-11）即可发现，夯坑下方的土体和夯机连线中点下方土体受力演变趋势是基本一致的，随着黏聚力值的提高，峰值区域不断向表层移动，可以认为黏聚力高的土体，在多夯机同时工作的情况下其叠加效应要强于黏聚力低的土体，对提高强夯加固效果有一定作用，但影响比较有限。

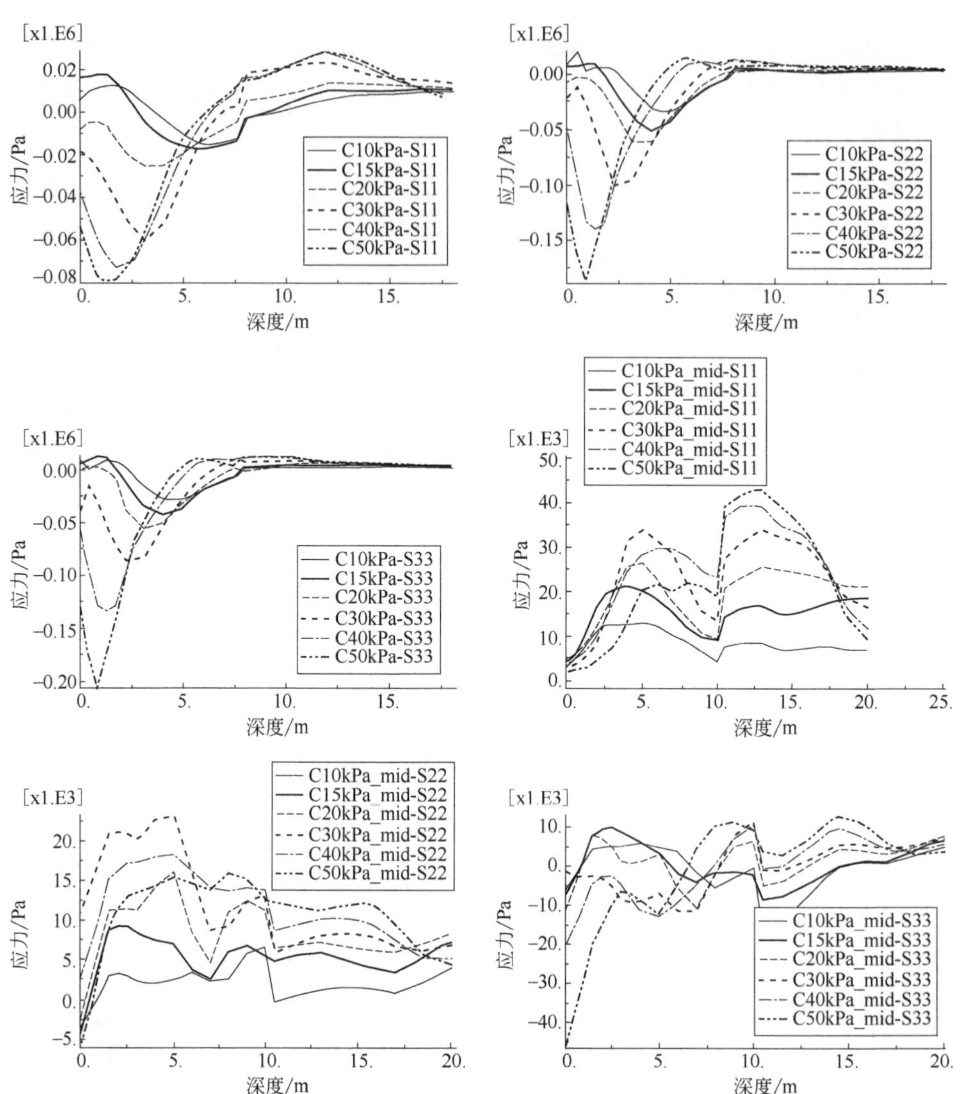

图 5-11 不同黏聚力值下土体中应力沿深度变化关系的比较

5.3.2 内摩擦角的影响

土体内摩擦角是体现土体抗剪强度的重要指标，同样也是影响土体承载力的重要因素之一，强夯冲击要迫使土颗粒发生移动重新排列，破坏土中的孔隙形成致密的承载结构，提高地基承载力，这一过程必然要形成一系列的破坏面，克服土体颗粒之间的摩擦。

常见回填土的内摩擦角通常为 15°～20°，粉土的内摩擦角一般为 18°～25°，砂土的内摩擦角一般为 20°～40°（大部分在 30°左右）。本节主要研究内摩擦角的变化对多台夯机叠加效应的影响，因此根据工程实践，在本节的研究中，分别取内摩擦角的值为 15°、20°、25°、30°、35°几个不同档，以此考察叠加效应与土体内摩擦角的关系。

从图 5-12 中可以看出，随着土体内摩擦角（φ）逐渐增大，土体变得越来越“坚硬”，难以发生变形和挤压，中深层土体的受力也随之下降，证明强夯能量向下传递变得困难，应力峰值不再出现在夯坑底部和夯锤接触的土体处，与中深部土体的应力值差别越来越小，影响范围也随之缩减，可以认为内摩擦角越大的土体，多夯机工作的叠加效应就越弱，通过强夯法对深层土体进行加固的效果越差。

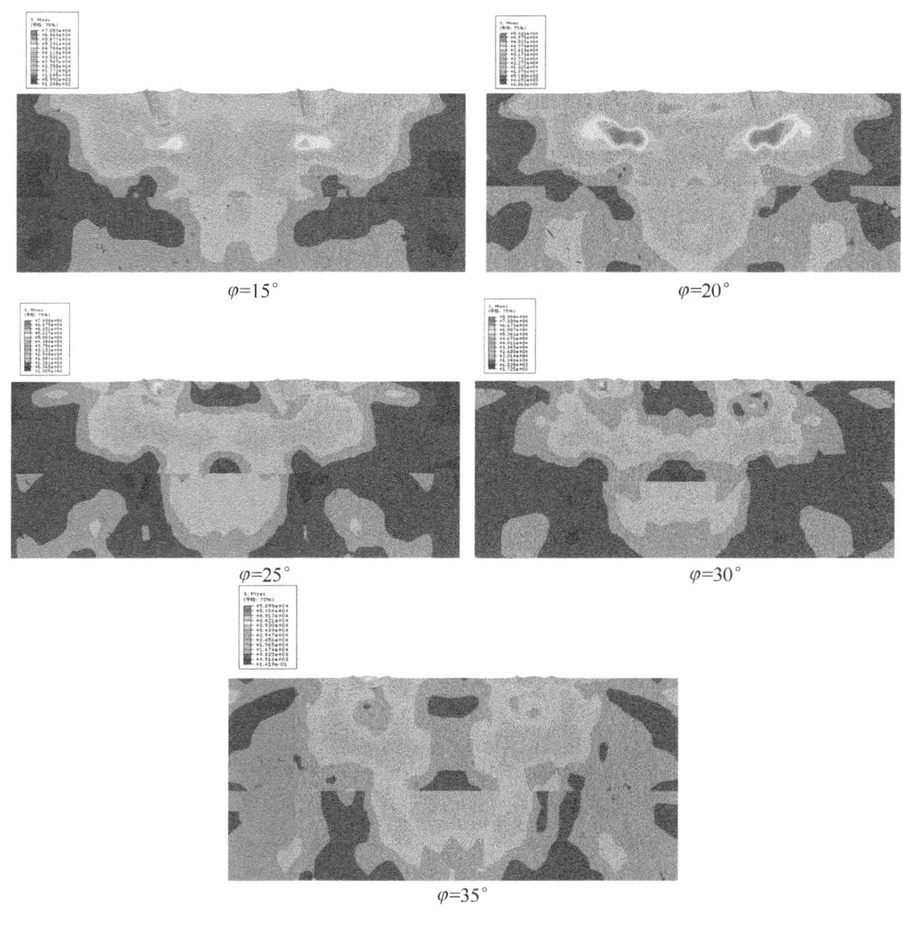

图 5-12　多台夯机叠加效应与土体内摩擦角变化的关系

从不同内摩擦角下夯坑下方土体内应力沿深度变化关系（图 5-13）中可以看出，随着土体内摩擦角逐渐增大，中深层土体的受力也随之减小，随着强夯能量无法向下传递，应力峰值也随之减小，同样证明了内摩擦角越大的土体变形需要的能量越多，多夯机工作的叠加效应就越弱，通过强夯法对深层土体进行加固的效果越差。

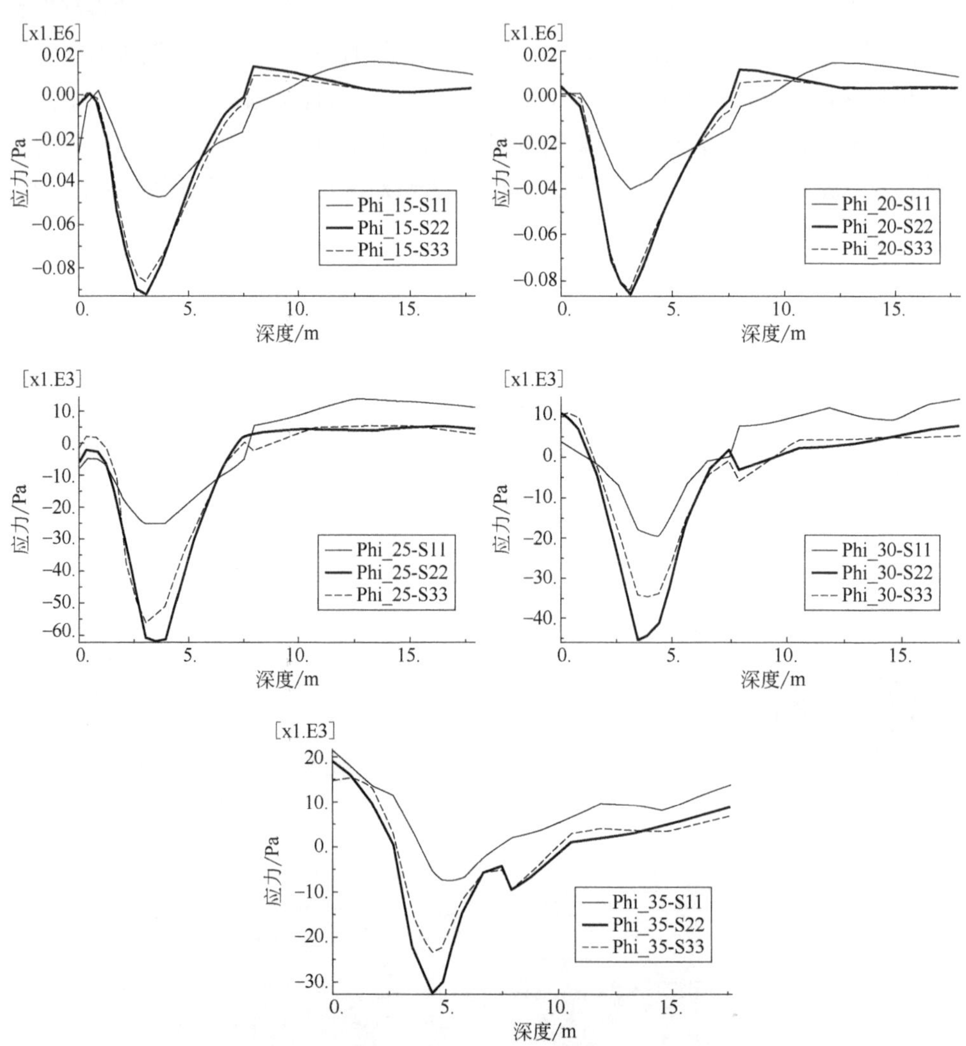

图 5-13　不同内摩擦角下夯坑下方土体内应力沿深度变化关系

从不同内摩擦角下夯机连线中点下方土体内应力沿深度变化关系（图 5-14）

中可以看出，随着土体内摩擦角逐渐增大，表层土体的竖向受力（S33）和动力挤压作用带来的水平应力（S11）都出现了明显的缩减，随着内摩擦角的增大，更多的强夯能量被隔绝无法向下传递，中深层土体的水平应力峰值也随之减小，说明中深部土体受到的挤压作用变弱，可以认为内摩擦角越大的土体，多夯机工作的叠加效应就越弱，通过强夯法对深层土体进行加固的效果越差。

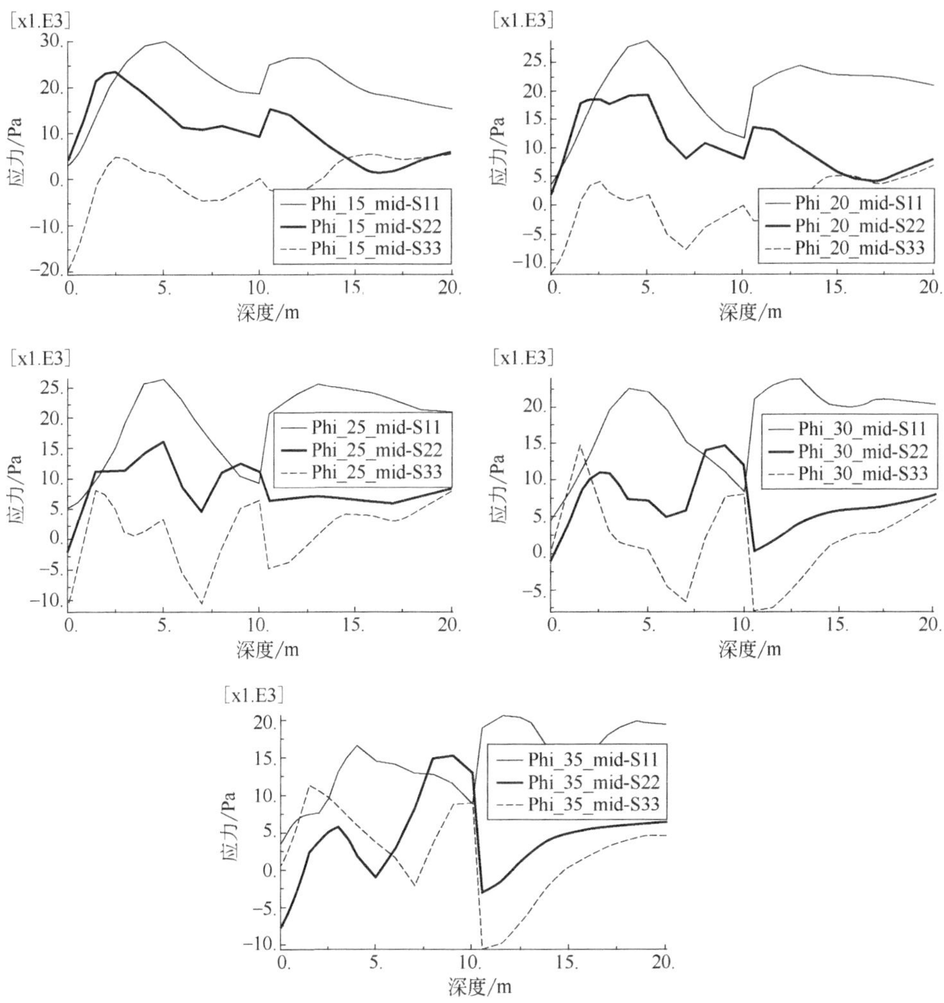

图 5-14　不同内摩擦角下夯机连线中点下方土体内应力沿深度变化关系

将不同内摩擦角土体中应力沿深度变化关系曲线（图 5-15）进行横向比较能够更加明显地发现前述规律，夯坑下方的土体和夯机连线中点下方土体受力演变趋势是基本一致的，随着内摩擦角的提高，动力挤压造成的水平应力不断减小，下方土体的受力可以认为内摩擦角大的土体，在多夯机同时工作的情况下其叠加效应要比内摩擦角小的土体弱。

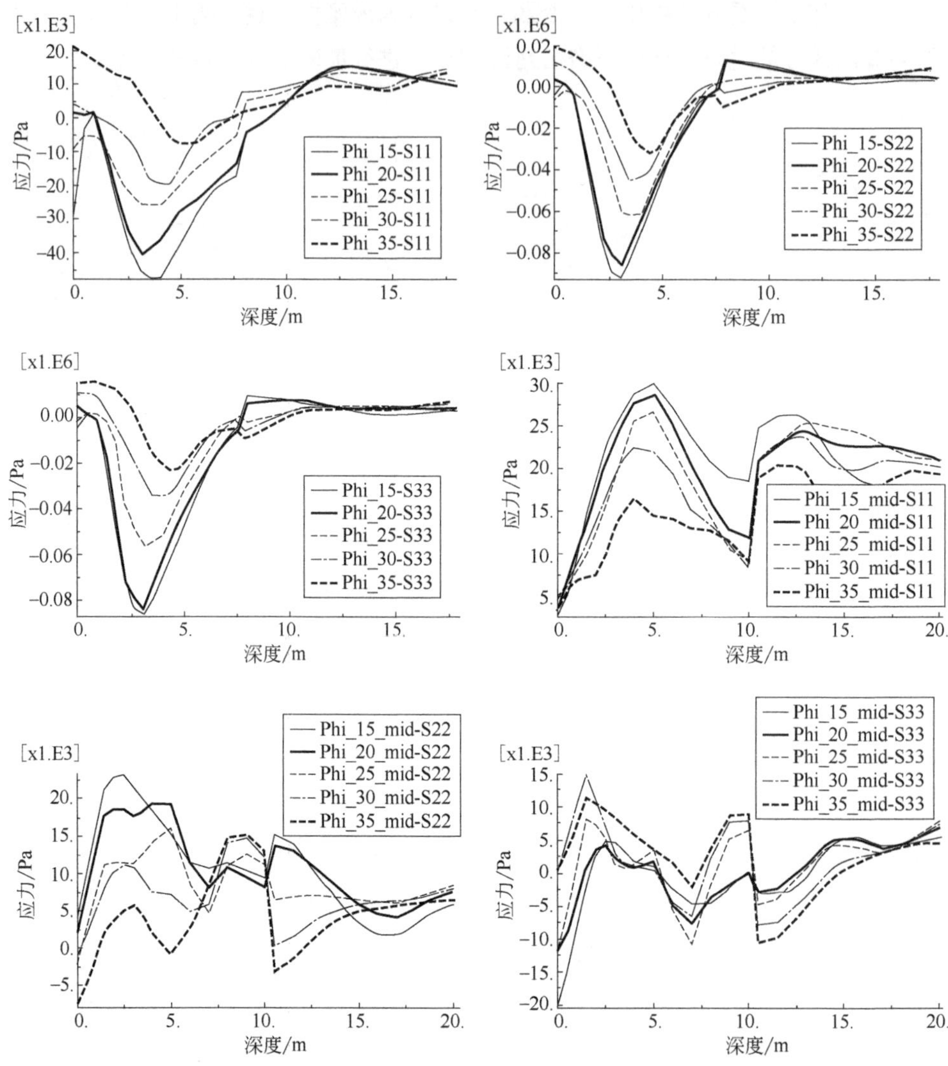

图 5-15　不同内摩擦角的土体中应力沿深度变化关系的比较

5.3.3　弹性模量的影响

土体的弹性模量是影响强夯加固效果的一个重要因素，土的弹性模量变化引起土体的动力响应的显著改变，因此显然会对多夯机同时工作的叠加效应有明显影响。

工程上常见的黏土根据物理状态的不同，其弹性模量通常在 5～20MPa 之间，不够密实的砂土一般为 10～25MPa。本节主要研究弹性模量的变化对多台夯机叠加效应的影响，因此根据工程实践，在本节的研究中，分别取弹性模量的值为 5MPa、10MPa、15MPa、20MPa、25MPa 几个不同档，以此考察叠加效应与土体弹性模量的关系。

从图 5-16 不同弹性模量的土体中应力云图的演变规律可以看到，随着土体弹性模量的增加，夯坑下竖向应力的峰值区域向下移动，说明强夯能量向下传递，弹性模量较高的土，其夯机连线中点下方土体内应力呈减小趋势，说明弹性模量越高，动力挤压效应对夯机内侧土体的效果就相应变差，多夯机工作时的叠加效应就越弱。

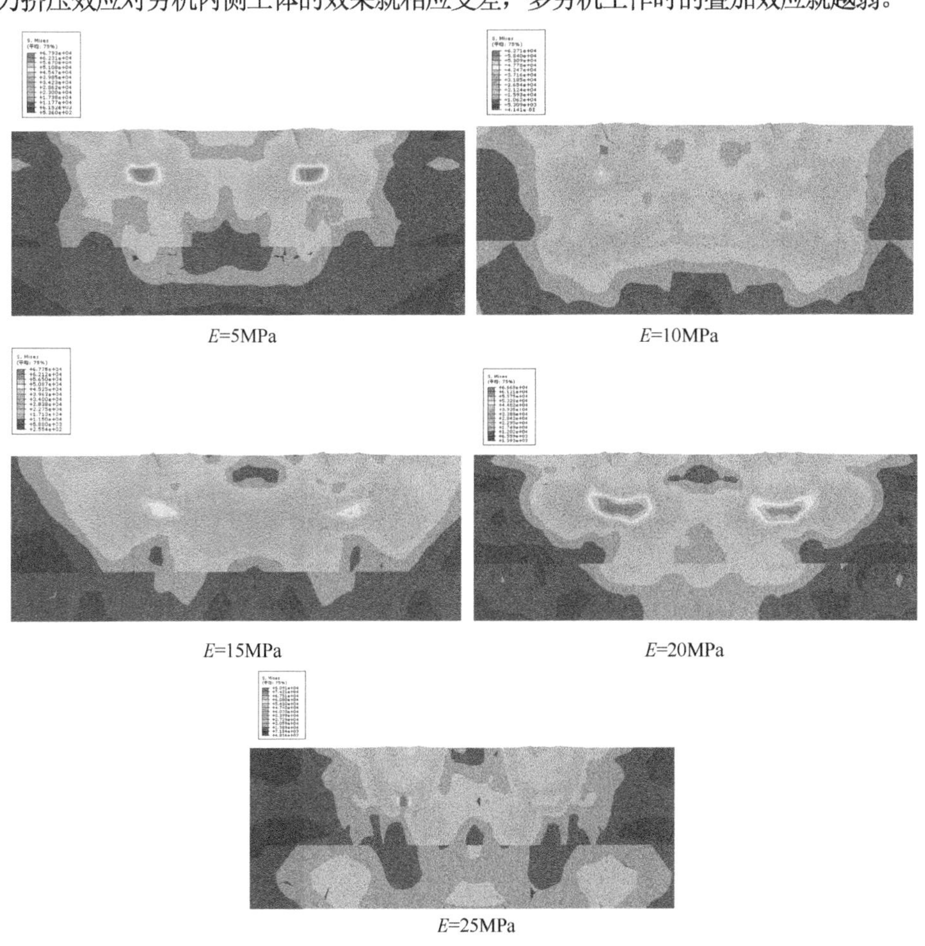

图 5-16 多台夯机叠加效应与土体弹性模量变化的关系

从图 5-17 不同弹性模量夯坑下方土体内应力沿深度变化关系中可以看到，随着土体弹性模量的增加，夯坑下竖向应力的峰值区域向下移动，其峰值差别较小，说明强夯能量得到了很好的传递，水平应力峰值区域也出现了类似的向下移动，其数值基本变动不大。

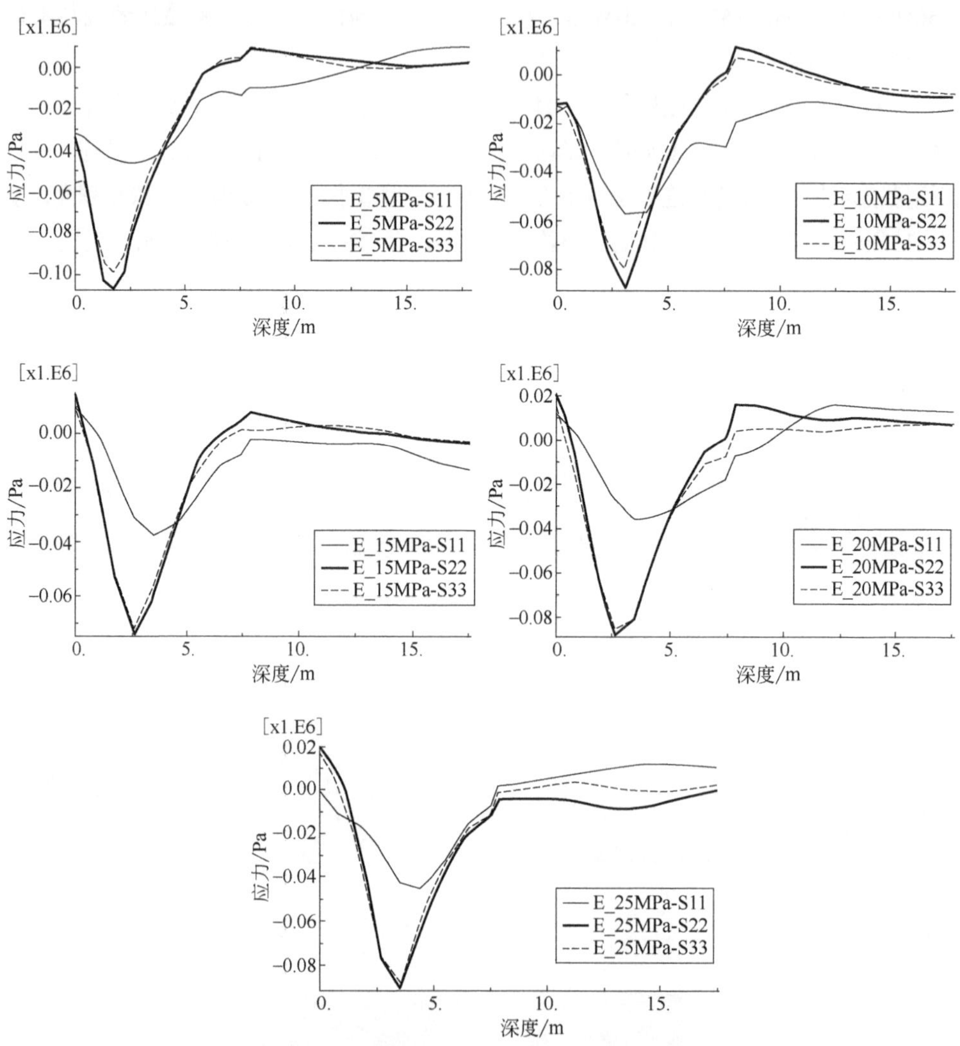

图 5-17 不同弹性模量夯坑下方土体内应力沿深度变化关系

从不同弹性模量夯机连线中点下方土体内应力沿深度变化关系演变规律（图 5-18）中可以看到，随着土体弹性模量的增加，夯机连线中点下方土体内应力呈整体减小趋势，说明弹性模量越高，动力挤压效应对夯机内侧土体的效果就越差，多夯机工作时的叠加效应就越弱。

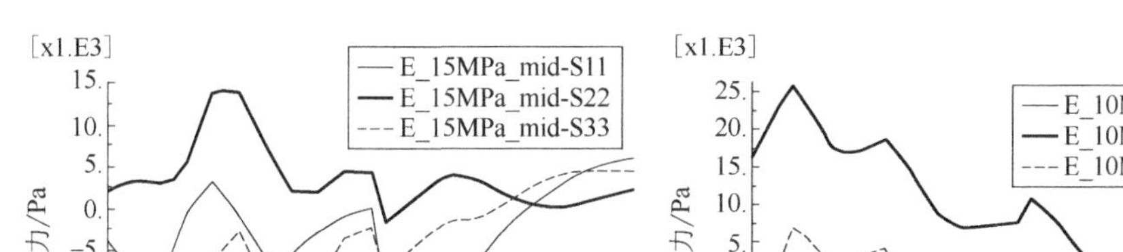

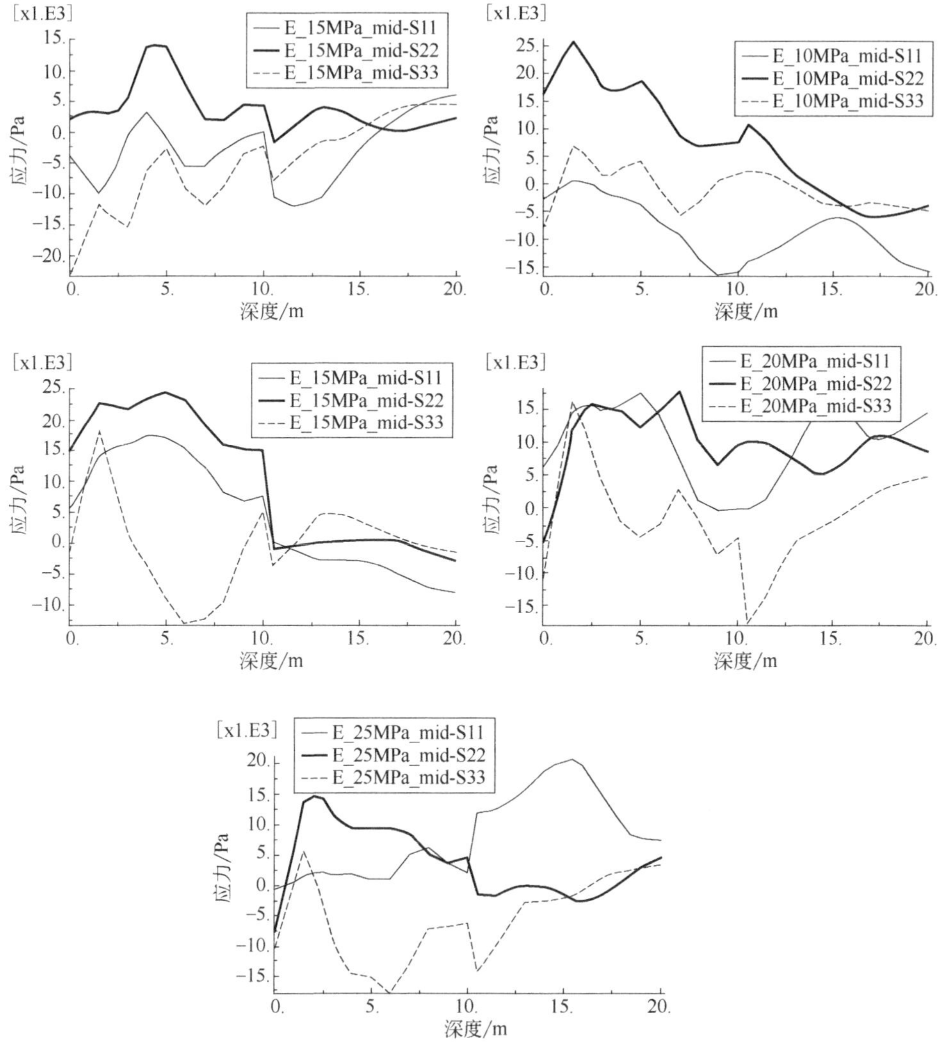

图 5-18 不同弹性模量下夯机连线中点下方土体内应力沿深度变化关系

从不同弹性模量值的土体中应力沿深度变化关系的比较（图 5-19）中可以看到，随着土体弹性模量的增加，夯坑下竖向应力的峰值向下移动，其值基本不变，说明强夯能量得到了有效的传递，弹性模量较高的土更容易取得较好的中深层加固效果；夯机连线中点下方土体内应力随着弹性模量的提高，中深层的水平应力整体呈减小趋势，说明弹性模量越高的土其多夯机工作时的叠加效应就越弱，这与弹性模量越高的土变形损耗的能量越大有明显的对应关系。

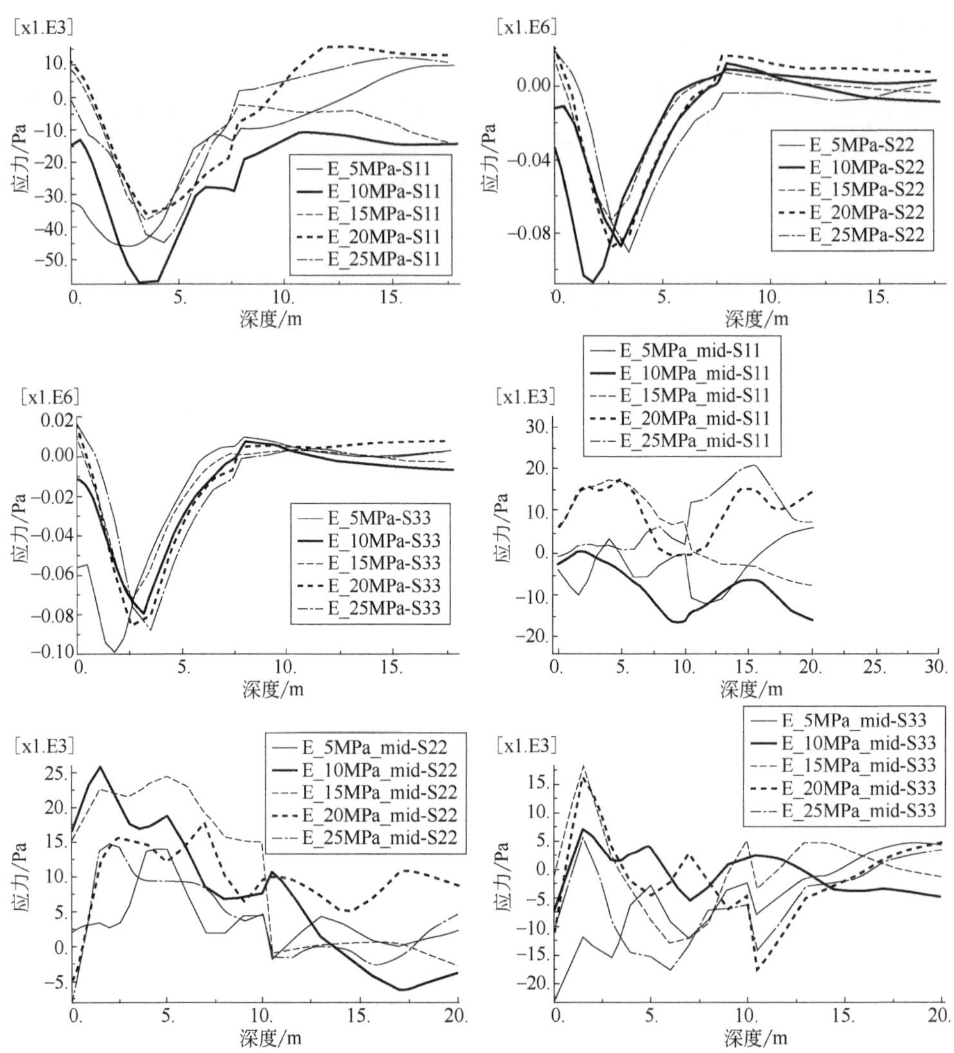

图 5-19 不同弹性模量的土体中应力沿深度变化关系的比较

5.3.4 上下土层弹性模量比的影响

天然土体普遍存在层理构造，而应力波在物理力学性质不同的两种材料的交界面上将发生复杂的反射、折射等一系列现象，导致强夯能量传递的效果与单层均质土出现明显差异。

在实际工程中，“上硬下软”的土层结构或者含有软弱夹层的地质构造，如果要使用强夯工法进行地基加固，由于上部硬实土层不利于强夯能量的传递，通常需要采用高能级强夯甚至超高能级强夯才能处理，并不适合进行多夯机同时施工，因此本节的研究仅限于上软下硬的常见土层结构，根据工程实践，构建出上下两层土弹性模量比分别为1∶2、1∶3、1∶4、1∶5的数值模型，在此基础上研究上下土层弹性模量差异对多夯机叠加效应的影响。

从图5-20中可以看出，由于强夯起决定性作用的压缩波很快被土体吸收，传播范围有限，所以上下土层之间的弹性模量变化并未对上层土的加固效果有显著影响，仅是下层土的弹性模量增加，而使得受力区域有一定缩减。

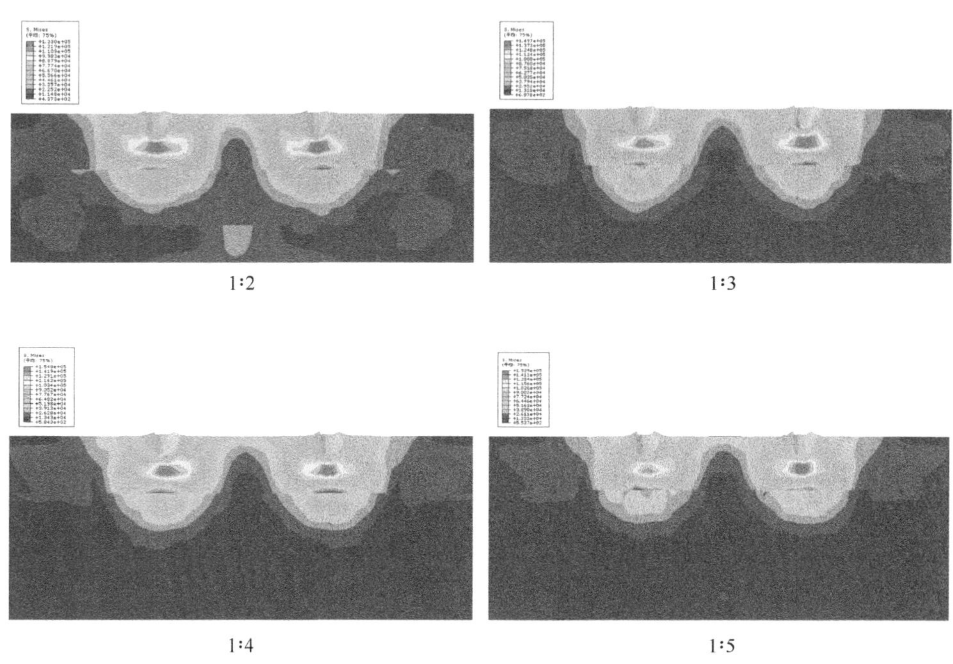

图5-20　多台夯机叠加效应与土体上下层弹性模量比的关系

从图5-21土体内应力沿深度变化关系曲线的对比中也可以看到，夯坑下土体受力基本没有太大变化，夯机连线中点下方土体内应力虽然随着强夯散逸能量的折射、反射等有所变化，但并未体现出明显的规律性，可以认为上下土层的弹性模量比对于多夯机施工的近场叠加效果来说基本没有影响，但显然土体中横波、面波的传播途径和规律发生了改变，依然有必要研究上下土层弹性模量比在远场叠加中的影响。

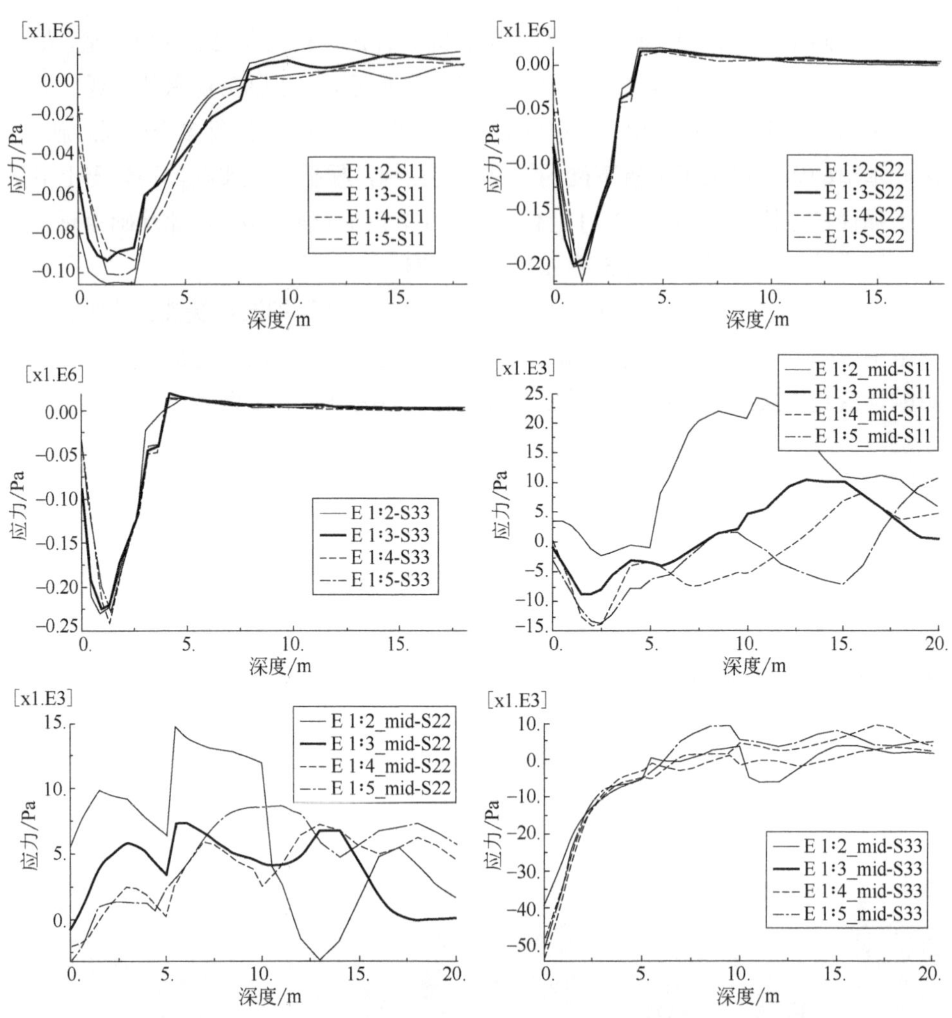

图 5-21 不同上下层弹性模量比的土体内应力沿深度变化关系对比

5.3.5 夯机间距的影响

在多夯机强夯施工中，每一台夯机就是一个震动源，因此夯机之间的间距也是影响强夯叠加效应的重要因素，为研究夯机间距对强夯叠加效果的作用，在本节建立其他条件相同、夯机间距分别为 15m、20m、30m 的数值模型，以揭示其中的相关规律。

从图 5-22 多台夯机叠加效应与夯机间距变化的关系中可以很明显看到，随着夯机间距的增加，夯机之间的内侧土体中叠加效应迅速减弱，再次证明了压缩波在土中被迅速吸收耗损，传播距离较短。

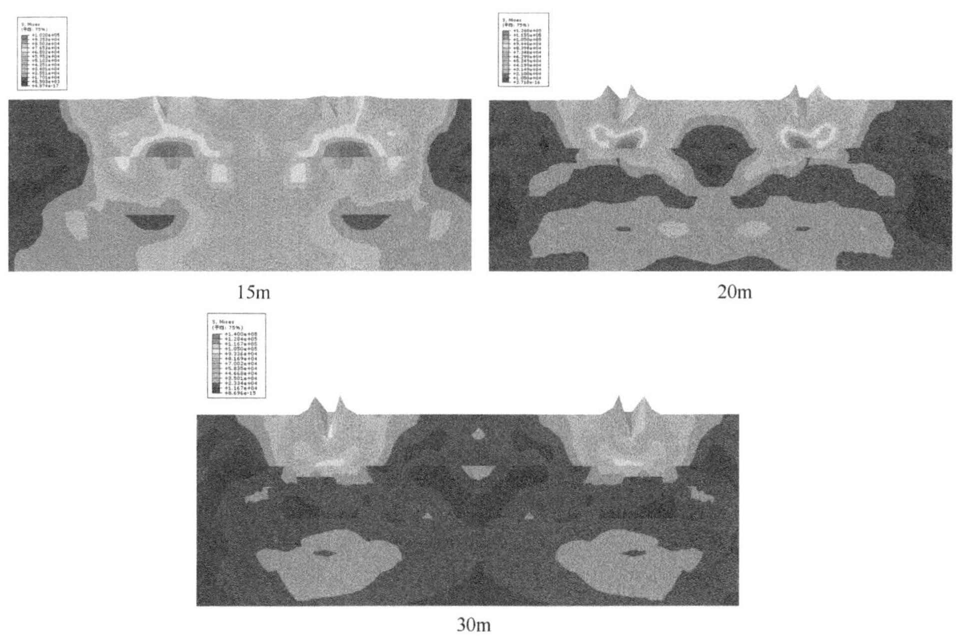

图 5-22　多台夯机叠加效应与夯机间距变化的关系

从图 5-23 三台夯机共同工作时的土体应力云图中可以看到，随着夯机间距的增加，土体的叠加效应迅速消失，梅花式排列的三台夯机最终造成的叠加效果基本消失，近似于三台独立的夯机，行列式排列的三台夯机随着间距的增加，土体间的叠加效果同样在迅速减弱，但由于夯机方位非对称的原因，依然存在着一些局部叠加区域。

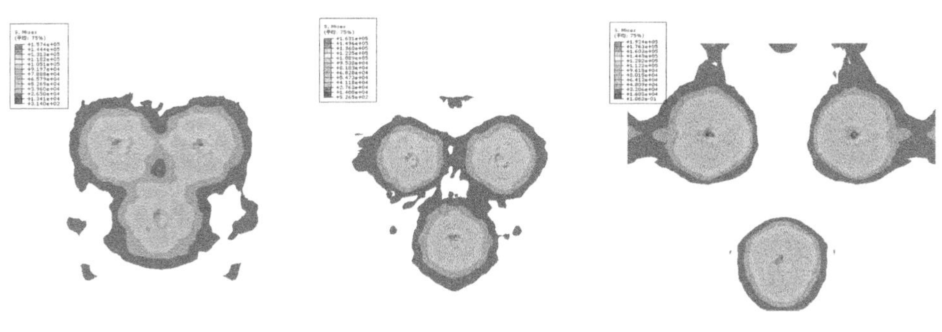

图 5-23

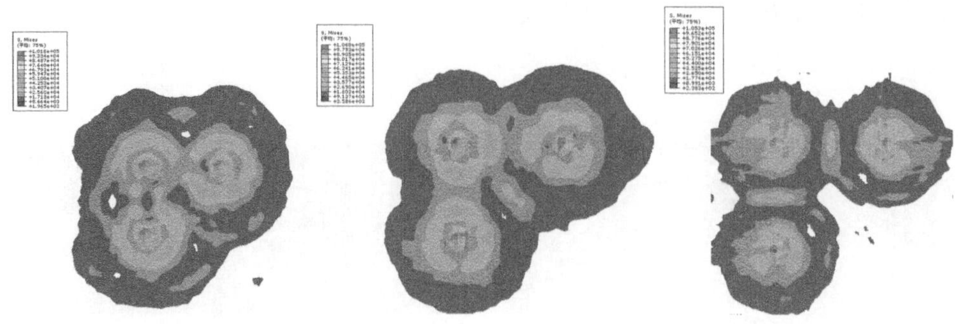

图 5-23　不同夯机间距的叠加效应（三台）

从图 5-24 四台夯机共同工作时的土体应力云图中可以看到，随着夯机间距的增加，土体的叠加效应迅速消失，由于强夯能量的散逸和传播，夯坑周围主体应力的分布呈现不对称性，随着夯机间距的进一步增大，这一影响也趋于减弱，最终近似于四台独立的夯机。

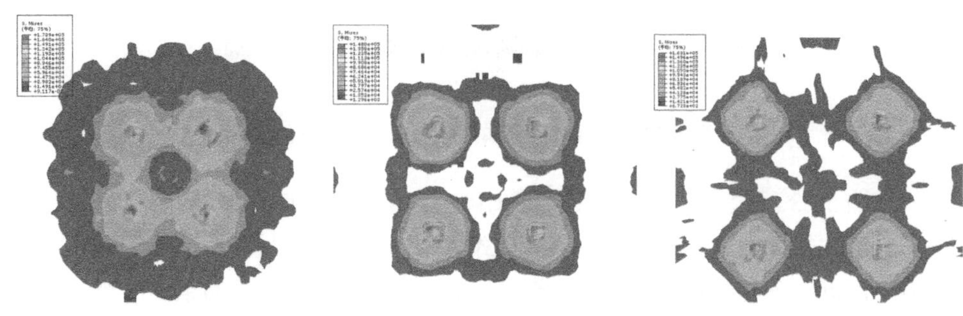

图 5-24　不同夯机间距的叠加效应（四台）

结合上述的分析可知，多台夯机共同工作时，其近场叠加效应与夯机间的距离关系密切，夯机靠得越近，则叠加效应越明显，夯机间的距离越大，夯坑周围土体的应力分布状态就越接近单台夯机。

第6章

多夯机强夯能量远场叠加特性

强夯施工过程中，夯锤自由下落对土体的冲击产生巨大的夯击能量，转化为冲击波向四周传播，继而产生的振动根据其作用、性质和特点的不同，可分为体波和面波两种。强夯加固效果主要是体波中纵波的作用，纵波是由震源向外传递的压缩波，质点的振动方向与波的前进方向一致，同时会使得土体产生体积的变化，是加固土体的主力。

由于锤土冲击过程中相互作用的复杂性，强夯能量有很大一部分会转化为横波、面波等通常被称为“强夯振动”的波动，强夯振动对周围环境的影响是多方面的，施工现场周围建（构）筑物、居民、施工人员、各种精密仪器以及附近在建的其他地上地下工程，都会受到这些散逸能量的作用，其稳定性、安全性受到明显影响。

多夯机共同施工的情况下，单位时间内传播到周围环境中的强夯能量必然会更多，周围环境中地面震动的程度会更加强烈，峰值振速会更高，持续时间也会相应延长，对附近的建筑人员、仪器等造成更大的危险，因此有必要加以详细研究。

6.1 两台夯机远场能量叠加

当前施工区域采用两台夯机共同施工时，其各自夯锤产生的冲击波首先作用于锤下方土体（压密），随着后续强夯能量的散逸，远场土体将受到两者传播的强夯振动的共同作用，波动的叠加将产生后续一系列的运动变化，附近环境的地面振动特性比单夯机工作时的单源振动影响要更加复杂。

同样，考虑实际工程的现场操作需要、夯机之间的互相影响以及工作人员身体健康因素，两台夯机之间的最小距离被设为15m。

图6-1为两台夯机同时工作时地面振速演变的俯视图，从图中可以看出，强夯振动对周围土体的影响非常大，冲击刚开始的时候，在两台夯机连线已经出现了显著的能量叠加，地表上出现了明显的振速峰值区域。

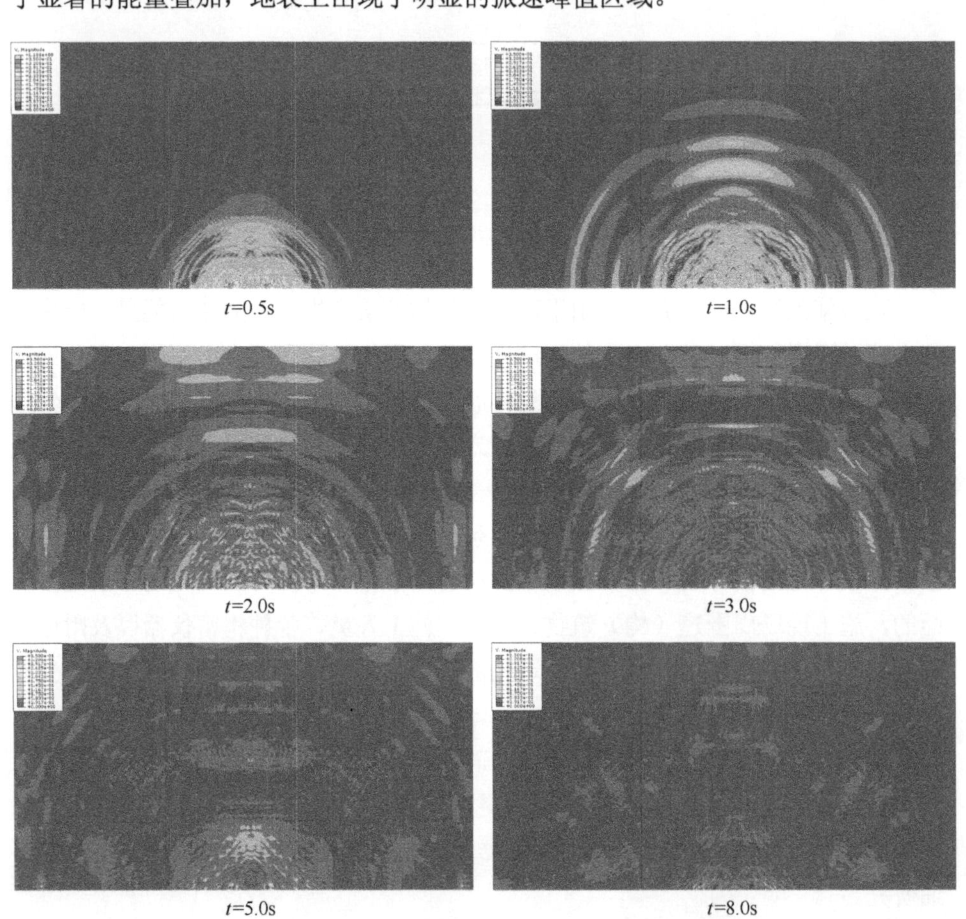

图6-1　两台夯机同时工作时远场土体振动特性

随着传播进程的继续发展，地表的地面振速峰值迅速下降，但依然能够看到明显的叠加区域，夯锤冲击发生8s之后，周围环境中依然还会有明显的保持在厘米级振速的地面振动传播，说明两台夯机同时工作使强夯能量的远场叠加效果非常显著，能够对周围环境中的建筑物、人员、仪器、敏感结构等造成显著影响。

为研究两台夯机同时工作时远场土体地面振速的变化规律，在模型上与两台夯机中心连线垂直距离为 10m、20m、50m 和 100m 处分别布设能够记录地面振速历程曲线的测量点，记录冲击过程中地面振速的变化，所得结果如图 6-2 所示。

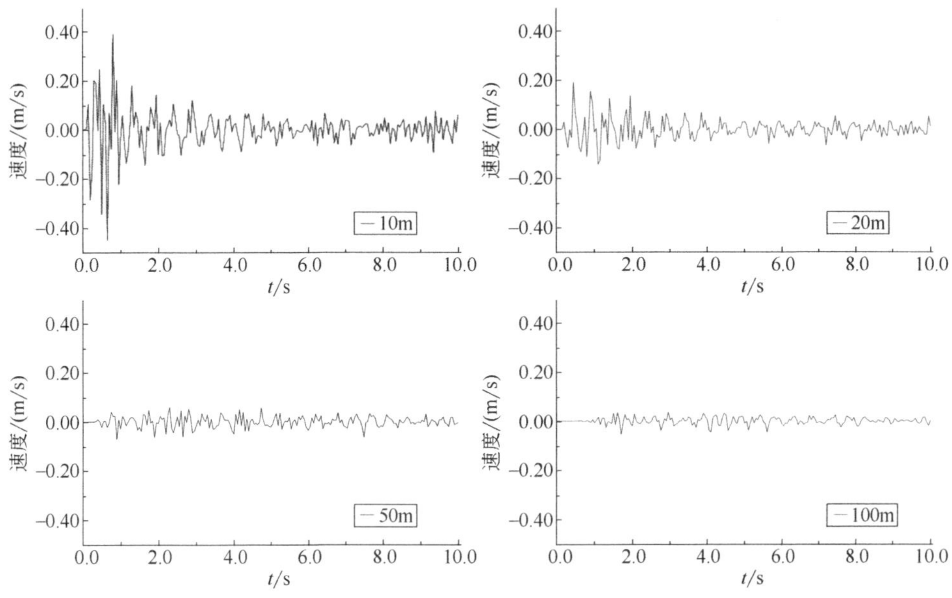

图 6-2　两台夯机同时工作时远场土体地面振速时域分析

从两台夯机同时工作时远场土体地面振速时域曲线以及地表质点竖直振速演变（图 6-3）中可以看出，两台夯机散逸的能量形成了显著的叠加区域，距离夯击点 10m 的测点，地面震动非常剧烈，地表振速峰值超过 0.4m/s，在这种强烈的震动下，这个范围内几乎所有建筑物都会受到损伤，人员感到不适，精密仪器无法正常工作甚至会受损；距离夯击点 20m 的测点，地面震动同样处于较剧烈的程度，地表振速峰值接近 0.2m/s，同样会对很多建筑、结构物以及仪器造成威胁；距离夯击点 50m 和 100m 的测点，由于波动传播需要时间，因此峰值的出现存在一个滞后过程，地面震动的程度比接近夯击点处要微弱，但也依然分别保持在 5cm/s 和 2cm/s 的程度，依然会对建筑物、振动敏感的结构物以及精密仪器等造成威胁。

由此可见，使用多夯机同时施工的工法时，必须妥善设置隔振措施，才能有效保证周围环境的安全。

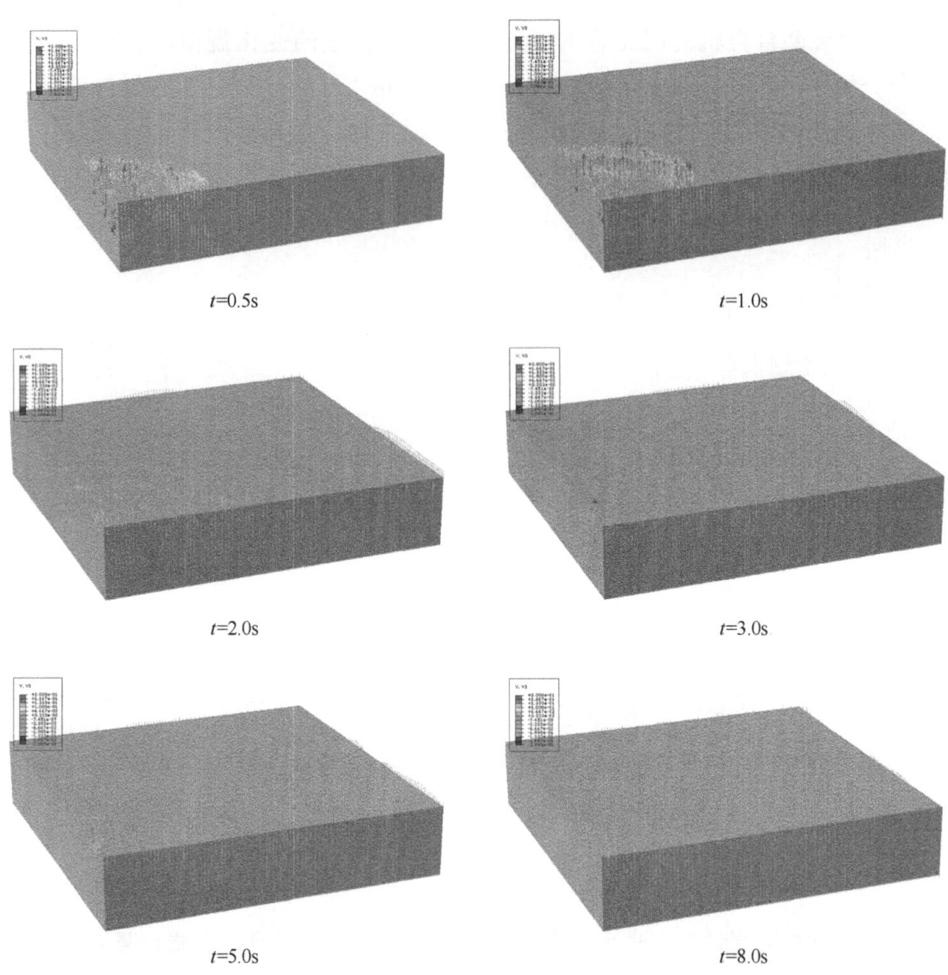

图 6-3 两台夯机同时工作时土体质点竖直振速演变（截面立体图）

6.2 三台夯机远场能量叠加

从三台夯机同时工作时地面振速演变的俯视图（图 6-4）中可以看出，强夯振动对周围土体的影响非常大，同时出现能量叠加的区域范围也明显增多，冲击刚开始的时候，在前排两台夯机连线的中垂线上已经出现了显著的能量叠加，地表出现了明显的振速峰值区域。随着传播进程的继续发展，沿着第三台夯机和前排夯机各自的连线方向也出现了明显的能量叠加区域，证明三台夯机同时工作产生的能量叠加效应更加强烈和明显，覆盖的范围和方位更加广阔，对周围的建筑物、人员、仪器等威胁更大。

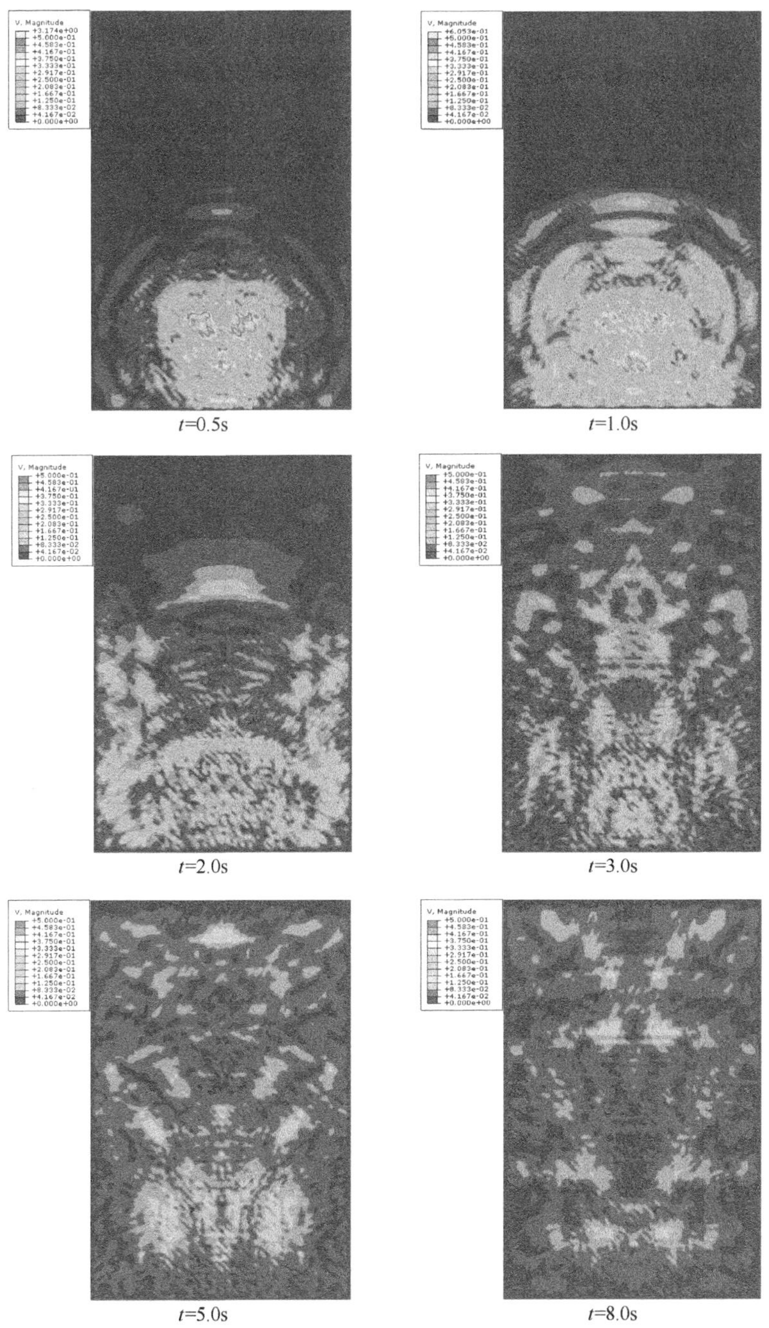

图 6-4　三台夯机同时工作时远场土体振动特性（梅花式，俯视图）

三台夯机同时工作时远场土体地面振速时域分析（梅花式）见图 6-5。随着时间的延长，地表的地面振速峰值迅速下降，但依然能够看到明显的叠加区域，夯锤冲击发生 8s 之后，周围环境中依然还会有明显的保持在厘米级振速的地面振动传播，三台夯机同时工作的情况比两台夯机时残留的地面振速峰值强度更高，说明三台夯机同时工作时强夯能量的远场叠加效果非常显著，能够对周围环境中的建筑物、人员、仪器、敏感结构等造成更加显著的影响。

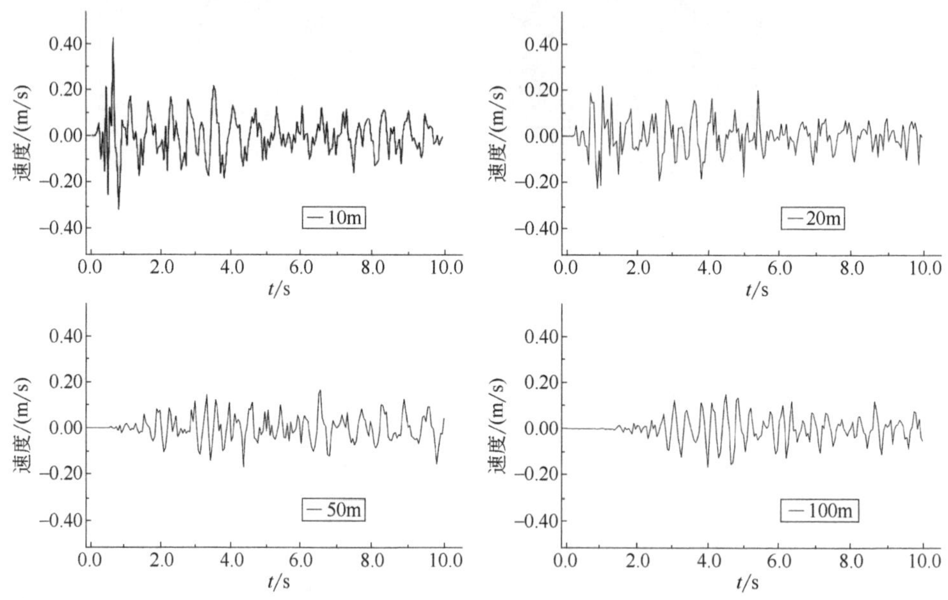

图 6-5　三台夯机同时工作时远场土体地面振速时域分析（梅花式）

从三台夯机同时工作时远场土体地面振速时域曲线以及地表质点竖直振速演变（图 6-6）中可以看出，三台夯机散逸的能量在前排两台夯机连线的中垂线方向和后排夯机与前排夯机各自连线方向形成了多个显著的能量叠加区域，距离夯击点 10m 的测点，地面震动非常剧烈，地表振速峰值超过 0.4m/s，在这种强烈的震动下，这个范围内几乎所有建筑物都会受到损伤，人员感到不适，精密仪器无法正常工作甚至会受损；距离夯击点 20m 的测点，地面震动同样保持在一个较剧烈的程度，地表振速峰值超过 0.2m/s，同样会对很多建筑、结构物以及仪器造成威胁；距离夯击点 50m 和 100m 的测点，由于波动传播需要时间，因此峰值的出现存在一个滞后过程，地面震动的程度比接近夯击点处要微弱，但整体保持在较高数值水平，明显超过两台夯机的情况，峰值均为接近 0.2m/s 的程度，会对建筑物、振动敏感的结构物以及精密仪器等造成严重破坏。

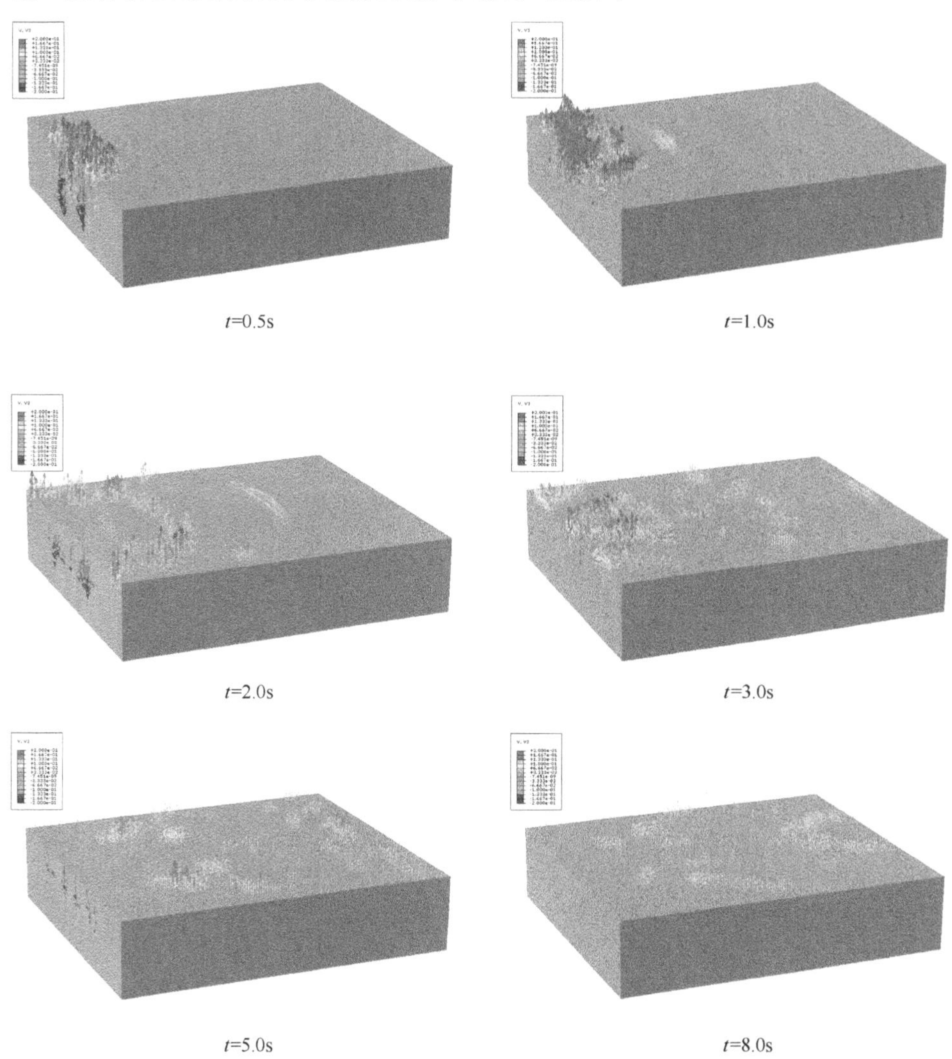

图 6-6　三台夯机同时工作时土体质点竖直振速演变（梅花式，截面立体图）

从三台夯机行列式排列同时工作时地面振速演变的俯视图（图 6-7）中可以看出，强夯振动对周围土体的影响非常大，由于夯机的不对称排列，能量叠加的区域分布变得混乱，出现了明显的左右震荡交替出现的现象，冲击刚开始的时候，能量叠加区域变得偏离前排两台夯机连线的中垂线，地表出现了无规律不均匀分布的振速峰值区域。随着传播进程的继续发展，夯机附近土体和远场土体中都出现了明显的能量叠加区域，证明三台夯机行列式排列时工作产生的能量叠加效应更加无规律性，但覆盖的范围方位同样广阔，对周围的建筑物、人员、仪器等依然有很大威胁。

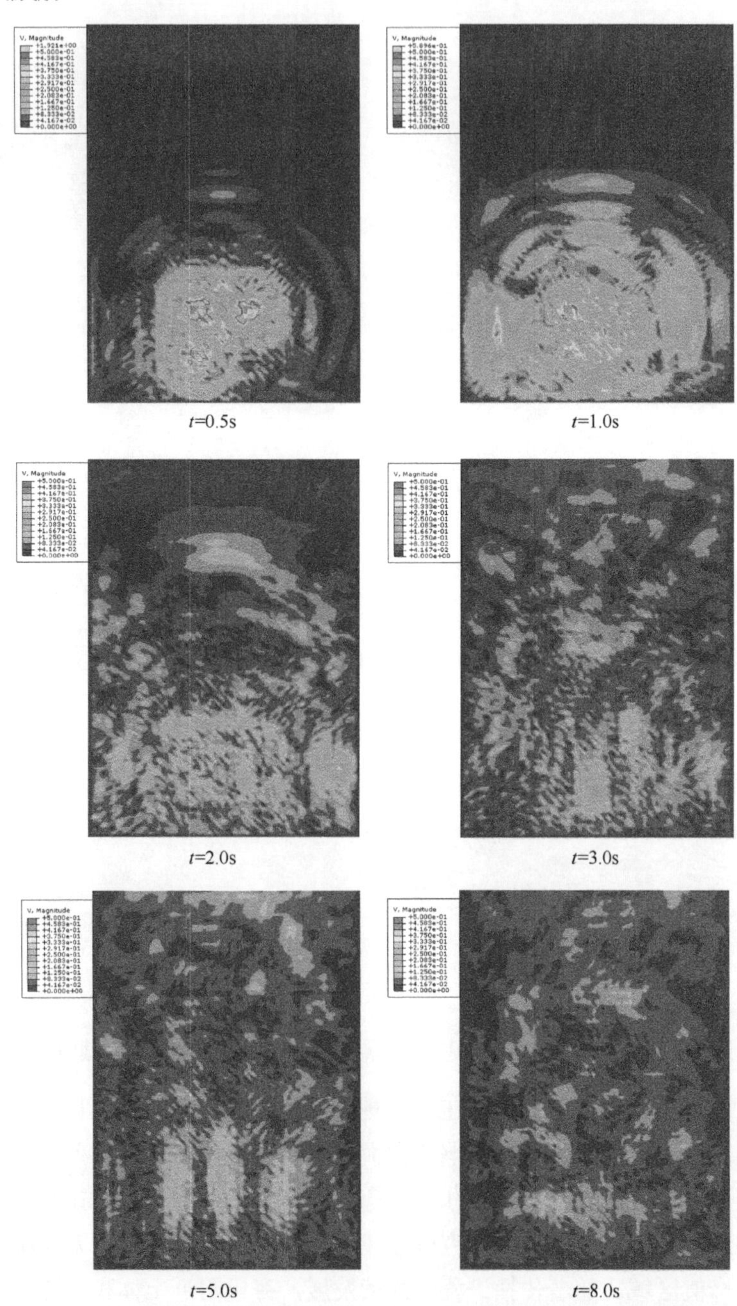

图 6-7 三台夯机同时工作时远场土体振动特性（行列式，俯视图）

三台夯机同时工作时远场土体地面振速时域分析（行列式）见图 6-8。随着时间的延长，地表的地面振速峰值迅速下降，但依然能够看到不均匀分布的明显能量叠加区域，夯锤冲击发生 8s 之后，周围环境中依然还会有明显的保持在厘米级振速的地面振动传播，三台夯机行列式排列与梅花式排列相比，残留的地面振速峰值强度基本一致，但行列式出现了多个峰值，能够对周围环境中对振动持续时间敏感的建筑物、人员、仪器等造成更加显著的影响。

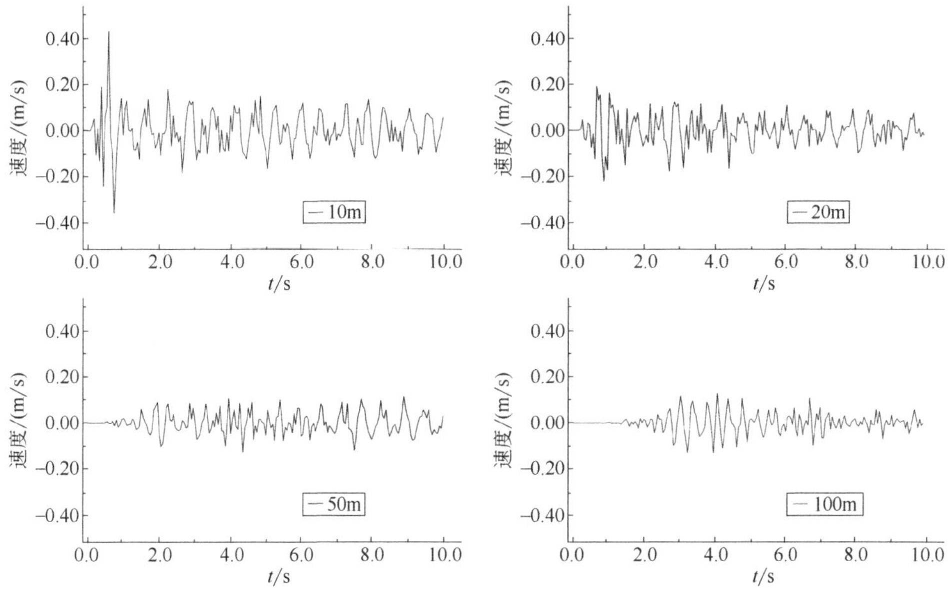

图 6-8 三台夯机同时工作时远场土体地面振速时域分析（行列式）

从三台夯机行列式排列同时工作时远场土体地面振速时域曲线以及地表质点竖直振速演变（图 6-9）中可以看出，三台夯机行列式排列时，由于非对称分布，强夯振动的能量在夯机附近土体以及远场土体中出现了非常复杂的叠加状态，能量叠加区域分布没有明显的规律性。

距离夯击点 10m 的测点，地面震动非常剧烈，地表振速峰值超过 0.4m/s，在这种强烈的震动下，这个范围内几乎所有建筑物都会受到损伤，人员感到不适，精密仪器无法正常工作甚至会受损；距离夯击点 20m 的测点，地面震动同样保持在一个较剧烈的程度，地表振速峰值超过 0.2m/s，同样会对很多建筑、结构物以及仪器造成威胁；距离夯击点 50m 和 100m 的测点，由于波动传播需要时间，因此峰值的出现存在一个滞后过程，地面震动的程度比接近夯击点处要微弱，但始终保持在较高数值水平，稍低于梅花式排列的情况，但分布较均匀，能制造更长时间的振动干扰，其峰值也同样接近 0.2m/s 的程度，会对建筑物、振动敏感的结构物以及精密仪器等造成严重破坏。

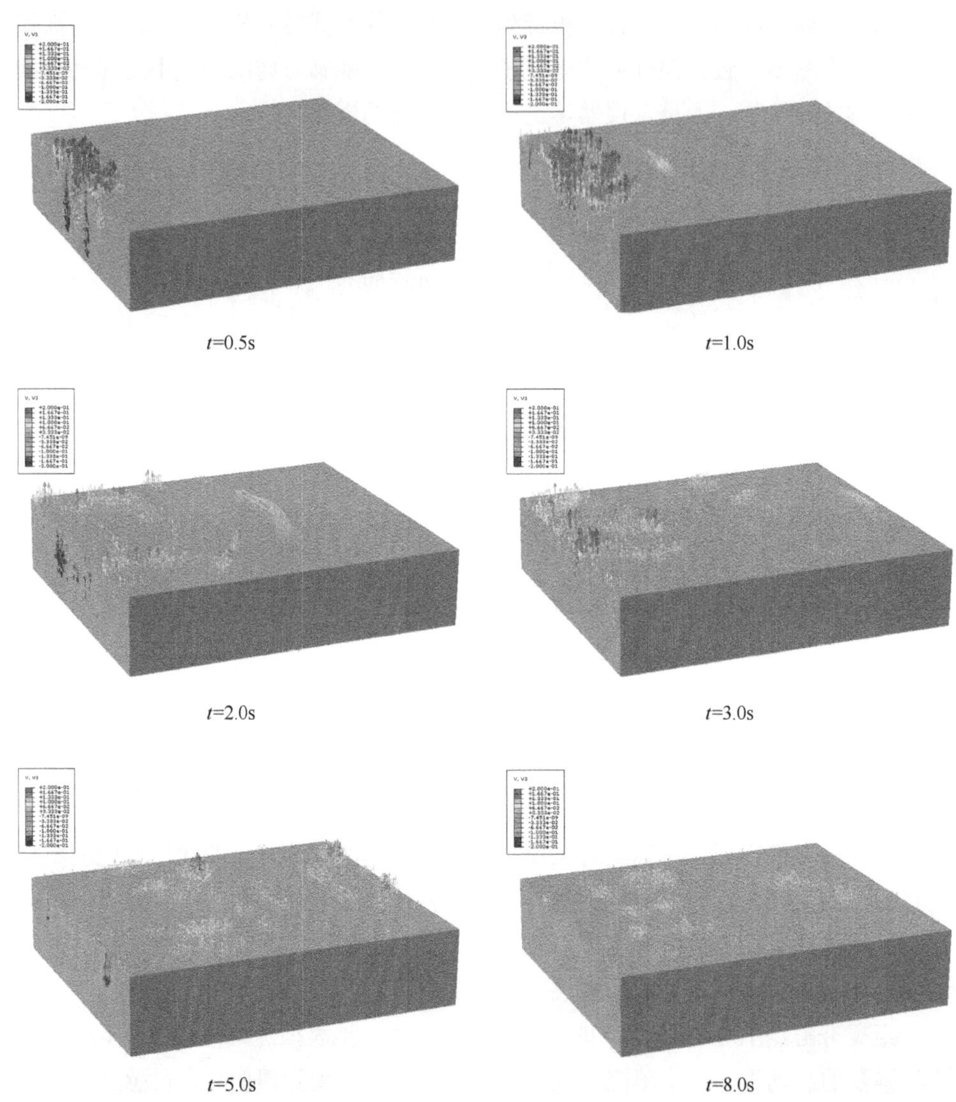

图 6-9　三台夯机同时工作时土体质点竖直振速演变（行列式，截面立体图）

从三台夯机不同排列方式同时工作时远场土体地面振速时域曲线比较（图6-10）中可以看到，行列式排列的夯机，其远场土体地面振速峰值强度要略低于梅花式排列的夯机，但是其波峰与波谷之间的差距更小，强夯振动能量在整个时间跨度上的分布更加均匀，因此如果周围环境中有对振动峰值不敏感，但是对振动时间比较敏感的建（构）筑物的话，应避免选择行列式排列。反之，若对地面振速峰值更加敏感，则应该选择这种方式。

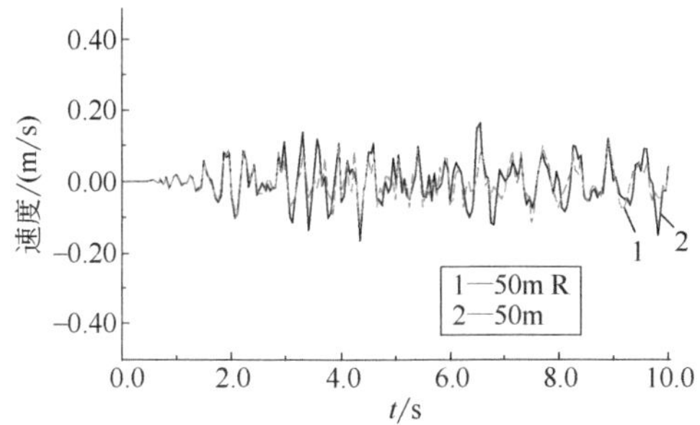

图 6-10　三台夯机不同排列方式同时工作时远场土体地面振速时域曲线比较（R-行列式）

6.3　四台夯机远场能量叠加

四台夯机同时冲击土体产生的能量是非常大的，相同的时间段内必然会比两台和三台的工况时传播更多的强夯振动能量到环境中去，对周围的建筑物、人员、仪器等造成更大的威胁。

从四台夯机同时工作时地面振速演变的俯视图（图 6-11）中可以看出，这一工况时的强夯振动超过其他组合，对土体的影响非常大，远场土体出现能量叠加的区域范围明显增多，冲击刚开始的时候，在四台夯机两两连线的中垂线上都已经出现了明显的能量叠加，地表出现了明显的振速峰值区域。随着传播进程的继续发展，沿着四台夯机对角线方向也出现了明显的能量叠加区域，证明四台夯机同时工作的情况产生的能量叠加效应更加强烈和明显，覆盖的范围和方位更加广阔，对周围的建筑物、人员、仪器等威胁更大。

四台夯机同时工作时远场土体地面振速时域分析见图 6-12。随着时间的延长，地表的地面振速峰值迅速下降，但依然能够看到明显的叠加区域，夯锤冲击发生 8s 之后，周围环境中依然还会有明显的保持在厘米级振速的地面振动传播，四台夯机同时工作的情况比两台、三台夯机时残留的地面振速峰值强度明显更高、范围更广，说明四台夯机同时工作时强夯能量的远场叠加效果非常显著，能够对周围环境中的建筑物、人员、仪器、敏感结构等造成比其他方式更加显著的影响。

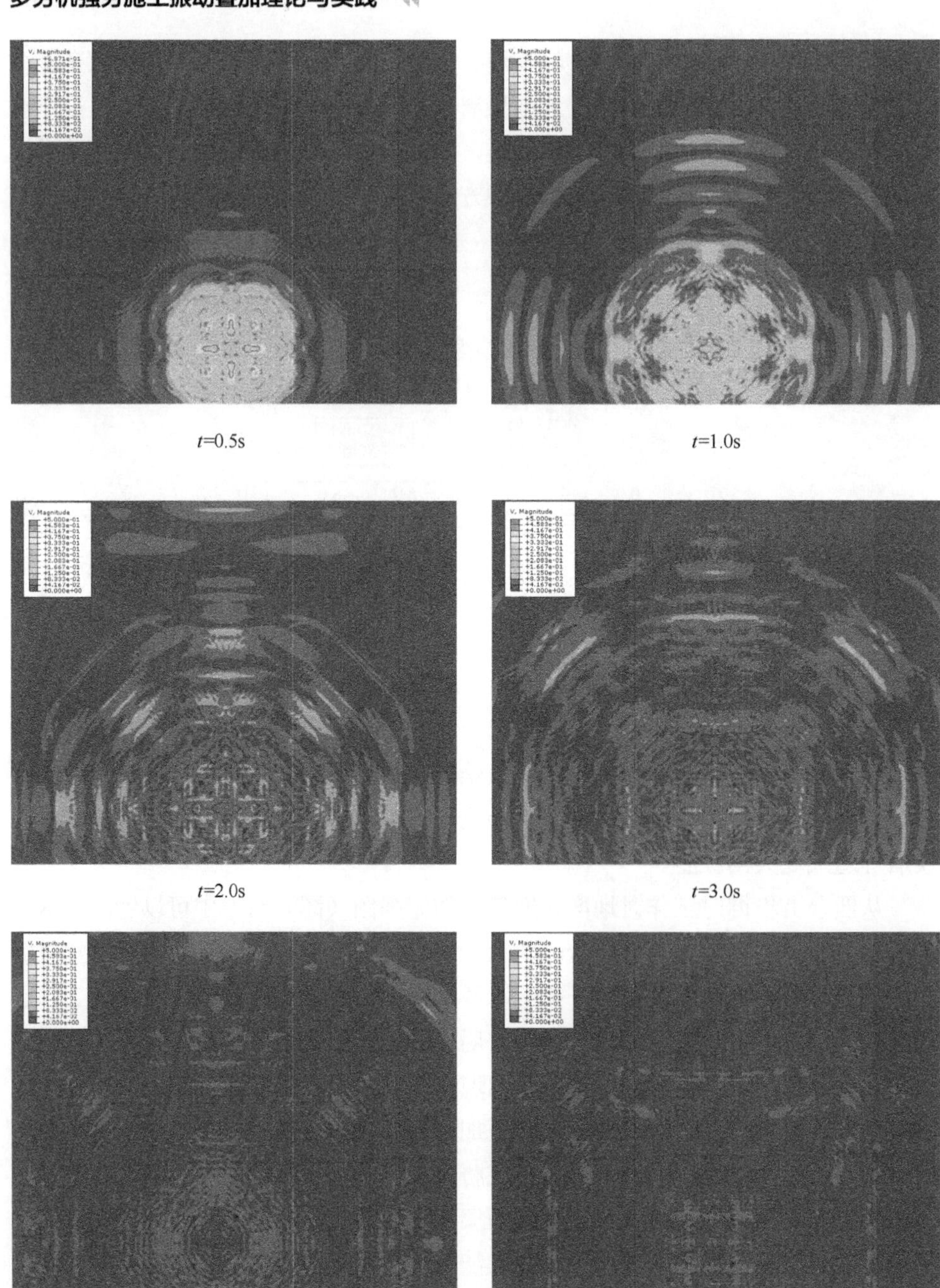

图 6-11　四台夯机同时工作时远场土体振动特性（俯视图）

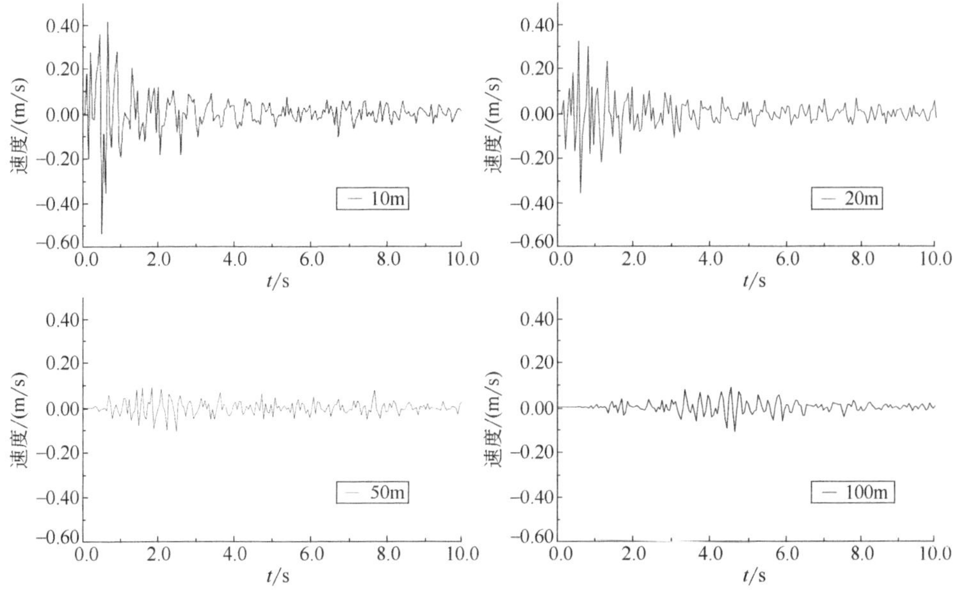

图 6-12　四台夯机同时工作时远场土体地面振速时域分析

结合四台夯机同时工作时远场土体地面振速时域曲线以及地表质点竖直振速演变（图 6-13），可以看到，四台夯机散逸的能量在两两各自连线的中垂线方向（包括对角线方向）形成了多个显著的能量叠加区域，距离夯击点 10m 的测点，叠加效应的作用下地面振速峰值超过 0.5m/s，显然是所有组合方式中最强的峰值，这一范围内振动能量对大部分建筑都会造成损伤；距离夯击点 20m 的测点，地面震动同样保持在非常剧烈的程度，地表振速峰值接近 0.4m/s，同样会对很多建筑、结构物以及仪器造成威胁；距离夯击点 50m 和 100m 的测点，由于波动传播需要时间，因此峰值的出现存在一个滞后过程，峰值振速与三台夯机的数据相仿，近 0.2m/s 的程度，会对建筑物、振动敏感的结构物以及精密仪器等造成破坏。

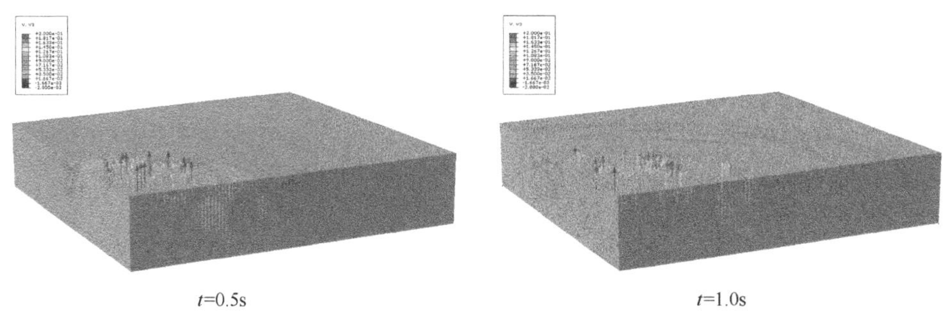

图 6-13

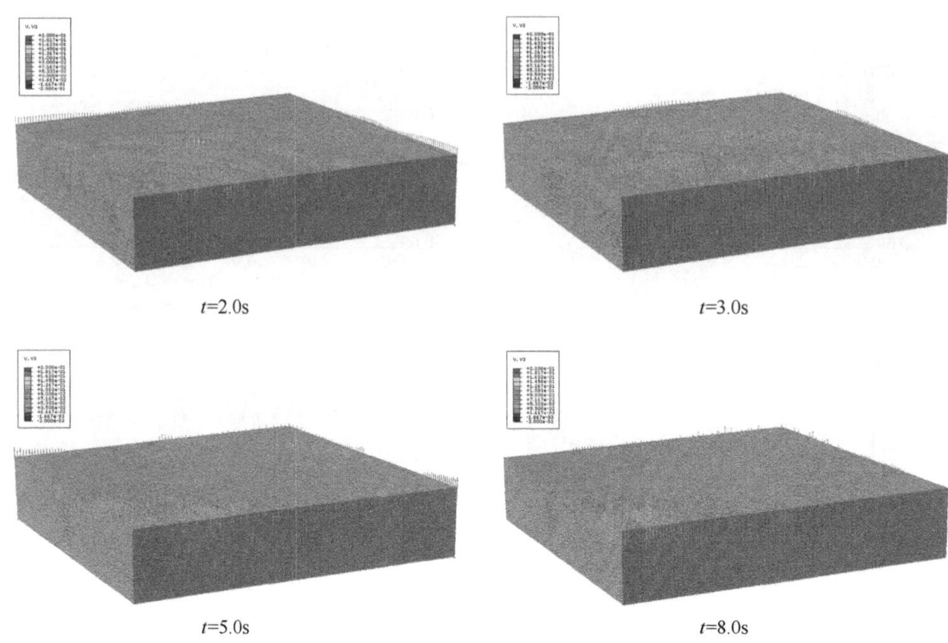

t=2.0s　　t=3.0s

t=5.0s　　t=8.0s

图 6-13　四台夯机同时工作时土体质点竖直振速演变（截面立体图）

综合以上分析可以认为，随着同时工作的夯机数量的增加，远场土层受到的强夯振动也随之增加，特别是较接近夯机的地方，地面振速峰值的提高非常显著，而随着能量的传播，经过土体的耗散后，较远处的地面峰值振速提升幅度较不明显。

第7章

远场能量叠加的主要影响因素

强夯振动能量在远场的传播和扩散，同样受到诸多影响因素的制约，例如土体自身的性质（弹性模量、内摩擦角、黏聚力、颗粒结构和层理构造等）、夯锤的直径、场地的构造以及夯机之间的间距等，为了研究相关影响因素对远场强夯振动能量叠加的作用，分别以单一因素的变化为控制条件，建立不同的模型进行数值模拟分析，以揭示其中的规律。

7.1 夯击次数的影响

在强夯过程中，随着夯击次数的增加，夯锤下方土体被冲击压缩，夯坑下方一定深度内的土体结构遭到破坏，并在夯击能量的作用下颗粒重新排列，成为较夯击前更为紧密的新土，其工程力学性质发生了较大的变化。随着夯击次数的增加，地基土不断被压实，强夯加固区内土体的弹性模量也逐渐增大，本节利用和之前章节相同的钱家欢经验公式计算出的参数，对不同夯击次数的坑底土体赋予不同的弹性模量值，以此来模拟不同夯击次数的影响。根据工程实践和前人的现场试验研究，通常前两击使得土体变化最大，而6～8击时已经基本完成全部夯沉量，坑底土体的性质变得稳定，因此模拟中分别取第1击、第2击、第4击、第6击、第8击来作为研究对象。

图7-1为不同夯击次数时远场土体地面振速分布云图（冲击后1s、3s），从图中可以看出，随着夯击次数的增加，夯坑底部土体的弹性模量逐渐提高，越来越多的强夯能量转化为波动传播到周围土体中去，地面振速峰值也随之提高，不同

夯击次数时地面振动强化区域的分布基本相同。

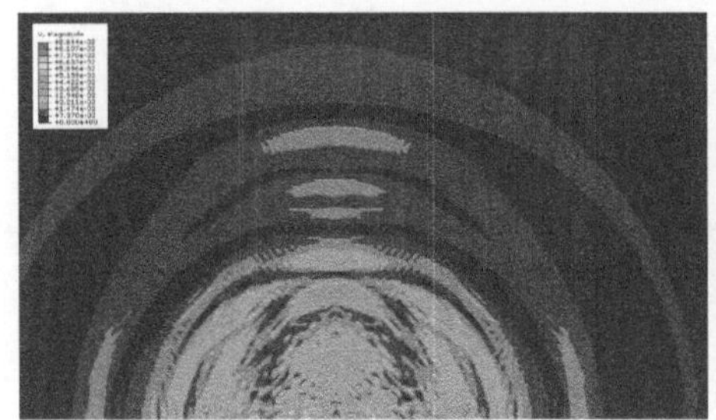

第1击

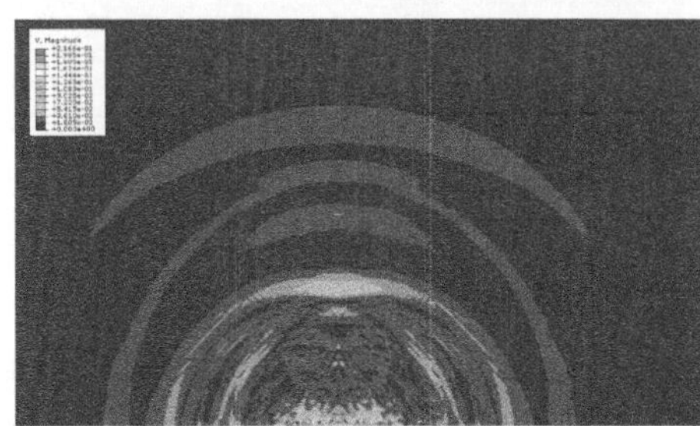
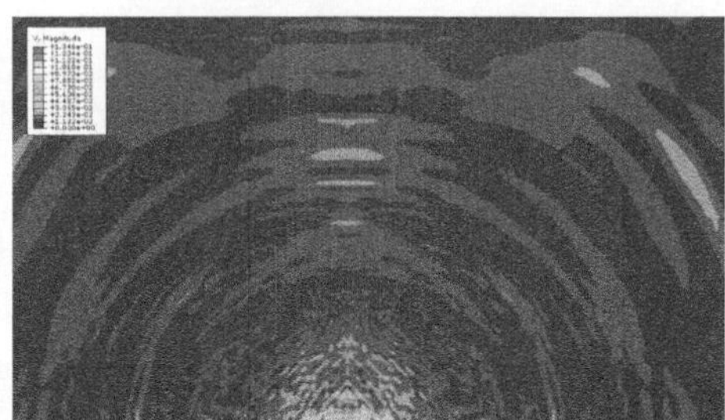

第2击

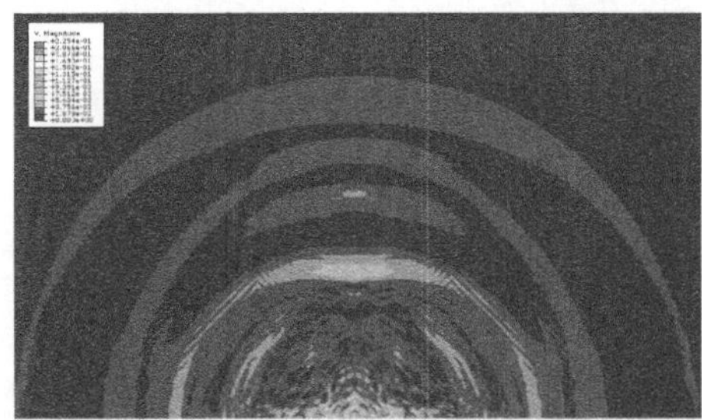
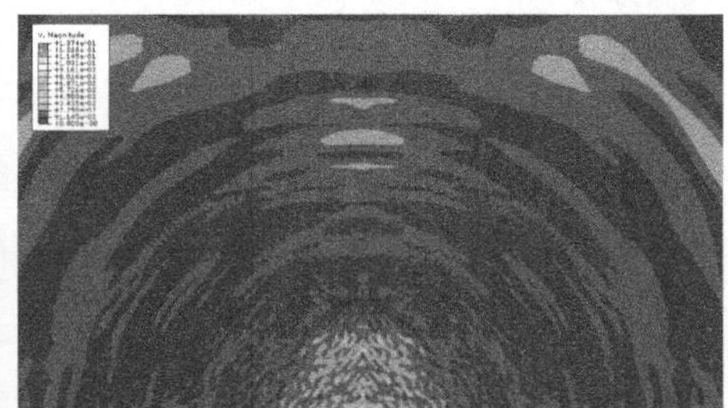

第4击

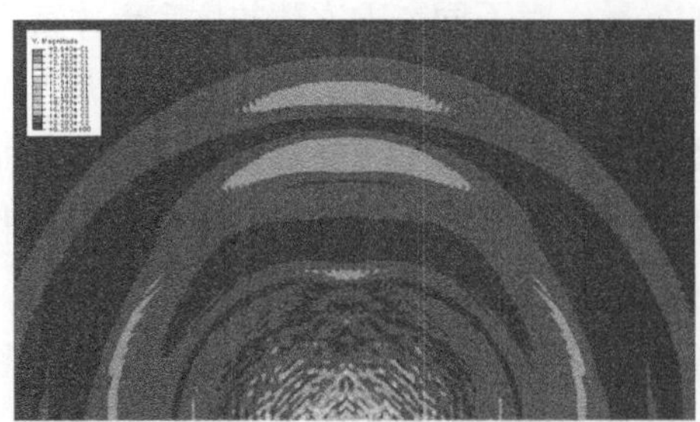
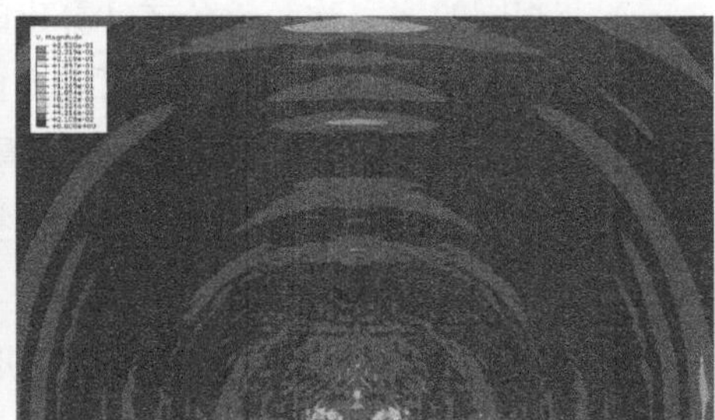

第6击

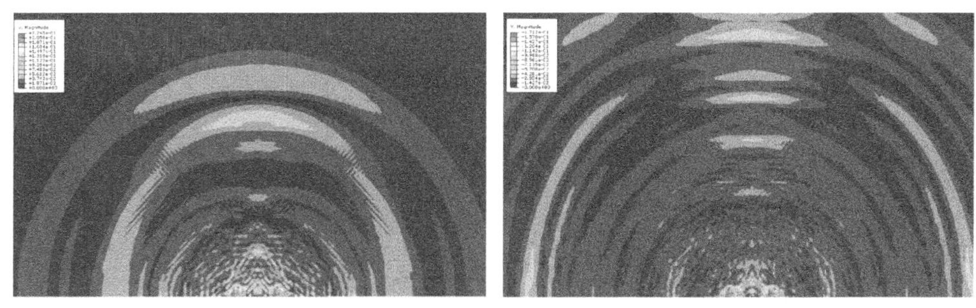

第8击

图 7-1　不同夯击次数时远场土体地面振速

图 7-2 为不同夯击次数时远场土体地面振速时域曲线的比较，分别取 10m 测点和 50m 测点处，第 1 击、第 4 击、第 6 击、第 8 击时的地面振速时域曲线两两对比，从图中可以看出，随着夯击次数的增加，坑底土体弹性模量增加，传送到周围环境的夯击能量明显上升，证明到了一定夯击次数之后，再继续进行夯击，基本没有什么加固效果，更多的是把能量转化成了周围环境的扰动。

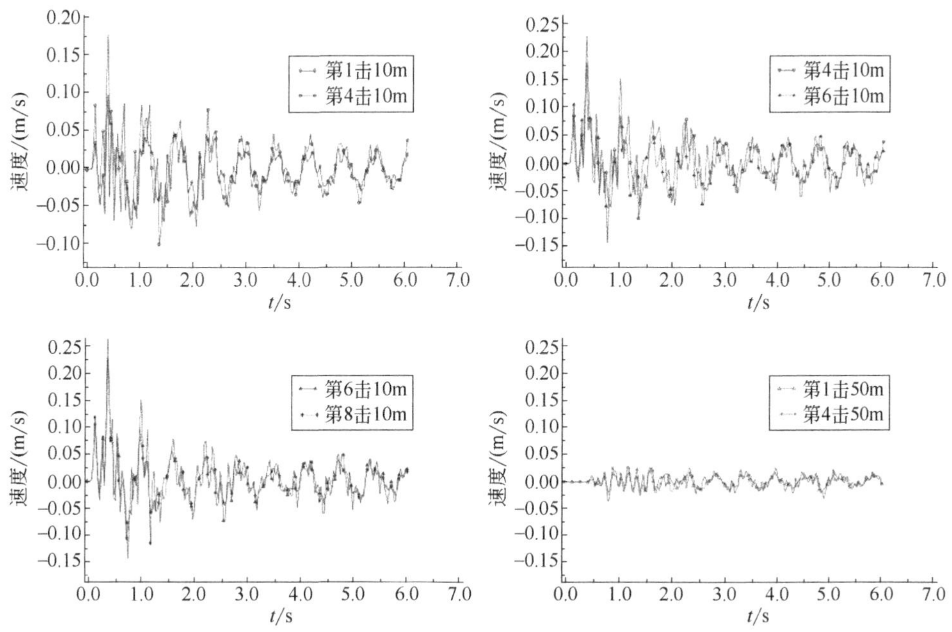

图 7-2

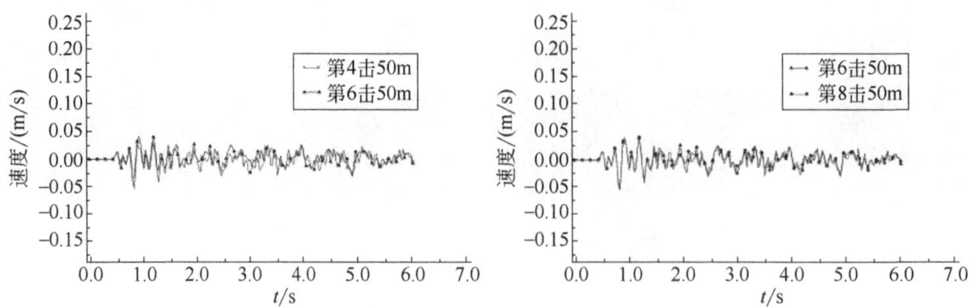

图 7-2　不同夯击次数时远场土体地面振速时域分析

7.2　夯锤直径的影响

夯锤直径的大小直接影响夯锤与地表的接触面积、夯锤与地表的接触时间和地基水平侧向力大小，夯锤下落的能量是一定的，受夯锤面积的影响，转化为强夯振动的能量比例会有明显变化。

同前文，采用工程实践中通常采用的夯锤直径最佳范围，选取具有代表性的 2.0m、2.5m 和 3.0m 三种直径的夯锤，在其他物理力学参数不变的条件下，考察不同大小的锤底面积对远场土体强夯能量叠加的影响。

图 7-3 为不同直径夯锤同时夯击时远场土体地面振速分布云图（分别为冲击后 1s、3s），从图中可以看出，随着夯击次数的增加，夯坑底部土体的弹性模量逐渐提高，越来越多的强夯能量转化为波动传播到周围土体中去，地面振速峰值也随之提高，不同夯击次数时地面振动强化区域的分布基本相同。

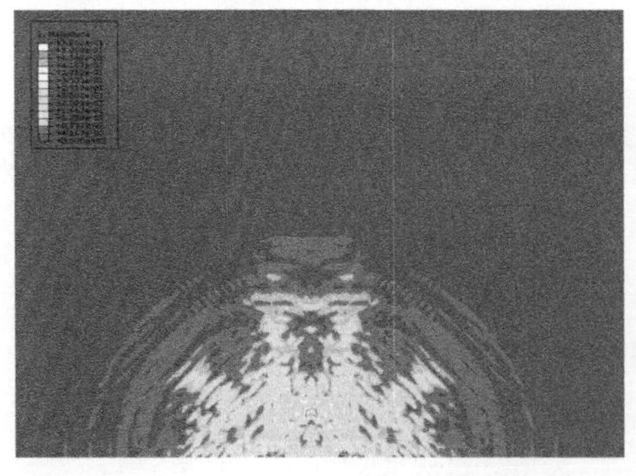

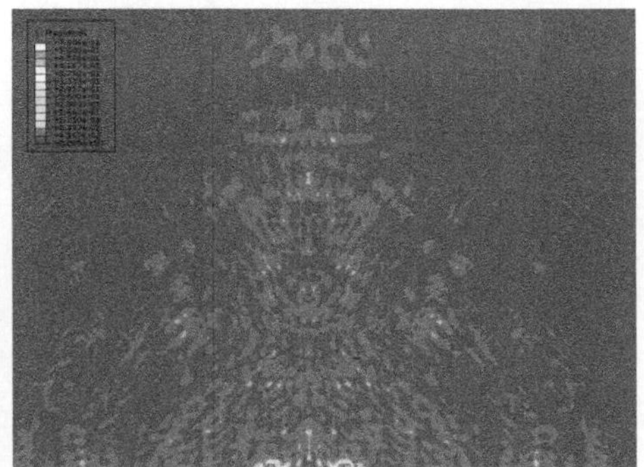

D=2.0m

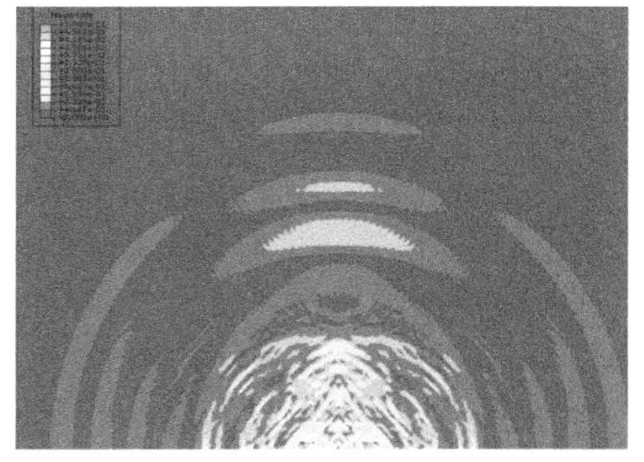
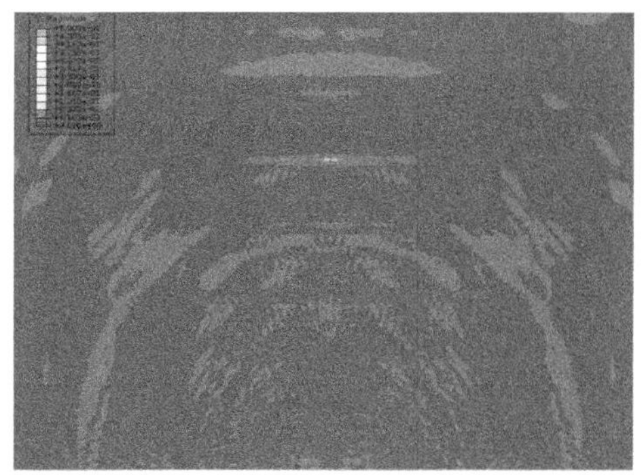

D=2.5m

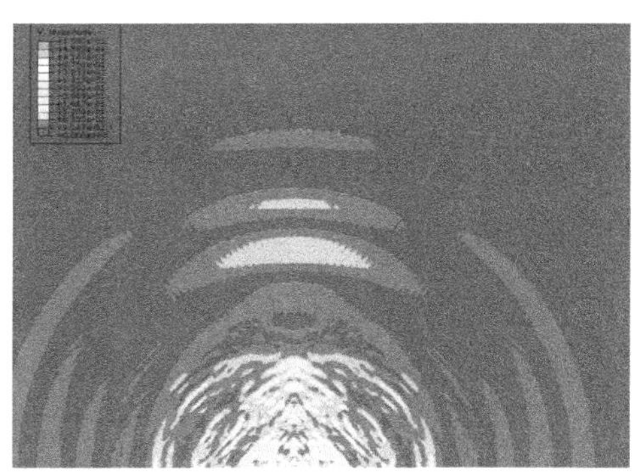
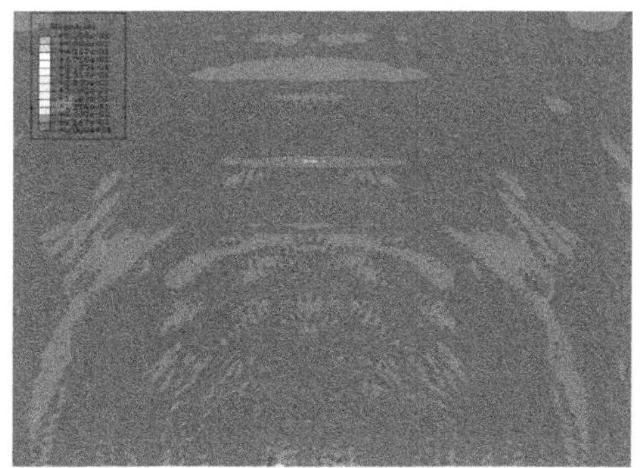

D=3.0m

图 7-3　不同直径的夯锤对多台夯机同时工作时远场土体地面振速的影响

不同直径的夯锤与土体接触的面积不同，多台夯机同时工作时土体中应力变化的规律也不同，非常明显可以看到，同等条件下，夯锤的直径越小，冲击能量越趋向于用来破坏锤土接触面正下方的土体，传播到外场的强夯振动能量越少。夯锤的直径越大，锤土接触面上的应力越低，有更多的强夯能量转化为振动传播到周围土体中去。

从测点距离分别为 10m 和 50m 的不同直径夯锤的远场土体地面振速时域曲线对比（图 7-4）中可以看出，夯锤直径越大，就会有越多的能量传递到周围环境中去，导致的地面峰值振速越大。而在较远处，不同直径的夯锤造成的地面振速差别不大，可以认为如果在较近的距离里存在关键建筑物的话，应该尽量采用小直径的夯锤，但这又会带来夯点密度相应增加的弊端，需要根据情况具体斟酌对待。

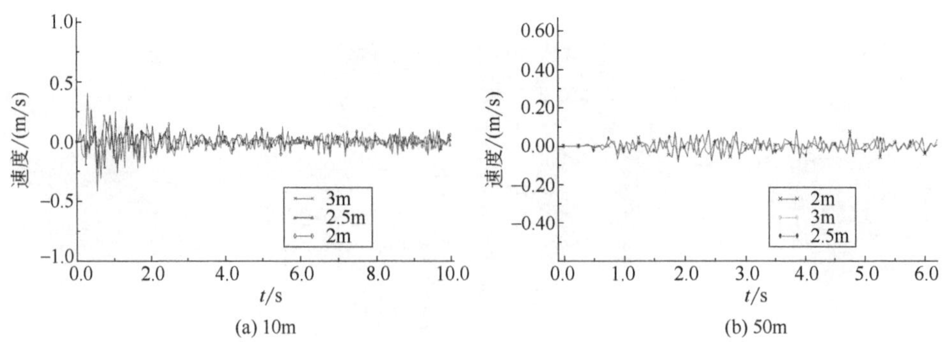

(a) 10m　　(b) 50m

图 7-4　不同直径的夯锤的远场土体地面振速时域分析

7.3　土体物理力学参数的影响

土体的物理力学参数不但决定了强夯加固的效果，也是整个地层的动力响应特性的关键因素，影响着强夯振动在土体中的传播、衰减等，为了考察土体物理力学参数在多夯机同时工作情况下对远场能量叠加效应的影响，针对黏聚力、弹性模量、内摩擦角等关键参数建立了其他条件相同、关键参数单一变化的模型，揭示其对叠加效应的作用特点。

7.3.1　黏聚力 c 值的影响

土体的黏聚力是影响土体抵抗变形能力的重要物理力学参数，强夯振动的传播本质是靠着土颗粒的相互作用和运动中的能量传播来实现的，而夯锤冲击产生的各种波动中，压缩波很快被吸收用来压密土体，散逸到周围环境中的能量主要是剪切波和面波，传播方向和质点振速互相垂直，因此强夯振动能量的传播和耗散过程必然会受到黏聚力 c 的影响。

同前所述，常见粉质黏土的黏聚力一般为 5～10kPa。黏性土根据所处物理状态和颗粒中黏粒含量的不同，其黏聚力的值跨越幅度较广，可为 10～60kPa。本节主要研究黏聚力的变化对多台夯机远场振动能量叠加效应的影响，因此根据工程实践，在本节的研究中，分别取 c 值为 10kPa、20kPa、30kPa、40kPa、50kPa 几个不同档，以此考察叠加效应与土体黏聚力的关系。

图 7-5 为不同黏聚力的远场土体地面振速分布云图（分别为冲击后 1s、3s），从图中可以看出，随着黏聚力的增加，越来越多的强夯能量被转化为波动传播到周围土体中去，地面振速峰值也随之提高，冲击后不同黏聚力的地面振动叠加强

化区域的分布基本相同。

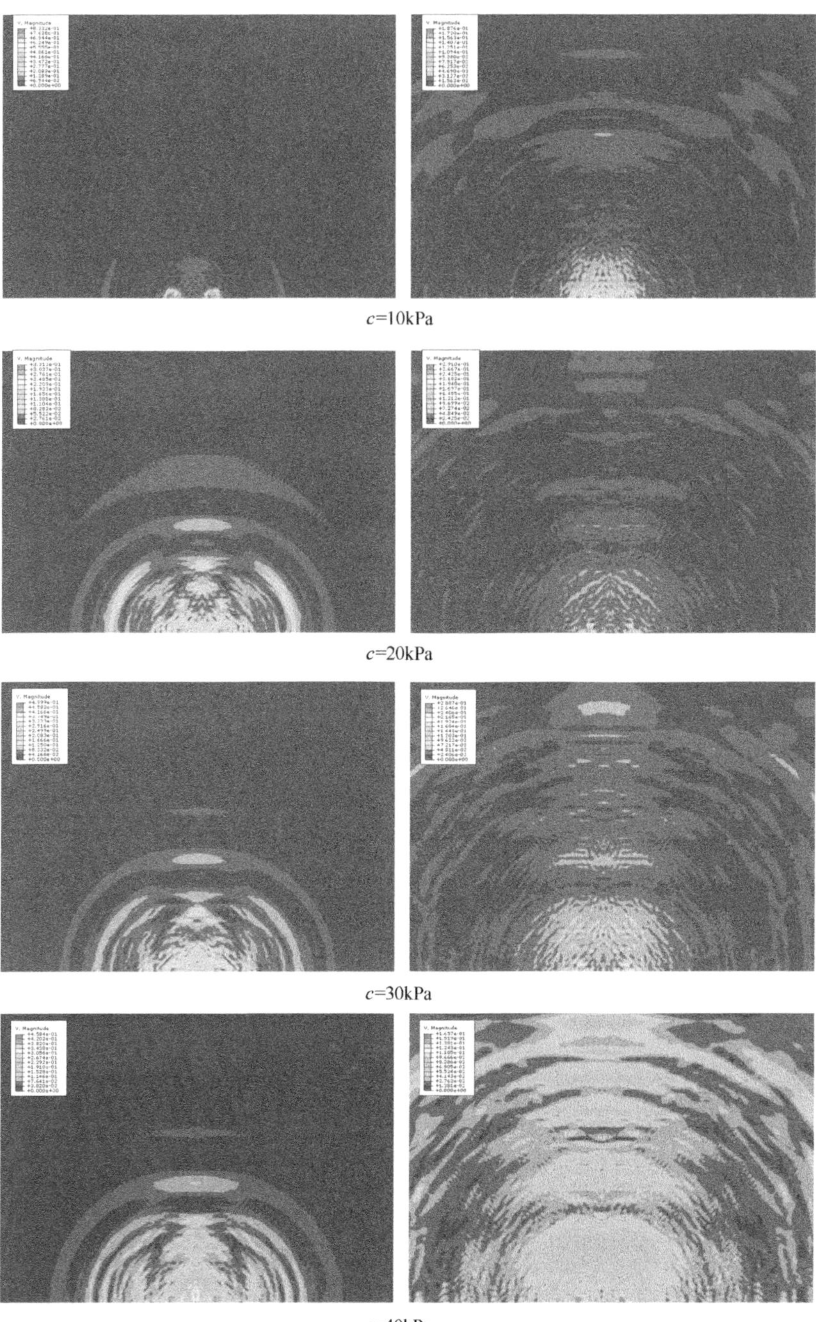

c=10kPa

c=20kPa

c=30kPa

c=40kPa

图 7-5

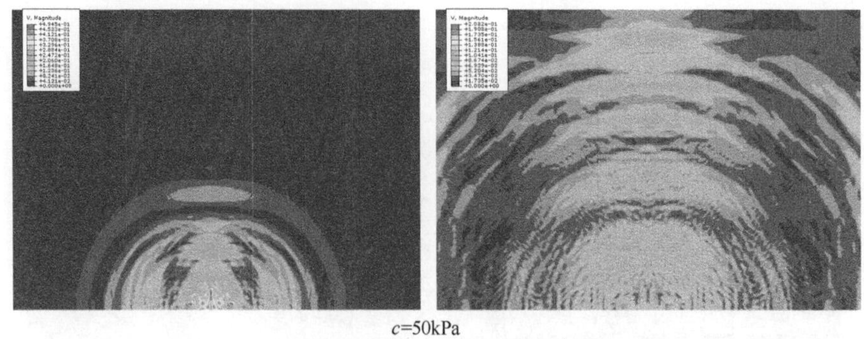
c=50kPa

图 7-5　多台夯机远场叠加效应与土体黏聚力变化的关系

图 7-6 为测点距离分别为 10m 和 50m 的不同黏聚力时远场土体地面振速时域曲线，对比可以看出，土体黏聚力越大，就会有越多的能量传递到周围环境中去，导致地面峰值振速越大。而在较远处，黏聚力较高的土体造成的地面振速峰值也相应较大，但随着黏聚力的提高，这一差距迅速缩小。

从图 7-7 不同黏聚力时远场土体地面振速历程曲线对比中可以更清晰地得出同样的结论，10m 测点处的土体峰值振速随着土体黏聚力增大迅速增加，证明有更多的强夯能量被传递到周围环境中去，而在较远处的 50m 测点，黏聚力较高的土体造成的地面振速峰值也相应较大，但黏聚力越高，这一差距就变得越不明显。

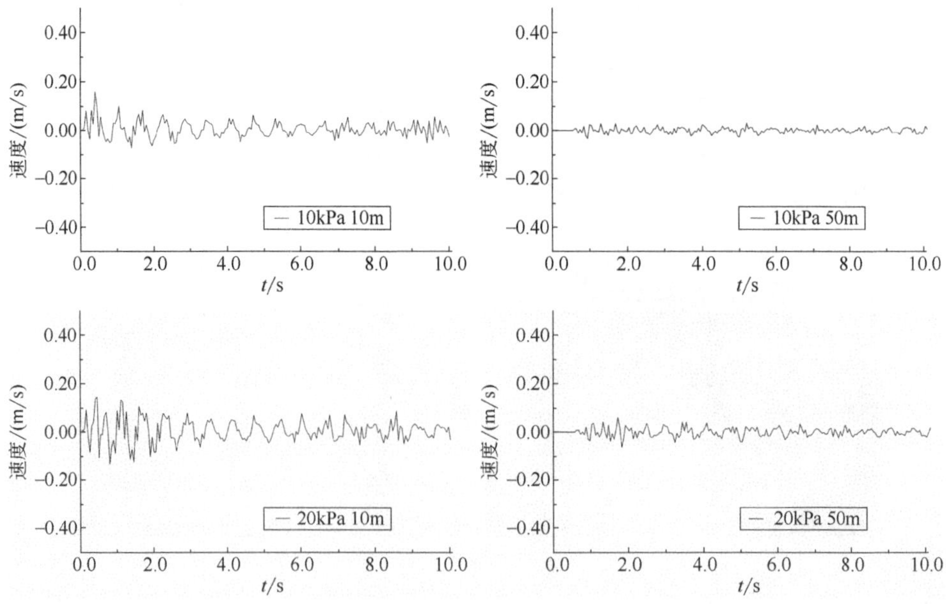

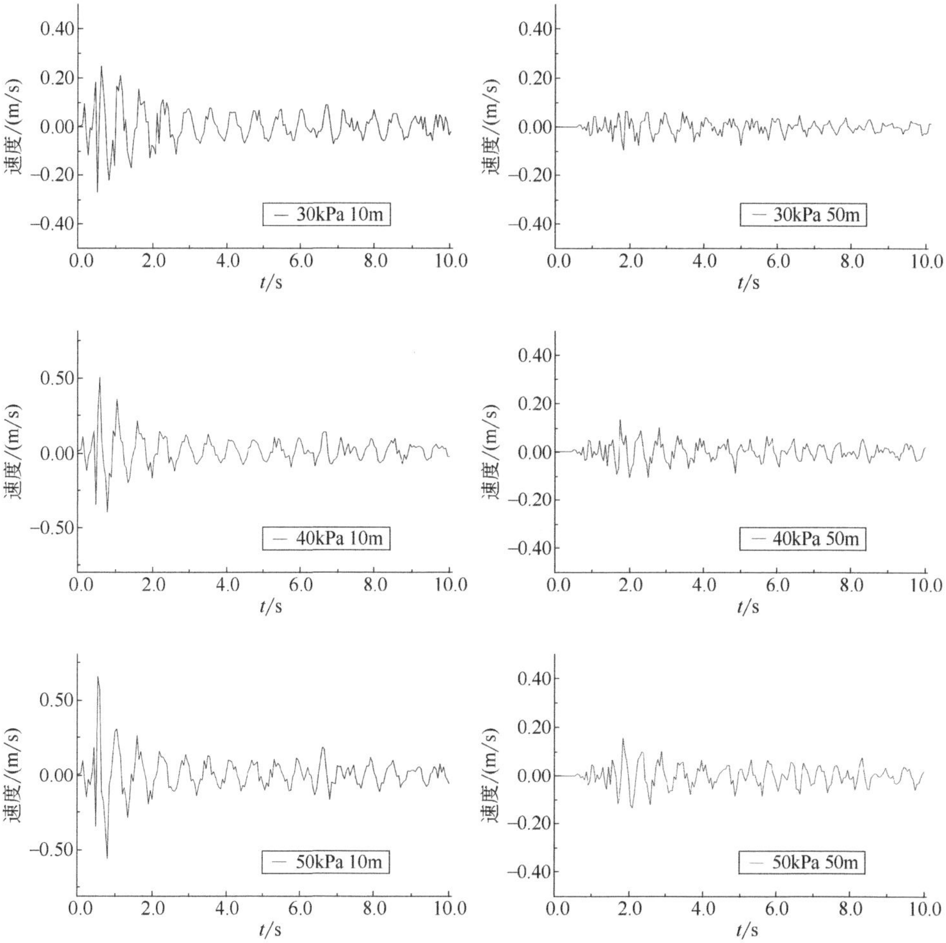

图 7-6　不同黏聚力时远场土体地面振速时域分析（测点距离 10m、50m）

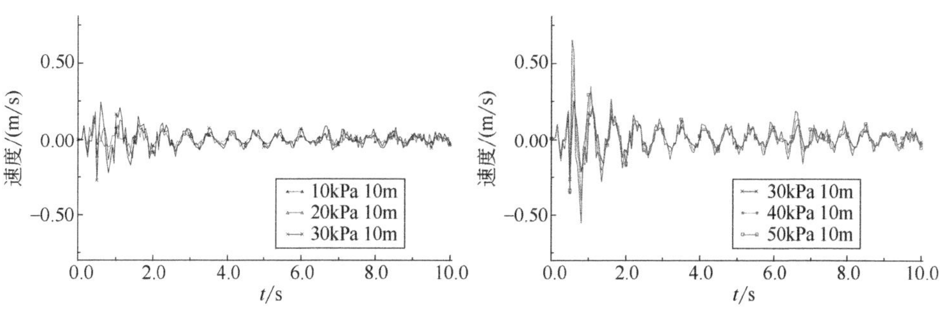

图 7-7

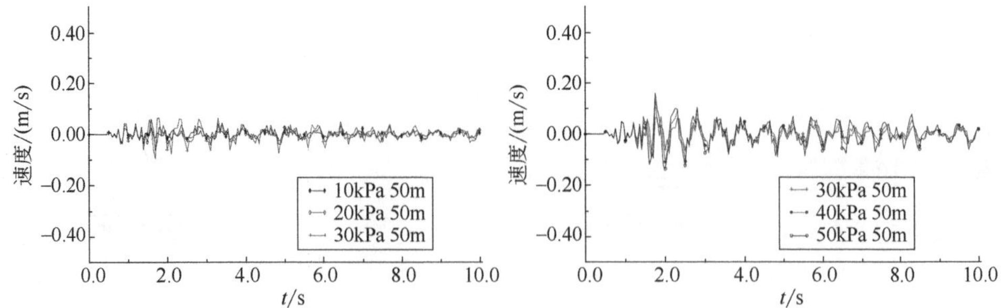

图 7-7　不同黏聚力时远场土体地面振速历程曲线对比（测点距离 10m、50m）

7.3.2　土体内摩擦角的影响

强夯振动的传播主要途径是横波和瑞利波、勒夫波等面波，质点振动方向与传播方向垂直，而土体内摩擦角是承担土体抗剪强度的重要指标，影响着振动能量推动土颗粒发生运动的效果和强夯能量在土体中的衰减特性。

同前所述，常见回填土的内摩擦角通常为 15°～20°，粉土的内摩擦角一般为 18°～25°，砂土的内摩擦角一般为 20°～40°（大部分在 30°左右）。本节主要研究内摩擦角的变化对多台夯机叠加效应的影响，因此根据工程实践，在本节的研究中，分别取内摩擦角（φ）的值为 15°、20°、25°、30°、35°几个不同档，以此考察远场叠加效应与土体内摩擦角的关系。

图 7-8 为不同内摩擦角的远场土体地面振速分布云图（分别为冲击后 1s、3s），从图中可以看出，随着内摩擦角的增加，强夯能量向下传递变得困难，越来越多的强夯能量被转化为波动传播到周围土体中去，地面振速峰值也随之提高，可以认为内摩擦角越大的土体，多夯机工作的远场叠加效应就越强。同时，可从图中看到，不同内摩擦角的地面振动叠加强化区域的分布规律基本相同。

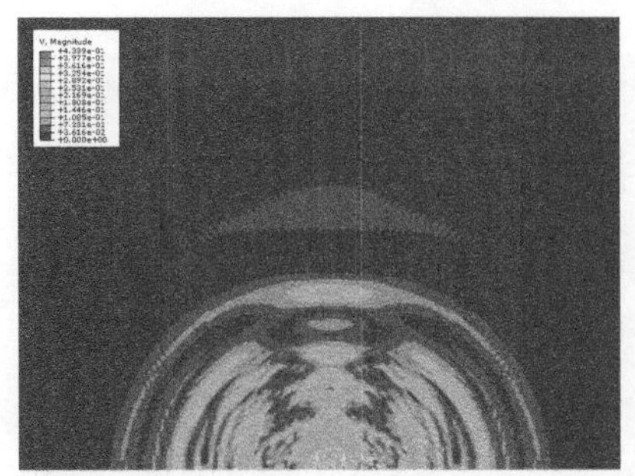
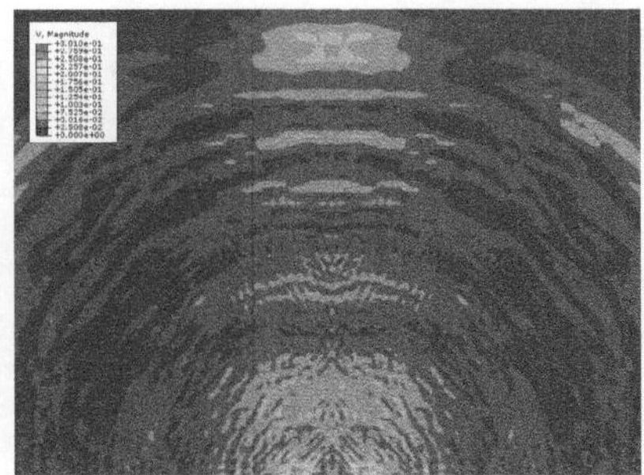

φ=15°

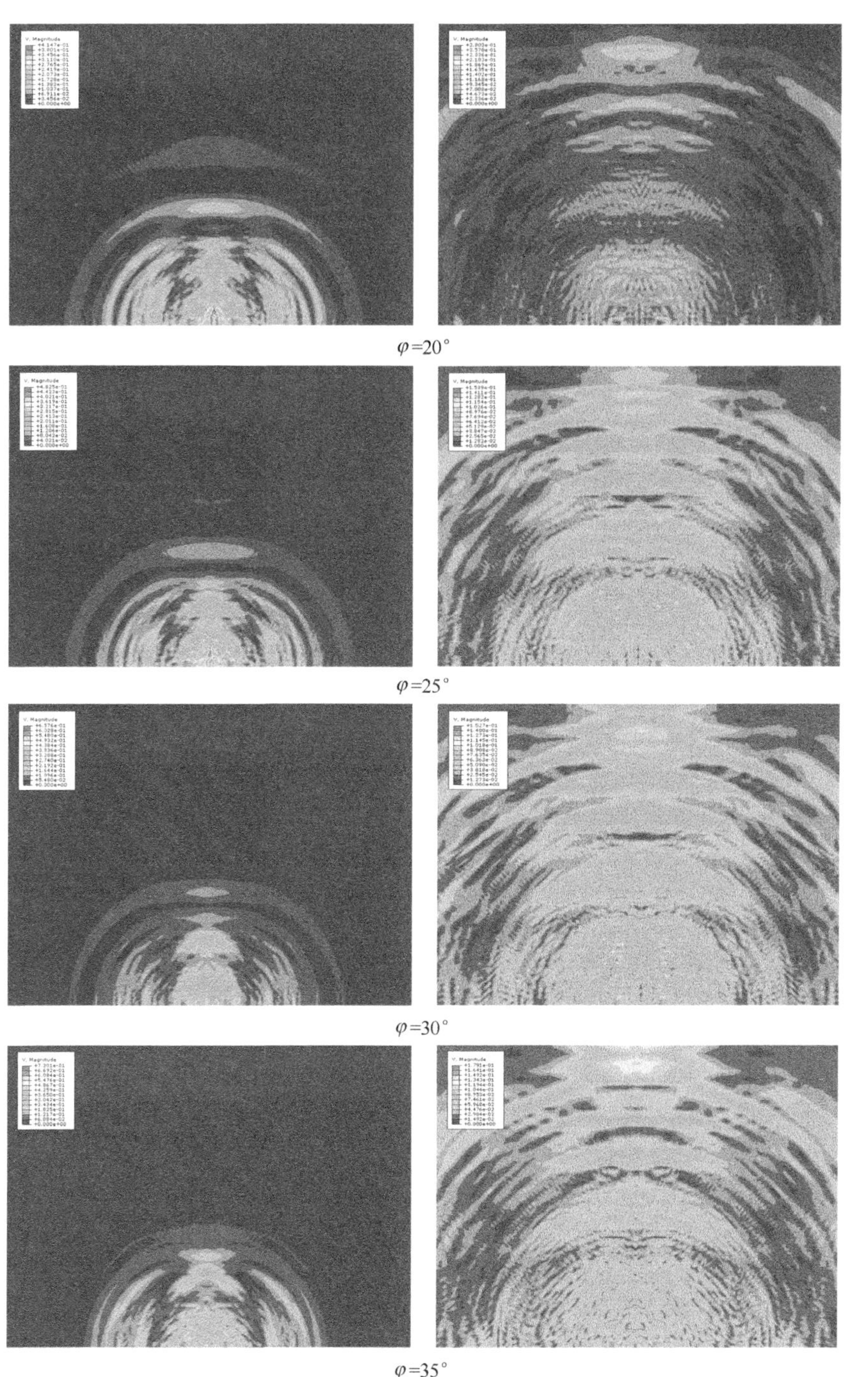

图 7-8　多台夯机远场叠加效应与土体内摩擦角变化的关系

图7-9为测点距离分别为10m和50m的不同内摩擦角时远场土体地面振速时域曲线。对比可以看出，土体内摩擦角越大，就会有越多的能量传递到周围环境中去，导致地面峰值振速越大。而在较远处，内摩擦角较高的土体造成的地面振速峰值也相应较大，但随着内摩擦角的提高，这一差距迅速缩小。

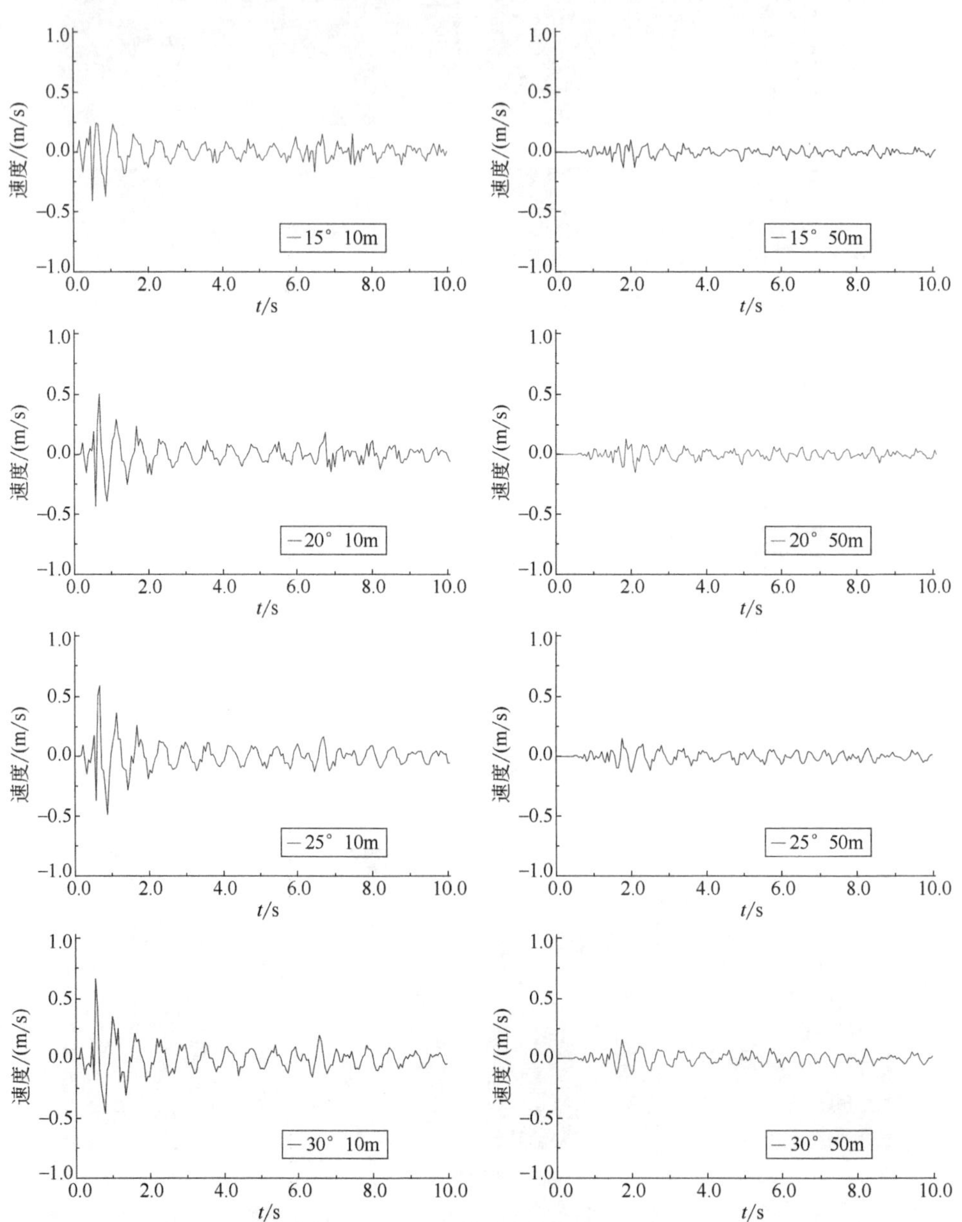

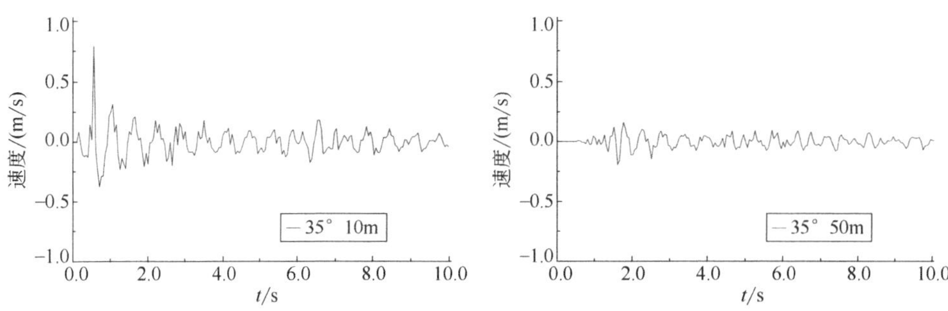

图 7-9　不同内摩擦角时远场土体地面振速时域分析（测点距离 10m、50m）

从图 7-10 不同内摩擦角远场土体地面振速历程曲线对比中可以更清晰地得出同样的结论，10m 测点处的土体峰值振速随着土体内摩擦角增大迅速增加，证明有更多的强夯能量被传递到周围环境中去。而在较远处的 50m 测点，内摩擦角较高的土体造成的地面振速峰值也相应较大，但内摩擦角越高，这一差距就变得越不明显。结合上一节土体黏聚力同样的变化趋势，可以认为，经过远场土体的耗散衰减之后，土体抗剪强度指标对远场地面峰值振速的影响逐渐减弱。

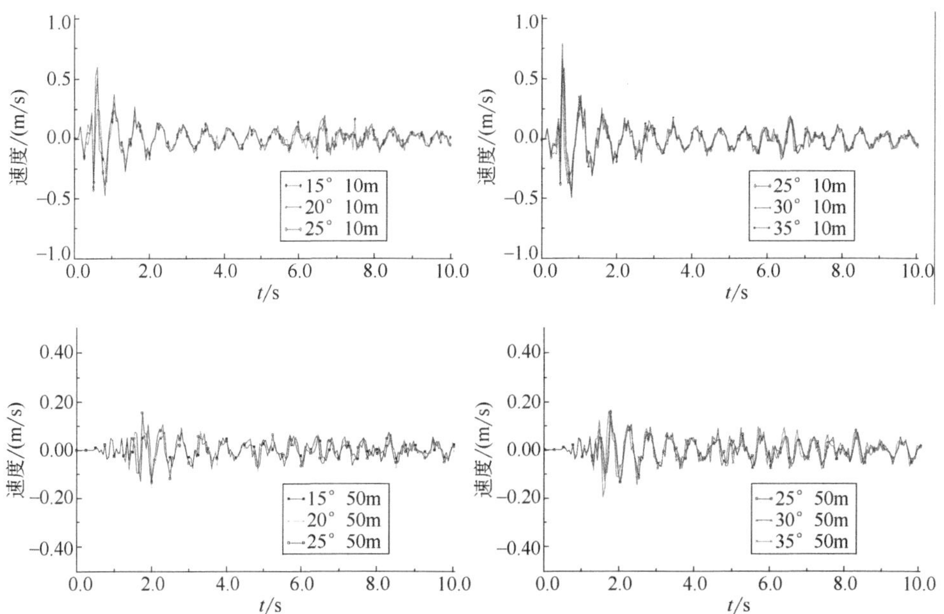

图 7-10　不同内摩擦角时远场土体地面振速历程曲线对比（测点距离 10m、50m）

7.3.3 弹性模量的影响

土体的弹性模量是影响强夯能量耗散和传播效果的一个重要影响因素，土的弹性模量变化引起土体的动力响应的显著改变，因此显然会对多夯机同时工作的远场叠加效应有明显影响。

工程上常见的黏土根据物理状态的不同，其弹性模量通常在 5～20MPa 之间，不够密实的砂土一般为 10～25MPa。本节主要研究弹性模量的变化对多台夯机叠加效应的影响，因此根据工程实践，在本节的研究中，分别取弹性模量的值为 5MPa、10MPa、15MPa、20MPa、25MPa 几个不同档，以此考察强夯远场叠加效应与土体弹性模量的关系。

从不同弹性模量的土体中应力云图的演变规律（图 7-11）中可以看到，随着土体弹性模量的增加，远场土体的动力特性发生了改变，弹性模量较低的土体，强夯振动的地面峰值振速更高，说明弹性模量越高，对于强夯能量的衰减就越大，多夯机工作时的远场叠加效应就越弱。

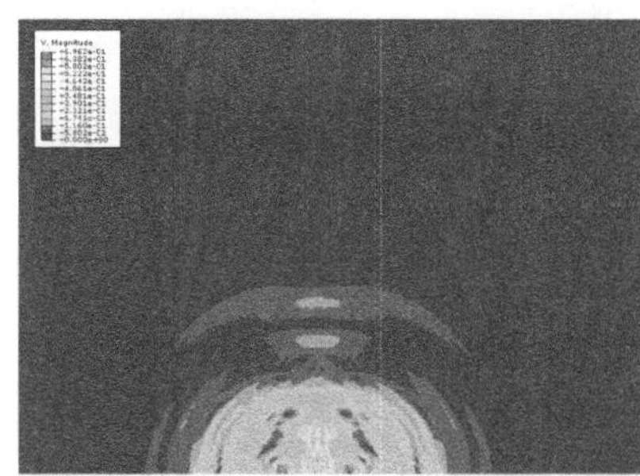
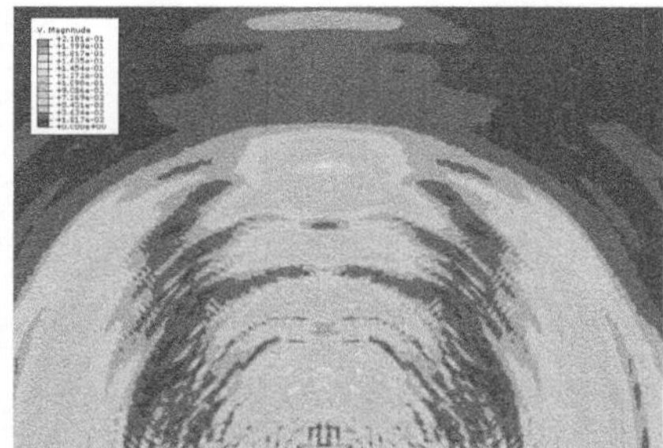

E=5MPa

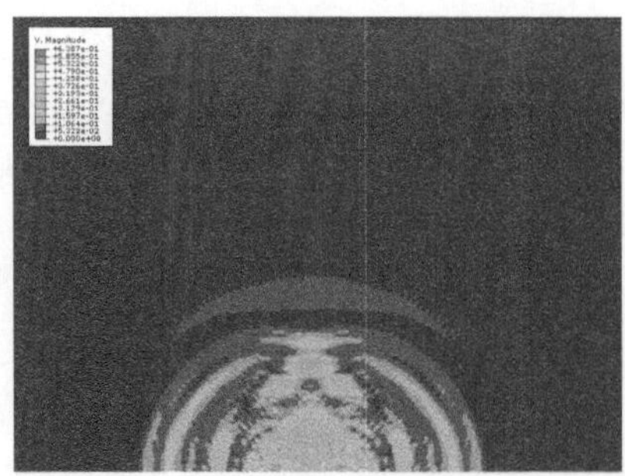
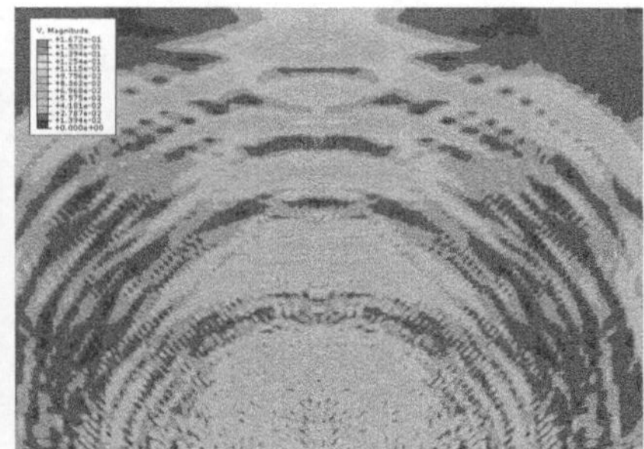

E=10MPa

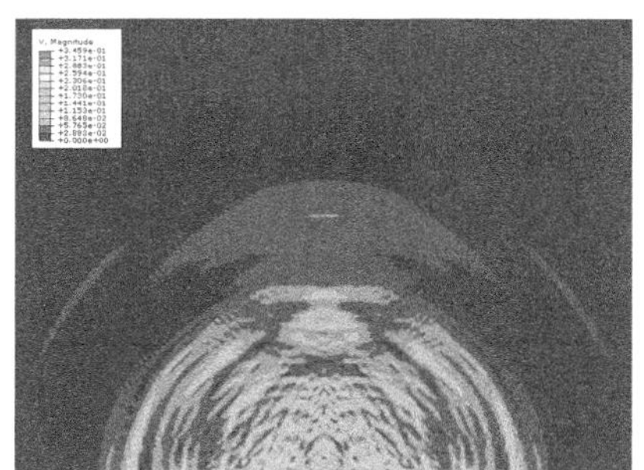

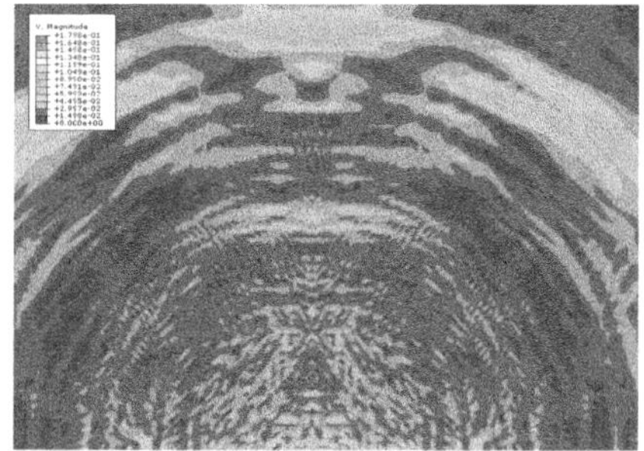

E=15MPa

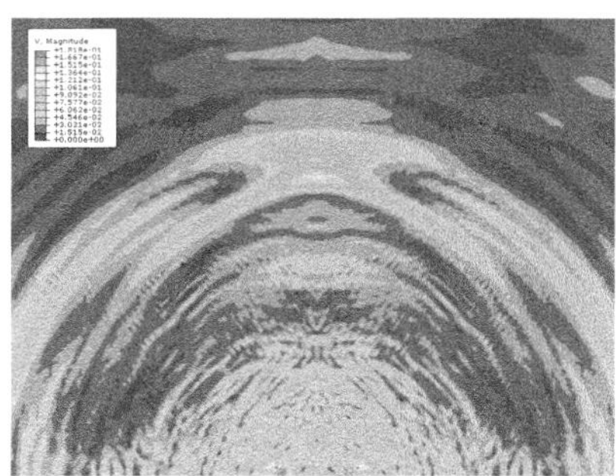

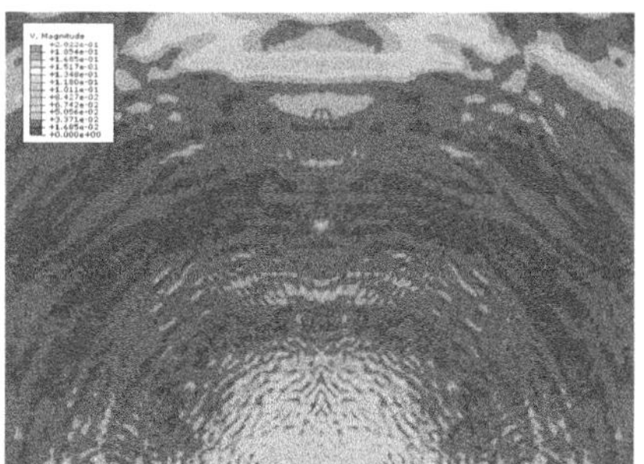

E=20MPa

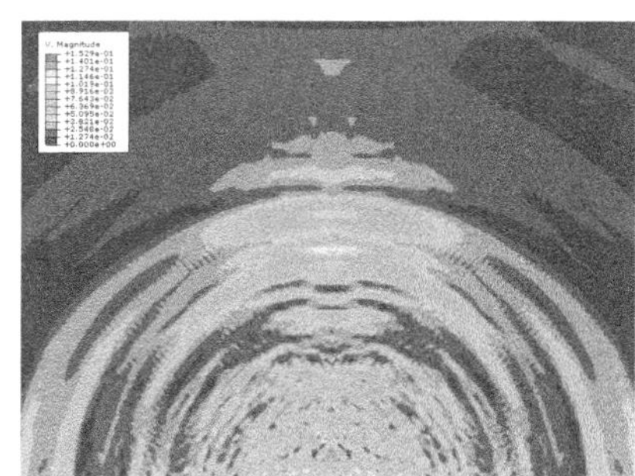

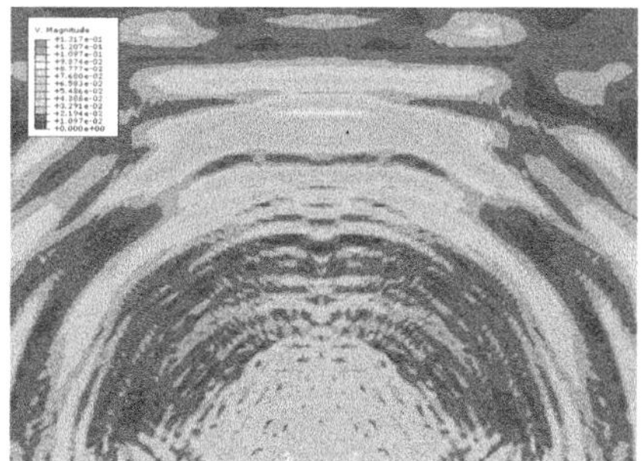

E=25MPa

图 7-11　多夯机远场叠加效应与土体弹性模量变化的关系

从测点距离分别为 10m 和 50m 的不同弹性模量时远场土体地面振速时域曲线的对比（图 7-12）中可以看出，土体弹性模量越大，就会有越多的能量在传播途径中衰减，难以传递到周围环境中去，导致地面峰值振速随之减小。而在较远处，弹性模量较低的土体造成的地面振速峰值也相应较大，但差距并不明显，随着弹性模量的提高，无论近处还是远处，地面峰值振速的差距迅速缩小，详细对比见图 7-13 不同弹性模量远场土体地面振速历程曲线对比。

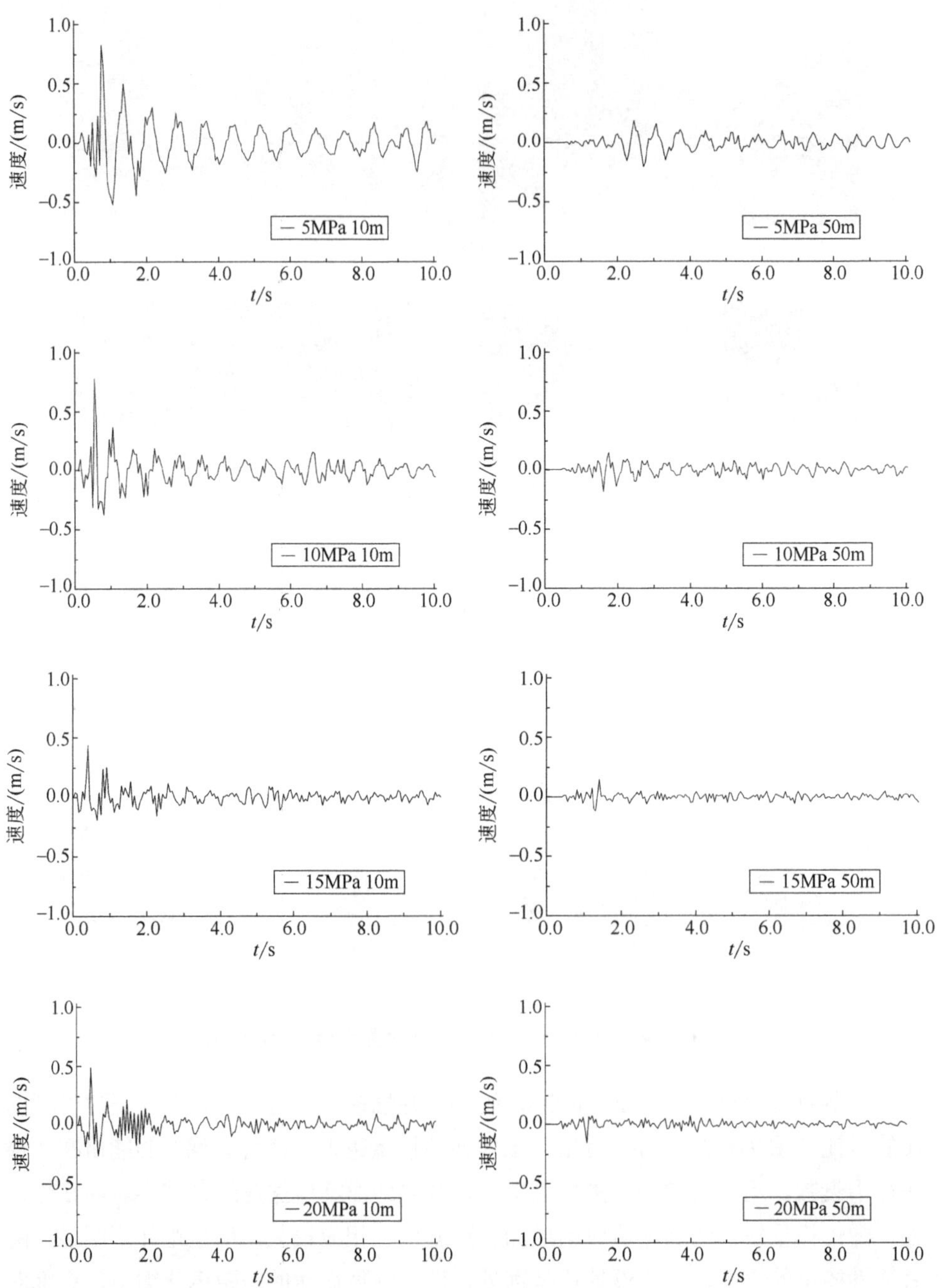

1.0
0.5
0.0
−0.5
−1.0
速度/(m/s)
0.0 2.0 4.0 6.0 8.0 10.0
t/s
— 5MPa 10m
— 5MPa 50m
— 10MPa 10m
— 10MPa 50m
— 15MPa 10m
— 15MPa 50m
— 20MPa 10m
— 20MPa 50m

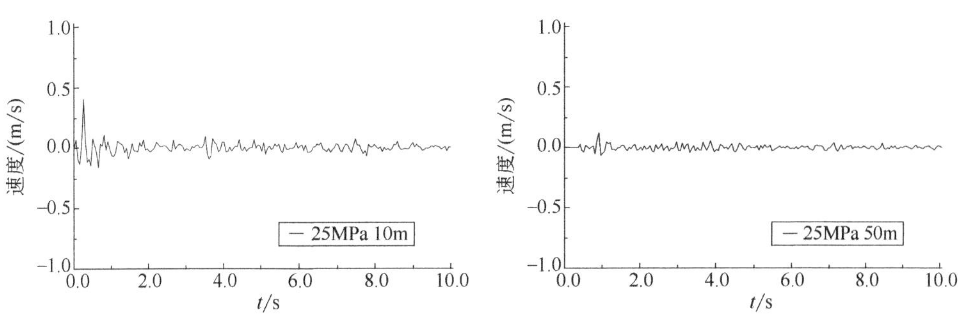

图 7-12　不同弹性模量远场土体地面振速时域分析（测点距离 10m、50m）

从曲线的对比（图 7-13）中可以看出，土体弹性模量越小，10m 测点处的峰值振速就越大。但随着弹性模量的提高，这种弹性模量变化带来的峰值振速改变变得越来越不明显。50m 测点处，弹性模量较低的土体造成的地面振速峰值也相应较大，但振速峰值差距较小。而随着弹性模量的提高，无论 10m 测点还是 50m 测点，地面峰值振速的数值差距进一步缩小。由此可见，弹性模量越大，强夯振动能量损耗越多，周围环境的地面峰值振速就越低，但这一效应基本只在弹性模量较低时比较明显，当弹性模量较高时影响较弱。

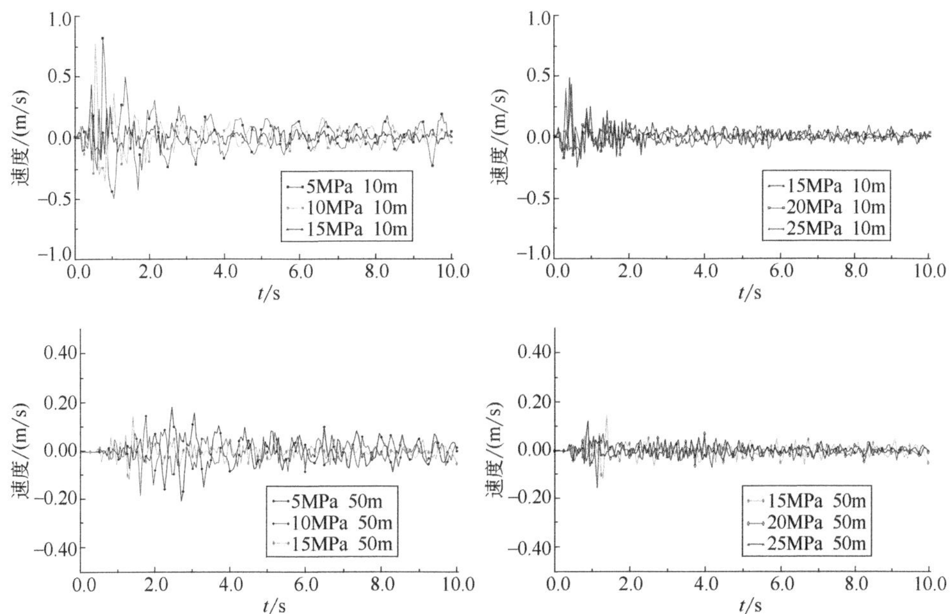

图 7-13　不同弹性模量远场土体地面振速历程曲线对比（测点距离 10m、50m）

7.3.4 上下土层弹性模量比的影响

由于压缩主体的主要因素纵波在土体中很快就被吸收，天然土体普遍存在的层理构造对于多夯机强夯近场叠加的影响非常微弱，但强夯振动的重要组成部分横波在物理力学性质不同的两种材料的交界面上将发生复杂的反射、折射等一系列现象，导致强夯振动能量传递的效果与单层均质土出现差异。

同前所述，本节的研究仅限于上软下硬的常见土层结构，根据工程实践，构建出上下两层土弹性模量比分别为1∶2、1∶3、1∶4、1∶5的数值模型，在此基础上研究上下土层弹性模量差异对多夯机远场叠加效应的影响。

从不同土体上下层弹性模量比的地面峰值振速云图（图7-14）可以看出，不同弹性模量比对地面振速的峰值强度数值有明显影响，但是随着下层土弹性模量的提高，强夯振动的叠加峰值区域出现得越来越早，其空间分布规律没有明显差别。

从不同土体上下层弹性模量比的远场土体地面振速时域分析（图7-15）中可以看出，上下土层之间的弹性模量变化并未对地面峰值振速的数值有显著影响，由于下层土对强夯振动的反射，弹性模量比越高，土体中地面振速峰值强度出现的时间就越早。

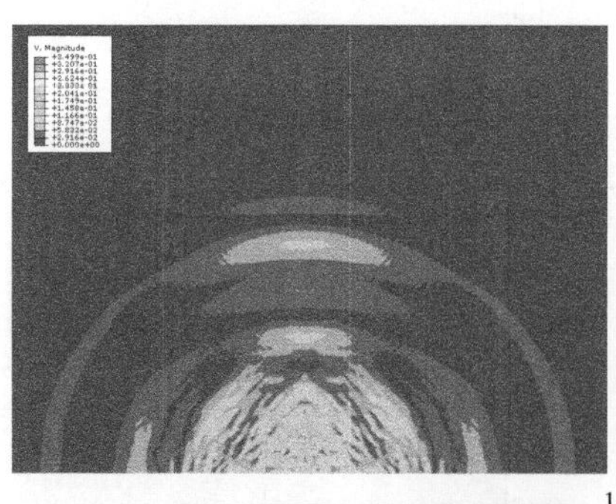

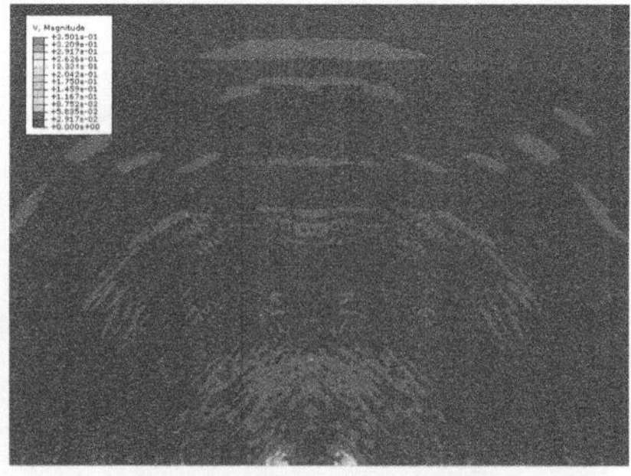

1∶2

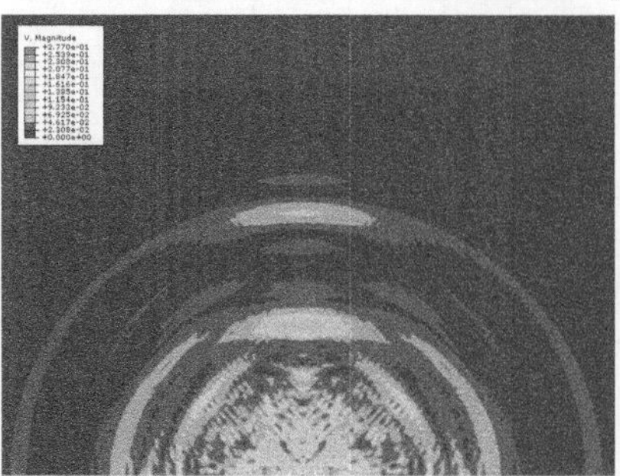

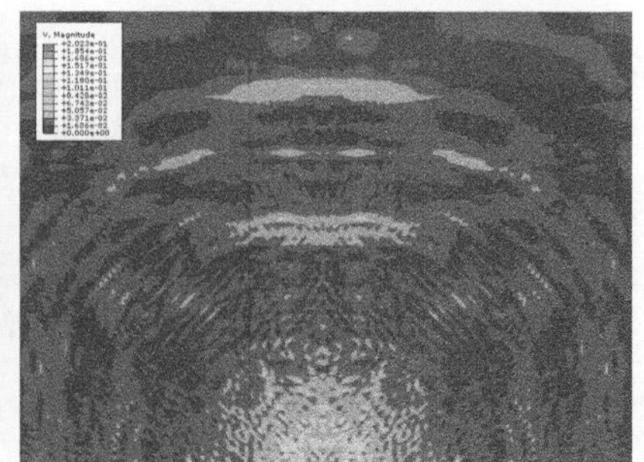

1∶3

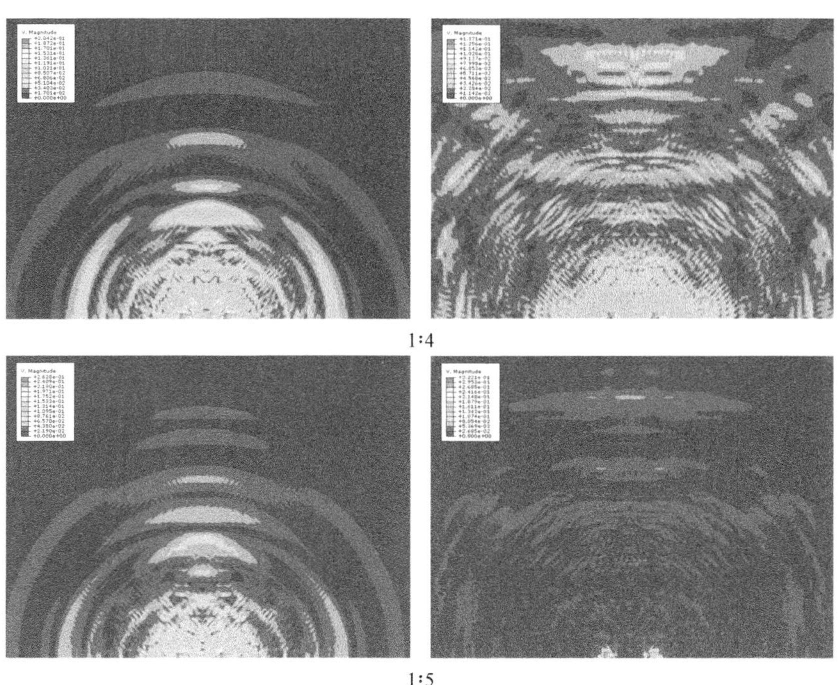

图 7-14　多台夯机远场叠加效应与土体上下层弹性模量比的关系

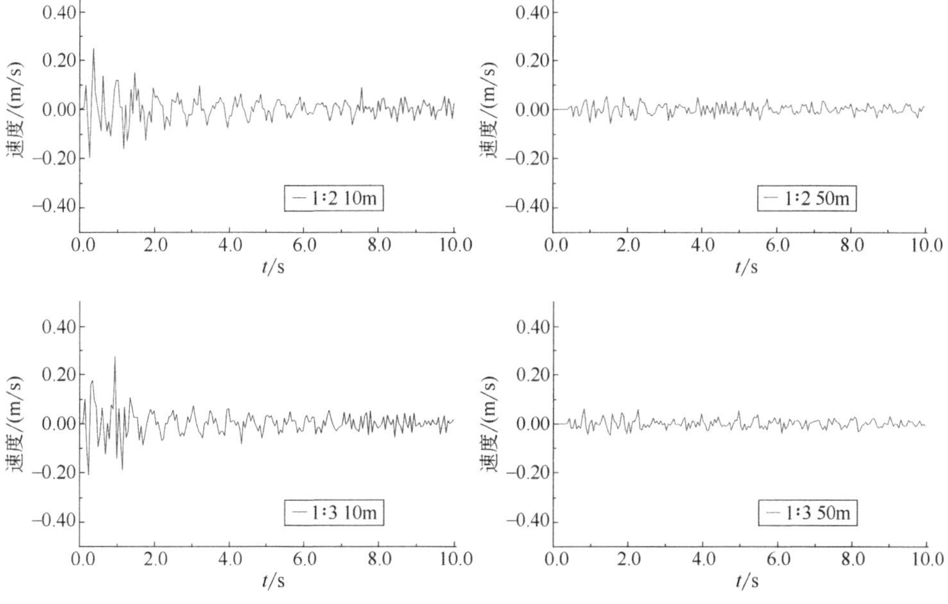

图 7-15

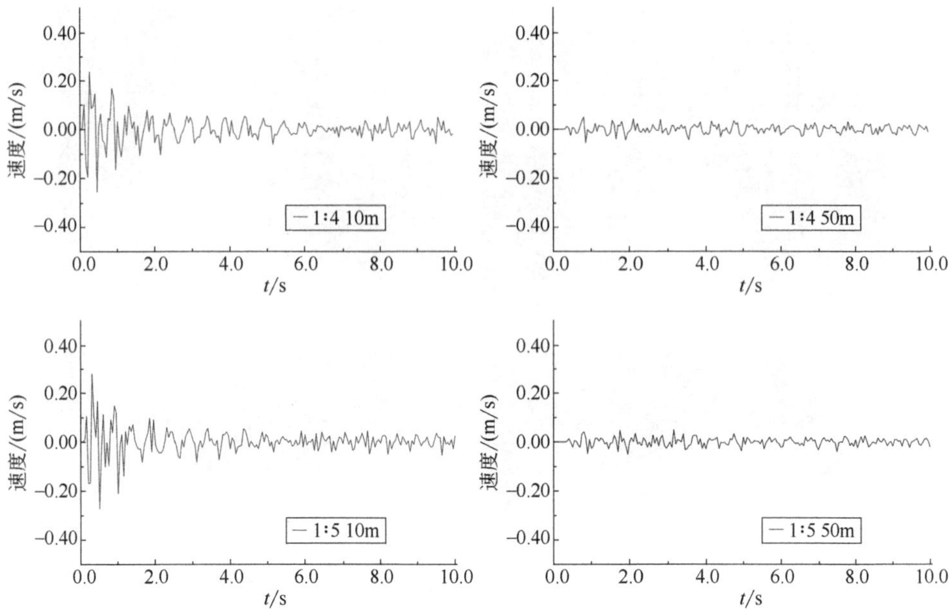

图 7-15 不同土体上下层弹性模量比的远场土体地面振速时域分析（测点距离 10m、50m）

如图 7-16 所示，不同弹性模量比的远场土体地面振速历程曲线对比更加清楚

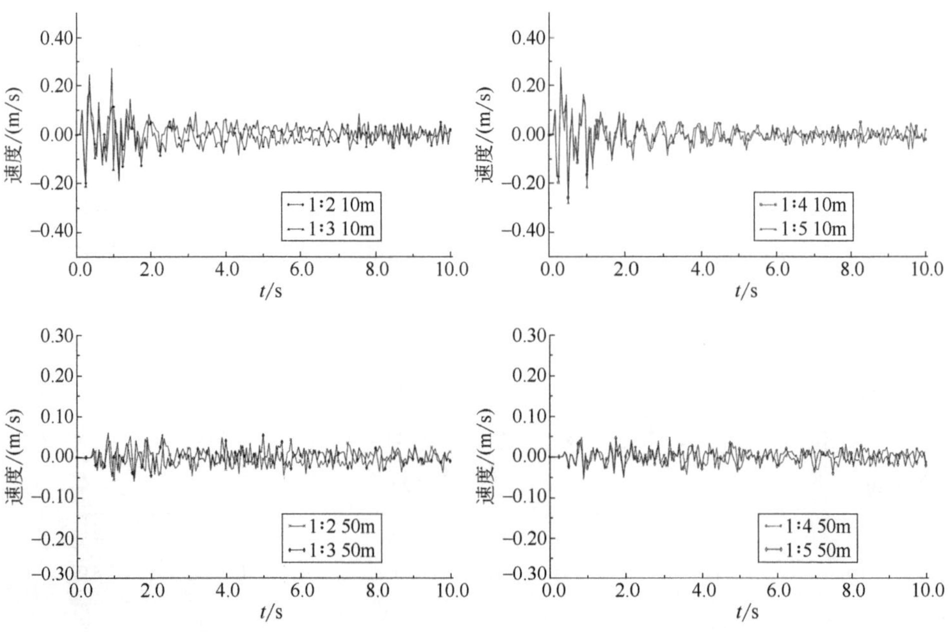

图 7-16 不同弹性模量比的远场土体地面振速历程曲线对比（测点距离 10m、50m）

地揭示了这一规律，无论是 10m 测点还是 50m 测点，不同弹性模量比造成的地面振速峰值强度基本相同，差别较大的就是其出现的时间点，上下土层弹性模量比越大的远场土体，其波峰时间点提前幅度就越大。

7.4　夯机间距的影响

对于远场土体来说，每一台夯机的振动能量都会传遍整个环境，因此多台夯机同时施工的时候，夯机之间的间距是影响远场叠加效应的重要因素，为研究夯机间距对强夯叠加效果的作用，在本节建立其他条件相同、夯机间距分别为 15m、20m、30m 的数值模型，以揭示其中的相关规律。

从图 7-17 中可以看出，随着两台夯机间距离的增加，强夯振动的叠加强化区域从开始时非常明确地集中分布在两台夯机连线的中垂线上变得逐渐呈分散状，叠加后的峰值振速强度也相应下降。

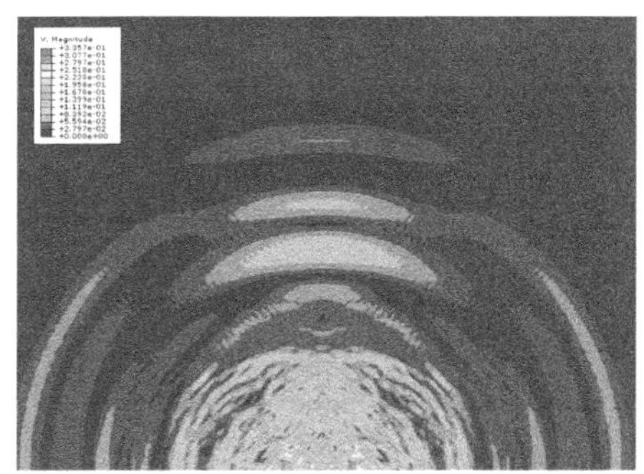

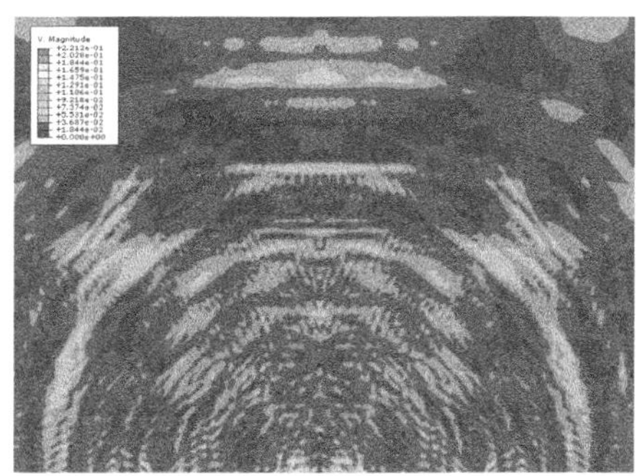

15m

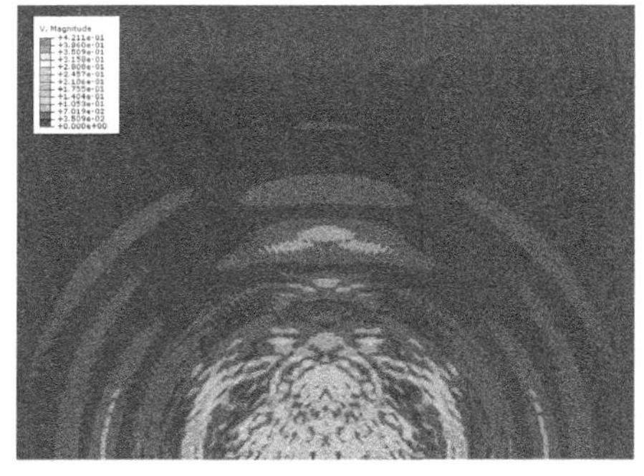

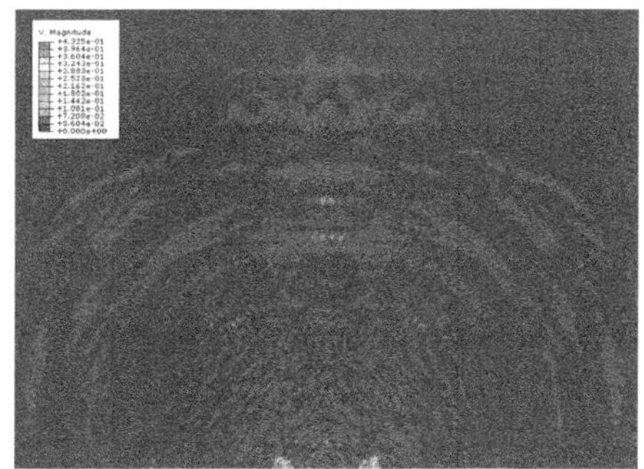

20m

图 7-17

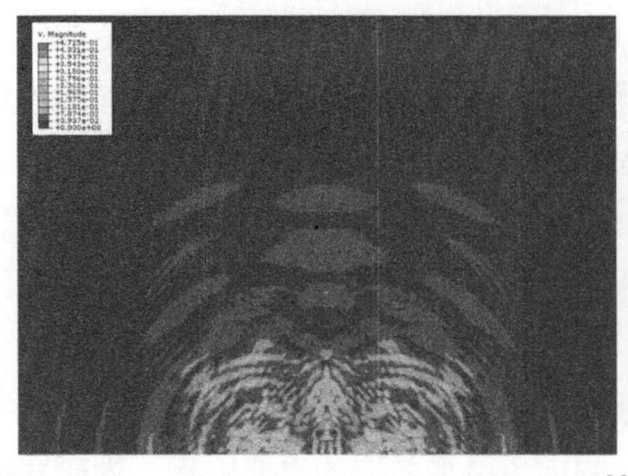

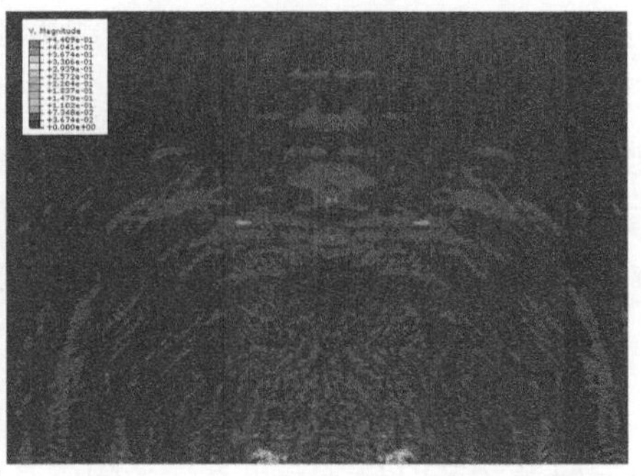

30m

图 7-17　两台夯机远场叠加效应与夯机间距变化的关系

从不同间距的两台夯机同时工作时地面振速历程曲线对比（图 7-18）可以看出同样的趋势，随着夯机距离的增加，地面振速峰值的数值随之减小，可以认为采用多夯机同时作业时，如果想要避免对周围环境造成严重影响，应在满足工期、成本等要求的前提下，尽量选择足够大的夯机间距。

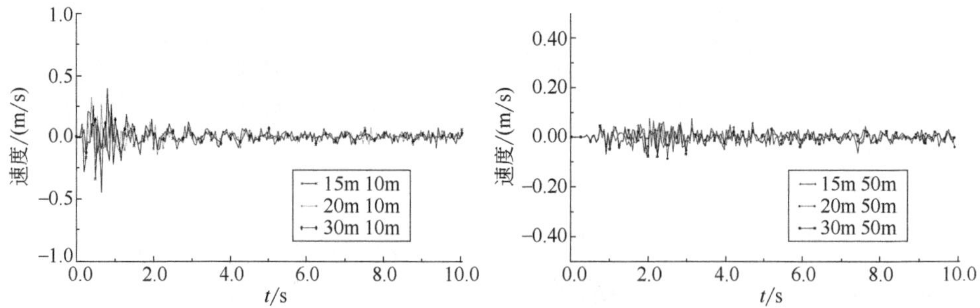

图 7-18　不同间距的两台夯机同时工作时地面振速历程曲线对比（测点距离 10m、50m）

从图 7-19 中可以看出，梅花式排列的三台夯机，强夯振动能量的叠加强化呈现出明显的对称性分布，主要叠加区域基本位于前排两台夯机连线的中垂线上以及后排夯机与前排夯机各自连线的延长线上。随着夯机间距离的增加，叠加效应逐渐减弱，地面振速峰值也随之降低。但是由于距离增加，能量传播路径也随之变长，导致强夯能量的叠加出现了多个峰值，同时衰减的速度明显变慢，夯机间距离越大，远场土体维持较高峰值振速的时间越长。

从不同间距三夯机同时工作时地面振速历程曲线对比（图 7-20）可以看到，在 10m 测点处，前期夯机间距离越近，地面振速的峰值就越高，而到了后期趋势则相反，夯机间距离越大，地面振速的峰值就越高，说明三台夯机工作的时候，随着距离加大能量传播途径变长，的确会使强夯能量的叠加效果变弱，但也同样会使得整个场地土体较长时间保持在较高的地面振速水平上；在 50m 测点处可以看到，不同间距的三台夯机的强夯振动能量传播到此处时，引起的地面振动差别较小，说明经过土体的衰减损耗之后，较远处土体的地面振速与夯机间距的关联性较弱。

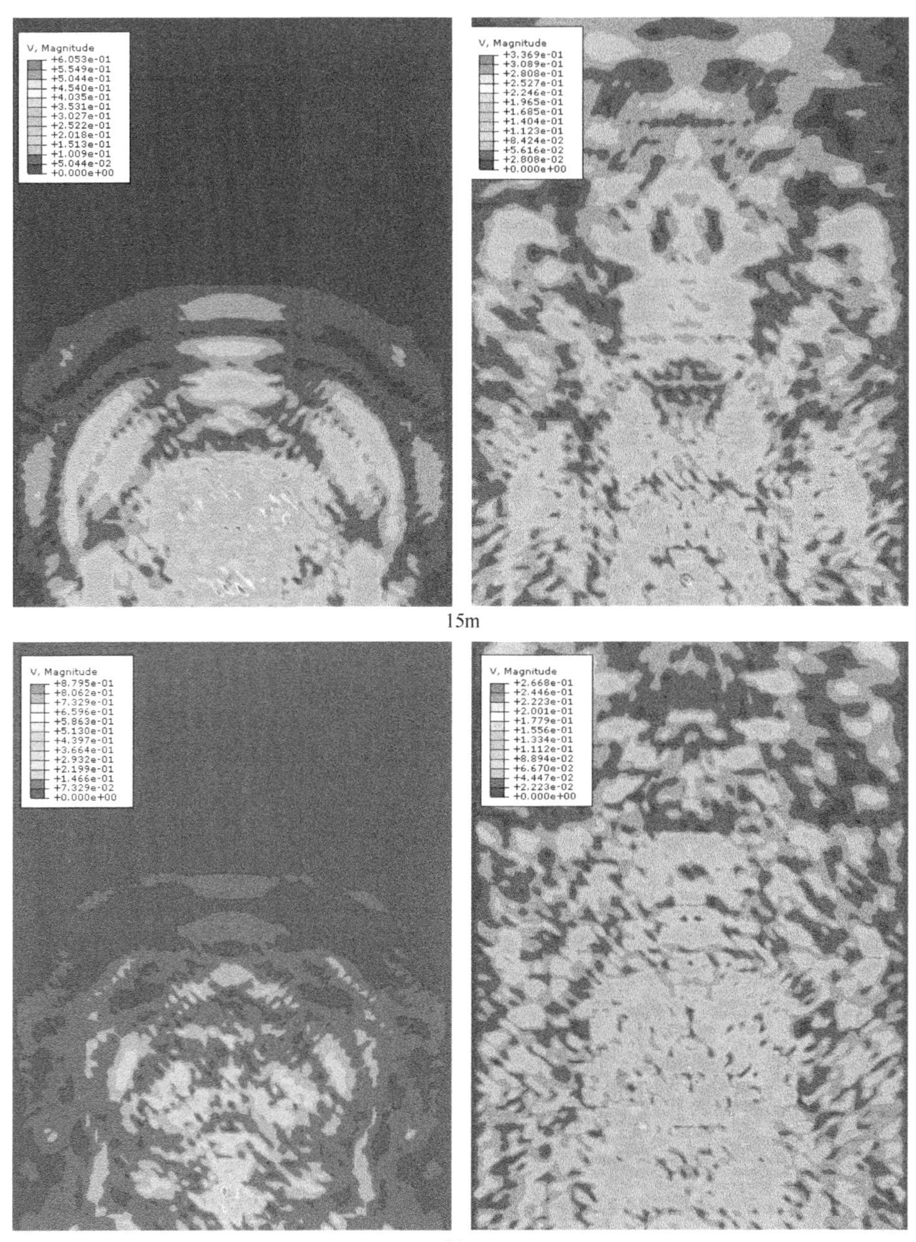

图 7-19

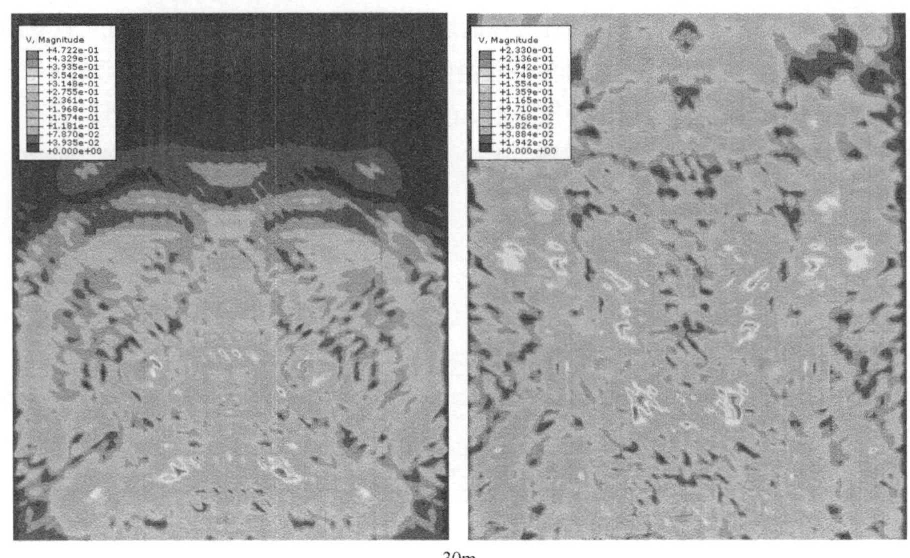

图 7-19　三台夯机远场叠加效应与夯机间距变化的关系（梅花式）

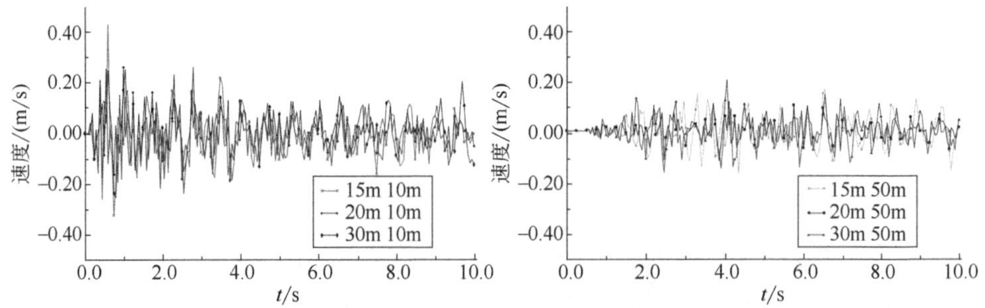

图 7-20　不同间距三夯机同时工作时地面振速历程曲线对比

（梅花式，测点距离 10m、50m）

从图 7-21 中可以看出，行列式排列的三台夯机，其强夯振动叠加的区域分布比较没有规律，当夯机间距比较小的时候，还大致上可以认为强夯区域基本位于各自的两两连线的中垂线上，而随着夯机间距的增大，这一模糊的规律性也基本上消失，土体的强夯振动叠加强化区域分布范围广泛而杂乱。

从不同间距三夯机行列式同时工作时地面振速历程曲线对比（图 7-22）可以看到，在 10m 测点处，前期夯机间距离越近，地面振速的峰值就越高，而到了后期趋势则相反，夯机间距离越大，地面振速的峰值就越高，说明三台夯机工作的时候，随着距离加大能量传播途径变长，使强夯能量的叠加效果变弱，也同样会使得整个场地土体较长时间保持在较高的地面振速水平上；在 50m 测点处可以看到，不同间距的三台夯机的强夯振动能量传播到此处时，引起的地面振动差别较小，说明经过土体的衰减损耗之后，较远处土体的地面振速与夯机间距的关联性较弱。

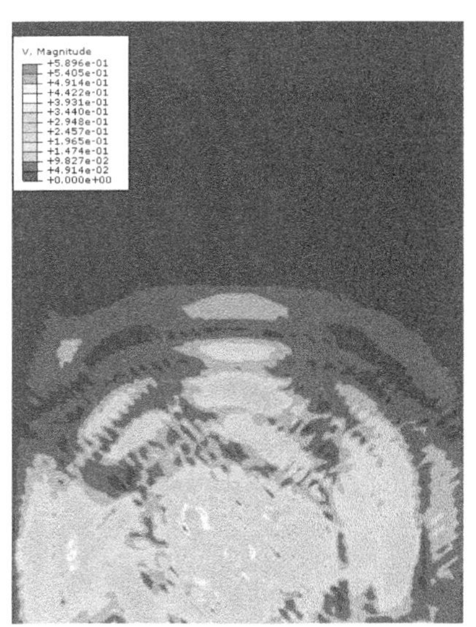

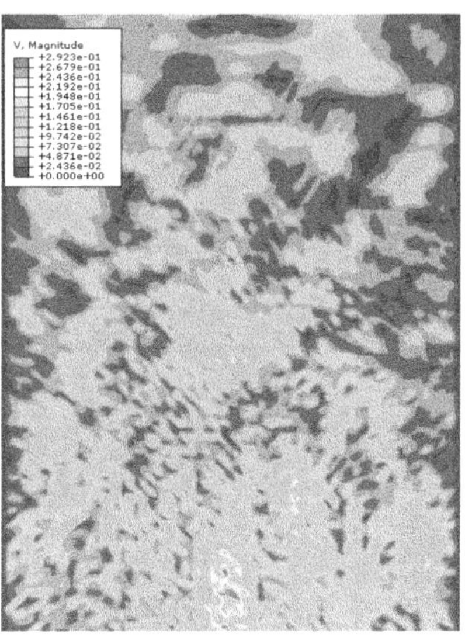

15m

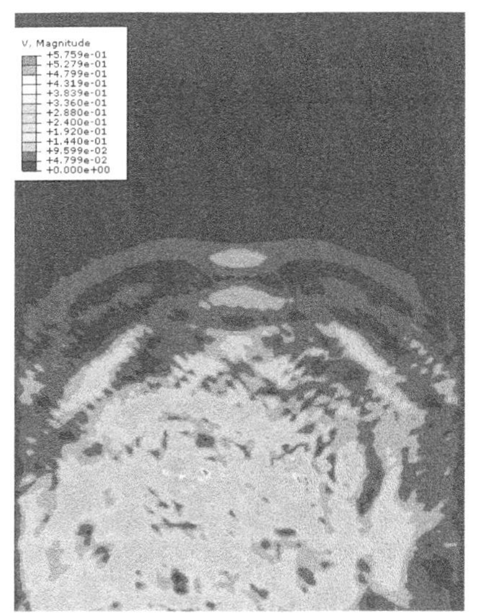

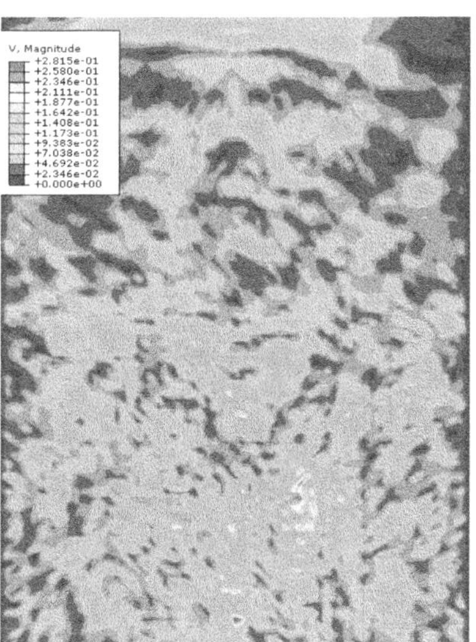

20m

图 7-21

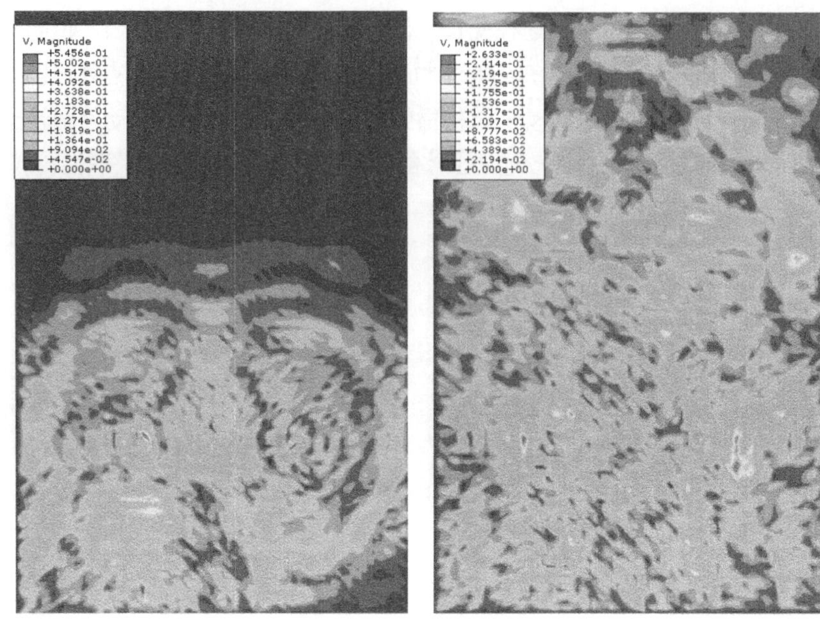

30m

图 7-21　三台夯机远场叠加效应与夯机间距变化的关系（行列式）

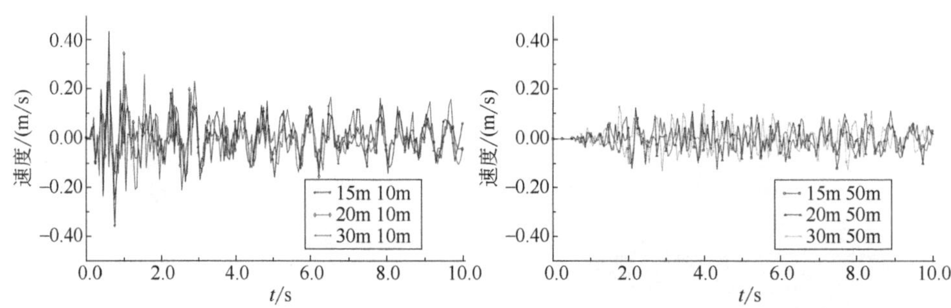

图 7-22　不同间距三台夯机同时工作时地面振速历程曲线对比（行列式，测点距离 10m、50m）

图 7-23 为不同排列方式三台夯机间距变化与地面振速历程曲线对比，因为在 50m 测点处的数据说明不同间距和排列方式的三台夯机的强夯振动能量传播到此处时，引起的地面振动差别较小，因此这里只选取 10m 测点处的地面峰值振速曲线进行对比。从图中可以看出，当夯机间距离较小时，梅花式分布的夯机由于位置对称的关系，会在土体中形成较明显的第二个地面振速峰值，但第一个峰值的数量水平要低于行列式分布；随着夯机间距离的增加，这一区别特征变得模糊，当夯机间距离达到 30m 时，两者在测点处引起的地面振动已经基本没有差别。

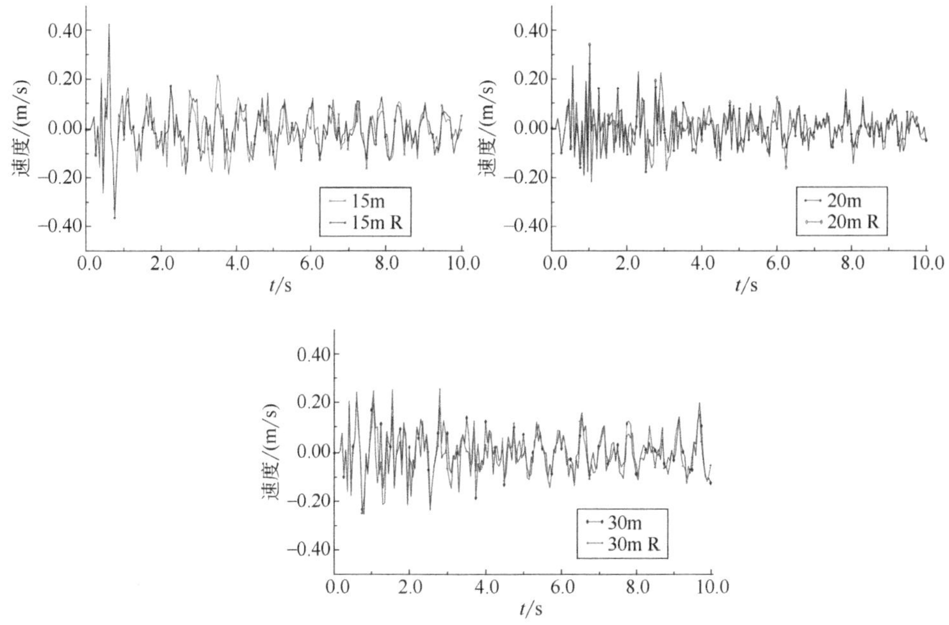

图 7-23　不同排列方式三台夯机间距变化与地面振速历程曲线对比

（R-行列式，测点距离 10m）

可以认为，选择三台夯机同时进行工作时，梅花式分布能够降低地面振速的峰值，应该优先选用，但它也同样存在夯机连线中垂线上以及后排和前排夯机连线延长线上的明确叠加强化区域，施工时应避免令重要建筑物、结构物、关键精密仪器等位于这些区域范围内。

四台夯机同时施工的地面振速情况如图 7-24 所示。

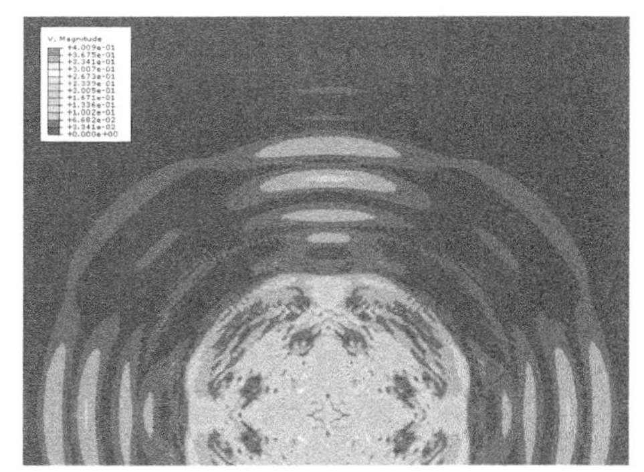

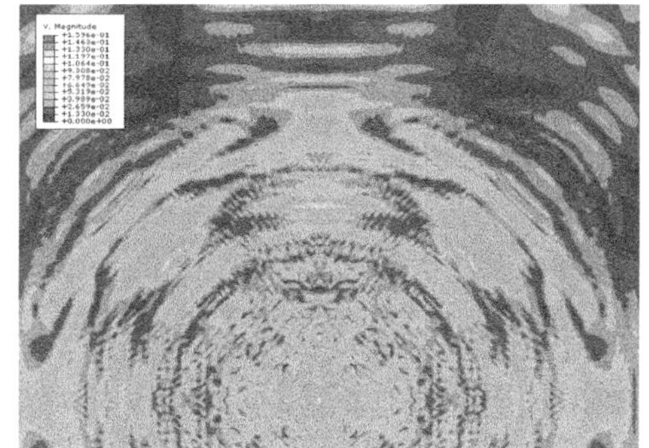

15m

图 7-24

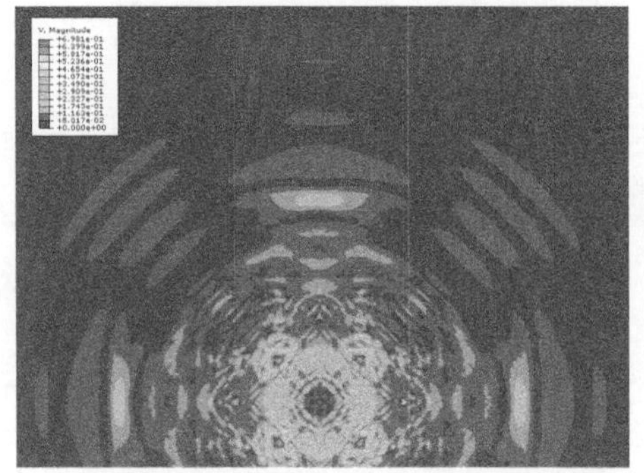

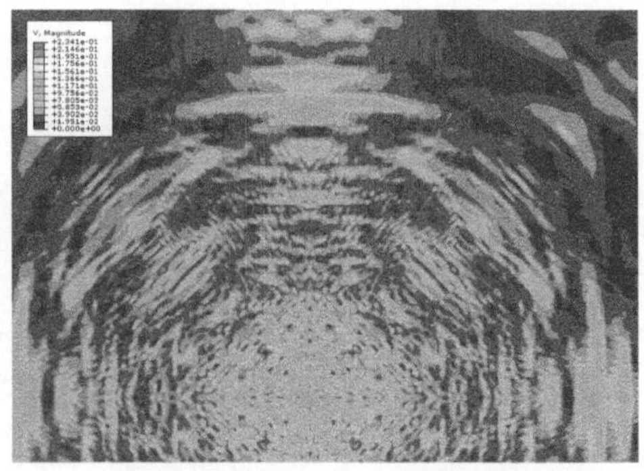

20m

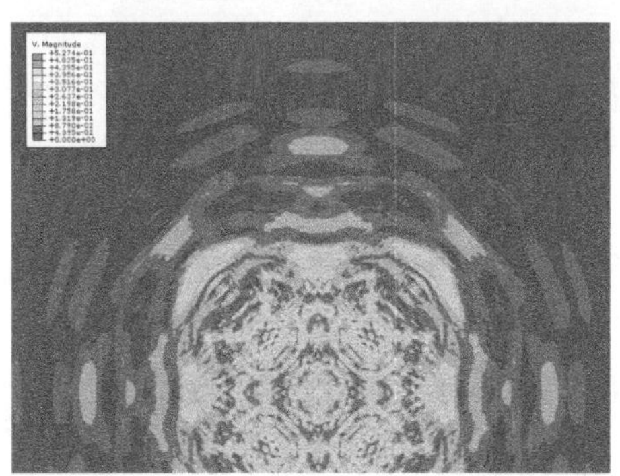

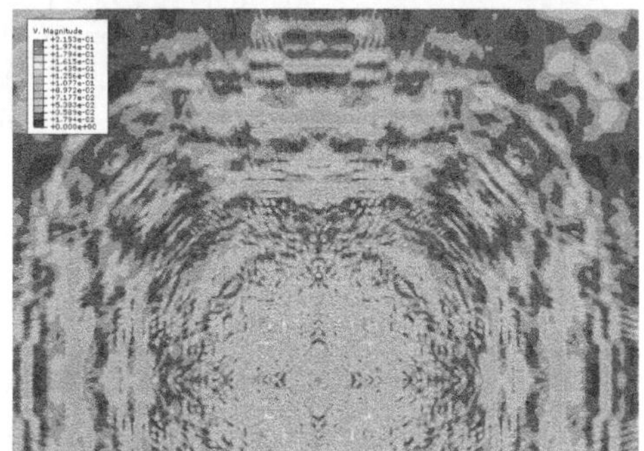

30m

图 7-24　四台夯机远场叠加效应与夯机间距变化的关系

从四台夯机地面振速分布云图以及地面振速历程曲线（图 7-25）中可以看出，四台夯机在土体中形成了非常显著的叠加区域，当夯机间距比较小的时候，基本上是以四条边的中垂线为主要叠加强化范围，随着夯机间距的增加，强化范围演变成以四条边的中垂线以及对角线的延长线为主要区域，在 10m 测点处，随着夯

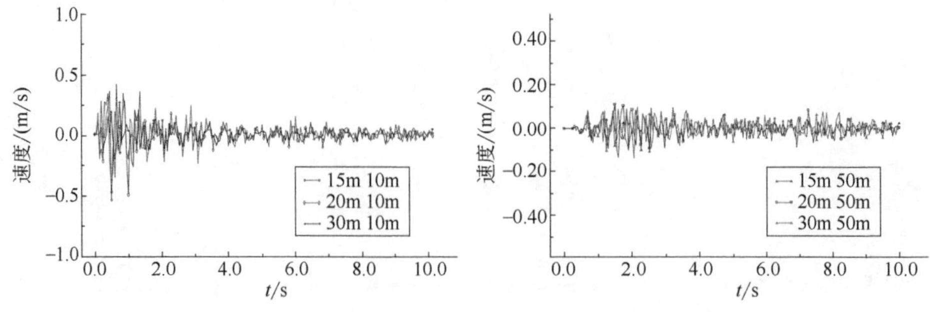

图 7-25　夯机间距变化与地面振速历程曲线对比（测点距离 10m、50m）

机间距的增加，地面振速的峰值随之减小，但会形成多次峰值；在 50m 测点处，基本上不同间距引起的地面振速差异不大。

综合前述分析，可以看到当采用多夯机同时施工时，虽然能够取得更快的工程进度，但也同样对周围环境造成了更多影响，即使是在 50m 或者 100m 测点处，地面的峰值振速也都达到了厘米级，能够对建筑物、人员、仪器以及敏感结构物造成破坏，因此采用多夯机强夯施工时，必须采取有效的隔振措施来控制强夯振动的传播。

第8章

强夯振动能量衰减规律及隔振措施

强夯冲击引起场地地层振动，除了部分能量冲击压密土体之外，还有大量能量转化为波的形式向周围传播，对施工周边环境造成显著影响，振动传播的能量会导致邻近建（构）筑物产生不同程度的影响甚至损害，冲击还会对周边人员身体以及精密仪器设备等敏感因素形成干扰、冲击和伤害，必须加以重视，以避免和减少周边环境财产损失事件和民事纠纷，造成施工进度受到影响。

因此合理的隔振与减振措施非常重要，强夯夯击随着土体振动以波的形式往外传播，振动会随着与震源距离的增加而衰减，如果采取额外的减振措施，一定的安全距离外振动强度就能衰减到较为微弱的程度，周围建（构）筑物及环境中各种敏感因素所受的影响也就能够得以避免或者削弱。

8.1 强夯振动对建（构）筑物及环境的影响

8.1.1 强夯振动对建（构）筑物的影响

强夯振动是强夯能量散逸到周围环境的途径，和其他振动一样，都会对受其影响的建（构）筑物造成损伤，如墙皮剥落、窗户及地板开裂、地基附加变形与沉降等，影响严重的甚至造成建（构）筑物倒塌。

根据所造成的后果不同，强夯振动的危害可分为三类：一类是直接导致建（构）筑物的损坏甚至倒塌，可能建（构）筑物在受到强夯振动之前处于接近极限平衡的状态，也可能虽然处于稳定状态，但设计强度不够或者抗干扰能力差，导致从强夯振动中获得能量后直接破裂损坏；一类是虽然建（构）筑物本身没有直接破坏，但建（构）筑物在强夯振动的作用下内部不断积累损伤，成为今后的安全隐患；另外一类是诱发型的破坏形式，建（构）筑物本身虽然完好，也能够承受强夯能量带来的干扰，但是强夯振动的扰动触发了其场地的某些不良工程地质特性例如滑坡、砂土液化以及土层不均匀等，进而造成建（构）筑物受损。实际的强夯施工中以第二类最为常见，但随着我国基建的快速发展，现在施工中工程地质条件良好的地块已经很难遇到，因而第三类尤其值得引起重视。

8.1.2　强夯振动对人员与仪器设备的影响

精密和超精密仪器设备对使用环境的振动要求比较苛刻，如果周围环境中存在强夯施工，振动能量会使高精密仪器出现信噪比低、数据不准、可重复性变差、准确度下降导致无法正常工作等问题。日本噪声控制学会提出的地域环境振动里精密仪器使用要求的振动允许值见表 8-1。

表 8-1　精密仪器振动允许值（日本噪声控制学会）

类别	建筑物中的精密仪器	振动速度容许值/（mm/s）
1	倍率 100 的显微镜	0.1
2	倍率 400 的显微镜	0. 05
3	分辨率 3μm 的照相制版	0.025
4	分辨率 3μm 的照相制版、倍率 30000 以下的显微镜	0.012
5	分辨率 0.5μm 的照相制版、倍率大于 30000 的显微镜	0.006
6	分辨率 0.25μm 的照相制版、激光仪器	0.003

可见，精密仪器对环境振动的要求极其严格，如果周围有强夯施工，地面振动会影响仪器仪表精度与准确性，缩短机器使用寿命，或造成设备元器件受到损害从而无法正常运行，甚至可能直接损坏仪器设备，使昂贵的高科技仪器报废；某些精密和高灵敏度的电子设备也很可能因强夯振动而产生误操作或出现错误读数，影响精密加工车、机床的加工精度等，干扰研究和生产工作，严重的甚至可能造成较大人员与财产损失。

同时，由于人体胸腹系统固有频率为 3～6Hz、头颈固有频率为 20～30Hz，而强夯振动主振频率分布在 2～20Hz 范围，由于频率和人体共振频率比较接近，普遍地会对周围人员产生心理影响和生理影响，干扰工程周边居民的正常生活，产生身体不适与心情烦躁等负面感觉。

8.2 强夯振动控制评价指标

强夯振动有较多的负面影响，因此必须严格控制强夯振动危害，使强夯振动强度处于容许范围内或保证足够的安全距离使其在土体中自然衰减。目前国内外专家与学者有很多对强夯振动的影响与破坏作用的研究，并陆续提出了一些相关的技术要求与施工规范，但目前暂时还并没有颁布针对强夯施工本身的振动控制标准。为了限制环境振动对居民睡眠、学习、休息的干扰和影响，我国以《国家标准城市区域环境振动标准》规定了城市各类区域铅垂向振级标准值，见表 8-2。

表 8-2　城市各类区域铅垂向振级标准值　　单位：dB

适用地带范围	昼间	夜间
特殊住宅区	65	65
居民、文教区	70	67
混合区、商业中心区	75	72
工业集中区	75	72
交通干线道路两侧	75	72
铁路干线两侧	80	80

注：1. 本标准值适用于连续发生的隐态振动、冲击振动和无规振动。
2. 每日发生几次的冲击振动，其最大值昼间不允许超过标准值 10dB，夜间不超过 3dB。
3. “特殊住宅区”是指特别需要安宁的住宅区。
4. “居民、文教区”是指纯居民区和文教、机关区。
5. “混合区”是指一般商业与居民混合区；工业、商业、少量交通与居民混合区。
6. “商业中心区”是指商业集中的繁华地区。
7. “工业集中区”是指在一个城市或区域内规划明确确定的工业区。
8. “交通干线道路两侧”是指车流量每小时 100 辆以上的道路两侧。
9. “铁路干线两侧”是指距每日不少于 20 列的铁道外轨 30 m 外两侧的住宅区。

强夯振动一般在浅层地层传播，施工期间振动击数多，总的振动持续时间较长，对建筑物的损害较大，可根据相关建筑的容许地表振速来进行强夯振动影响的安全评价，如表 8-3 为铁道部第四勘测设计院给出的工程振动安全评价。

表 8-3　建筑物所允许的土壤振动速度（铁道部第四勘测设计院）

建筑物的用途和状态	允许的土壤振速/（cm/s）		
	Ⅱ	Ⅲ	Ⅳ
钢筋混凝土或吊板、轻填料金属骨架抗震的工业或民用建筑物。建筑质量较好，构件和结构无残余变形	5	7	10
钢筋混凝土或金属骨架无抗震的建筑物，构件中没有金属骨架无抗震的建筑物。构件中没有残余变形	2	5	7
砖或块石作填料，填料中有裂缝的骨架建筑物；不抗震的块石或砖式新老建筑物。建筑质量较好，没有残余变形	1.5	3	5
骨架中有裂缝，其填料严重破坏的骨架建筑物；砖或大块石砌筑的支承墙或间壁中有个别不大的裂缝的新老建筑物	1	2	3
骨架中有裂缝，各构件间联系破坏的新老骨架建筑物；支承墙为斜缝、对角缝等裂缝所严重破坏的砖式块石建筑物	0.5	1.0	2.0
填料中有大裂缝，钢筋混凝土骨架破坏的建筑物；支承墙有大量的裂缝，内外墙联系破坏的建筑物及其他未加强的大型砌体建筑物	0.3	0.5	1.0

注：Ⅱ特别重要的工业建筑物，如管道、大型车间厂房、井架、水塔（服务期20～30年）；聚人较多的民用建筑物，如住房、电影院、文化宫等。Ⅲ面积不太大而不大于三层的工业和服务事业构筑物，如机械厂、压气机房、生活点等；聚集人不太多的民用建筑物，如住房、商店、办公室等。Ⅳ有贵重机器和仪表的工业和民用建筑物和构筑物，且它们的破坏不至于威胁的生活和健康，如仓库、运输补给站、自冷却和压气装置的厂房等。

另外，我国相关规范《建筑工程容许振动标准》（GB 50868—2013）（表 8-4），按照工业建筑、公共建筑的容许值来确定附近结构安全最大地面振速。

表 8-4　建筑结构影响在时域范围内的容许振动值

建筑物类型	顶层楼面容许振动速度峰值/（mm/s）	基础容许振动速度峰值/（mm/s）	
	1～50Hz	1～10Hz	50Hz
工业建筑、公共建筑	24.0	12.0	24.0
居住建筑	12.0	5.0	12.0
对振动敏感、具有保护价值、不能划归上述两类的建筑	6.0	3.0	6.0

注：表中容许振动值按频率线性插值确定。

根据相关标准和之前章节的模拟分析可知，强夯施工中传播到周围环境中的振动能量非常可观，远远超出上述相关标准，多夯机施工的振动显然比单夯机施工更加强烈，如果不加以控制，必然对周围环境中的建（构）筑物、人员、精密仪器等造成影响，因此研究与多夯机施工工况相对应的强夯振动能量衰减规律和针对性的隔振技术就非常有必要。

8.3 多夯机强夯施工隔振技术

在强夯加固地基工程中，当周围存在对振动敏感的建筑物、机器设备、精密仪器等时，需要采取一定的措施来降低该处的振动强度保护受振物。强夯振动的影响因素很多而且复杂多变，在实际强夯振动减振工作中，主要方法为开挖主动和被动隔振沟（减振沟）。许多研究都表明，横波（S）和瑞利波（R）在地基中固相与液相、气相的分界面上不能通过，使得强夯施工中隔振沟（减振沟）以其施工简便和阻断地表面波传播的有效性，获得了广泛的应用，已成为常规减振措施。

8.3.1 隔振沟技术

对于水平传播的过程中，可以将隔振沟（减振沟）视为一种传播介质的突变，能够阻断、分散振动能量的传播，加快振动能量衰减的速度。因此在振动波通过隔振沟时，其反射和折射作用会降低振动波的强度，以此来实现振动能量强度的控制。

水平层状地基模型中，振动从位于地表的波源入射，在土层中传播的过程中，发生反射、折射作用，如图 8-1 所示。

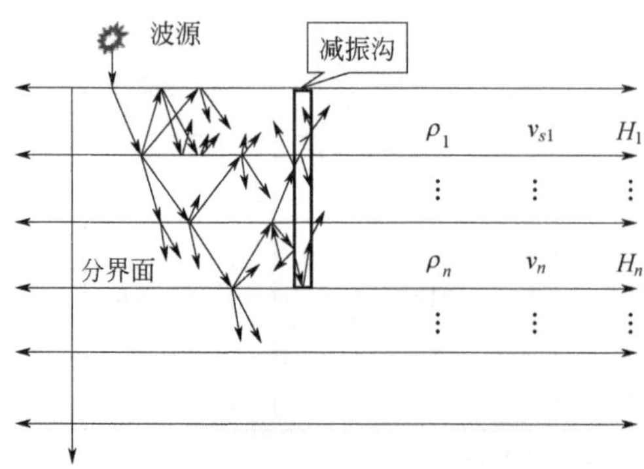

图 8-1　隔振沟（减振沟）减振原理示意图

各土层的密度为ρ_m，土层的剪切速度为v_m，振动波在土层中的波动方程可表示为：

$$\frac{\partial \tau}{\partial z} = \rho \frac{\partial^2 u}{\partial t^2} \tag{8-1}$$

式中，τ 为水平面中剪切应力；u 为质点的位移。

如图 8-2，采用前文相同土体参数对隔振沟作用的模拟结果中可见，竖向振速等值云图中，布设隔振沟一侧和未布设隔振沟一侧的竖向振速有着明显差别，峰值强度、分布范围等都有较大差异，能够起到明显的减振作用。

图 8-2　隔振作用下竖向振速云图

通常而言，空沟能够很好地阻断强夯能量的传递，但某些情况下，如对于黄土等自稳性很差的土体，隔振沟能够自稳的深度有限，或者因为场地交通规划等其他原因，可能需要将隔振沟用粉煤灰等材料重新填筑进去。对于填筑材料，当波阻抗较地基土体大时，才能取得较好的减振效果。波阻抗比计算公式如下：

$$I_{\mathrm{R}} = \frac{\rho_{\mathrm{t}} C_{\mathrm{Rt}}}{\rho_{\mathrm{s}} C_{\mathrm{St}}} \tag{8-2}$$

式中，ρ_{t} 为填筑物的密度；ρ_{s} 为原地基土体的密度；C_{Rt} 为填筑物的波速；C_{St} 为原地基土体的波速，不同类型的波波速值不同。

当 I_{R} 大于 1 时，填筑材料表现为刚性，比如混凝土，减振效果不佳；当 I_{R} 大于 1 时，填筑材料表现为柔性，比如粉煤灰，减振效果较好；当 I_{R} 等于 0 时，表示无填筑材料，效果最好，但隔振沟自身稳定性难以保证，而多夯机同时工作的情况下，夯击能量更加强烈，对于隔振沟的效果要求也更加严格，深度和宽度都要超过单夯机工作时的情况，也进一步加剧了隔振沟自身失稳的可能性。因此，很有必要研究多夯机同时工作时强夯能量的隔振技术，进行隔振沟相关施工参数的优化设计，以保证有效阻断振动传播的前提下，获得更好的安全性和经济性。

为此，在前文强夯模型的基础上，通过 ABAQUS 内置的实体布尔操作形成带隔振沟的新模型，分别赋予隔振沟不同的深度和宽度，建立研究隔振技术的强夯加固土体数值模型，由于主要考察隔振沟的减振效果，为节省计算成本，模型材料参数保持不变、边界范围相应缩小至距离夯击点 75m，并于距离夯击点 5m 开始分别布置测点，每隔 10m 布设一个测点至距离夯击点 50m 为止。结合工程实际数据和之前章节的分析，将隔振沟的位置固定于距夯击点 10m 处，主要从沟深、沟宽和截面形状几个方面分析隔振沟的减振效应。

强夯作为一种高效经济的地基处理方法，经 Menard 提出后迅速传播到全世界，获得了广泛使用，已有很多科研人员采用有限元法对强夯过程进行了数值模拟分析。Mostafa 等研究了落锤冲击的动力过程，提出表达强夯作用特性的黏性土本构模型。Wu 等进行了土-集料混合料强夯试验，分析了振动波形、波幅和频率的传播及演变规律，研究了夯击能量对集料填土强度的增强机理。Feng 等等采用三维打印技术研制了新型强夯模拟装置，实现离心机连续夯击的模拟，研究了疏浚土强夯预处理的全过程。Zhang 等采用物质点法对堆石体的强夯过程进行了数值模拟，提出一种适用于强夯法的粗粒土密度相关本构模型，在此基础上研究了影响强夯效果的因素。Chen 等利用大型三轴试验建立了强夯过程中碎石土考虑运动硬化效应的改进本构模型，并应用在 FLAC3D 三维模拟分析中。

目前强夯工程中采用隔振措施来保护场地周围的建（构）筑物已成为常规做法。Liyanapathirana 等利用室内试验建立了土工泡沫塑料的本构模型，在此基础上对波屏障的几何性质和土壤性质等参数对衰减地面振动传播的影响进行了数值模拟研究；Yao 等研究了填充式沟道屏障的隔振效果，以及随着沟道宽度和沟槽深度的变化，传递系数和隔振效果的变化规律；Herbut 等建立了强夯土体瑞利波传播模型，研究了减振效果的影响规律并提出了一种利用附加振动源降低地面振动振幅的减振技术；Saikia 等运用 PLAXIS 软件对矩形明沟的隔振效果进行数值模拟分析，确定了深度的影响；Álamo 等采用互易性定理和格林函数，模拟分析了桩障作为地面减振措施的特性以及刚性基岩的影响；Greco 等利用随机振动理论研究了阻尼折减系数与土体振动持续时间的关系，研究了不同土性条件和阻尼比下地震持续时间的变化规律；Papadopoulos 等研究了缺失局部地基条件时土-结构动力相互作用问题，通过蒙特卡罗模拟，将地基土性质的不确定性传播到建筑物的响应中；Venkateswarlu 等通过砌块共振试验研究了不同材料填充土工格室加筋地基的隔振效果，分析了质量-弹簧-阻尼系统（MSD）类比法预测不同加固方案的效果。

以上研究成果几乎都局限于单台夯机或单个振源的模式，未能考察多台夯机共同工作时夯击能量互相影响的复杂状态。同样地，以上对隔振效果的研究也都是以单夯机或者单振源为研究目标，未见多夯机共同工作时对周围环境影响的相关研究，本节基于 ABAQUS/Explicit 显式动力有限元模块，依托实际的地基处理工程相关材料参数和施工设计方案，模拟多夯机同时工作时强夯能量相互影响的工作状态，分析了常用的隔振沟布置形式的影响，可以为类似的多夯机强夯项目的设计和施工提供参考。

8.3.2　模型相关参数

（1）土体本构

强夯分析中，土体本构模型必须综合考虑强夯的动力冲击、锤土相互作用等因素。ABAQUS 内置了多种土体本构模型，根据本研究的目的和依托项目的情况，选定 Mohr-Coulomb 模型作为模型土体的本构模型。根据项目前期相关室内土工试验数据和实际测量数据的试算，确定分析中所用的相关参数如表 8-5 所示。

表 8-5　土体相关参数

项目	弹性模量 E/MPa	泊松比 μ	黏聚力 c /kPa	φ /（°）	密度/（kg/m³）
表层土	6.7	0.38	21	28.7	1830
深层土	210	0.3	6	29.5	1900
夯锤	2.11×10^4	0.22	—	—	7800

（2）夯锤冲击

考虑本书主要考察多夯机强夯能量对周围环境的影响，因此将强夯落锤过程省略，通过给夯锤模型一个符合自由落体公式的竖向初速度的方式，结合夯锤的体积、质量，赋予夯锤达到相应高能级的夯击能量，夯锤和土体之间的接触采用罚函数算法实现，同时考虑施工中最不利情况，模拟中设定全部夯锤均同时冲击土体。

（3）场地边界条件

动力分析模型的人工边界不但要反映波动在土层中的辐射现象，还需要保证振波从分析区域内部穿过边界时不产生明显的反射效应。

有限元与无限元耦合边界拥有良好的衰减特性，有效消除人工边界的振波反射。临近振源区域的能量和变形较大，离振源较远的区域变形较小，因此位于场地计算模型的中心区域可以利用有限元进行模拟计算，考虑土体的不均匀性、非线性及地层界面；而模型边缘区域的土体变形相对较小，可近似看作弹性介质，适合使用无限元进行离散，建立振波向无限远处传递时的辐射边界条件。

本次研究中选用此类型边界作为模型的场地边界条件，模拟土体的半无限空间特性，如图 8-3 所示。

图 8-3 有限元-无限元耦合边界

（4）模型整体设置及验证

根据相关研究文献和报告，强夯引起的地基振动频率小于 10Hz，对周围环境主要影响因素瑞利波的波长通常在 8～12m 之间，因此模型中夯锤和地基土接触的夯击加载区单元尺寸设为 0.5m，受影响区域设为 0.8m，在非加载区以及边缘地区适当放宽单元尺寸，满足精度要求的同时降低计算成本。

根据项目实况，模型长 560m，宽 400m，土层厚度 30m，共 152 万个三维实体单元，同时为避免振动波从模型边界向内部反射、出现不符合实际情况的额外振动，在主要观测分析区域外额外留出一定的缓冲区域，具体网格划分如图 8-4 所示。

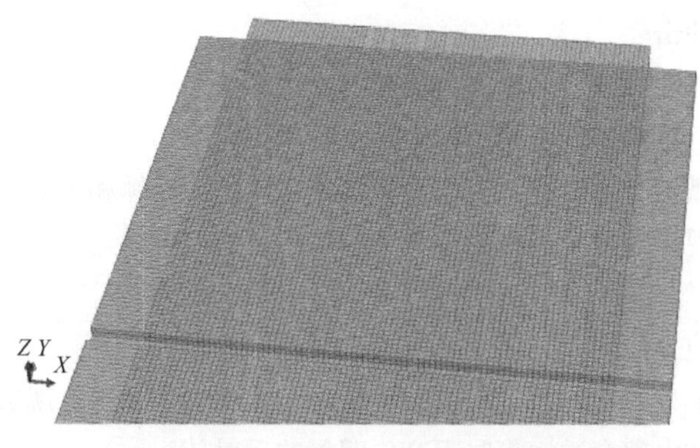

图 8-4 带隔振沟模型单元尺寸划分示意图

在进行隔振沟设计参数的模拟研究之前，为验证模拟结果的可靠性，根据参考项目的土体参数建立典型的单夯击数值模型，将数值计算结果与试夯所得的实测结果比对，结果如图 8-5 所示，两者衰减规律类似，地面振速峰值差异较小，证明了该模型及其参数的准确性、有效性，采用该模型能够体现强夯能量对附近建筑物的影响。

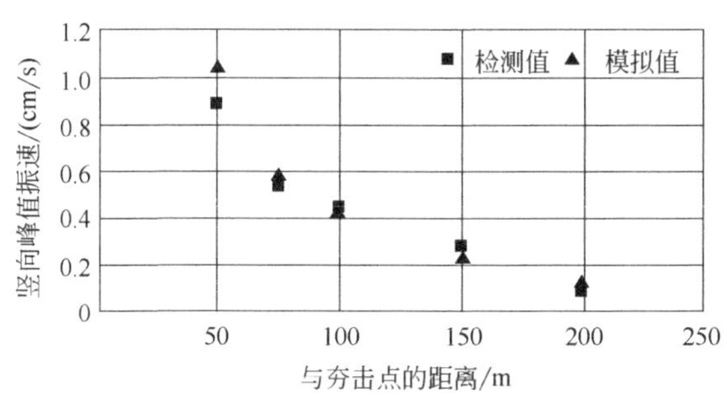

图 8-5　试夯检测值与数值模拟值对比

8.3.3　多夯机强夯能量经隔振沟阻断后的变化

多台夯机共同工作时，由于夯击能量的叠加，场地土体将发生显著的干涉现象，而之前章节已经证明，不同的夯机位置及排列方式所带来的影响也并不相同。

如图 8-6 所示，经过隔振沟阻隔后，两台夯机的能量依然产生了明显的干涉，同时不同排列方式引起的干涉效果也有显著差别，两台夯机“横向（H）”排列时场地振动能量叠加程度强，“竖向（V）”排列时影响范围大。

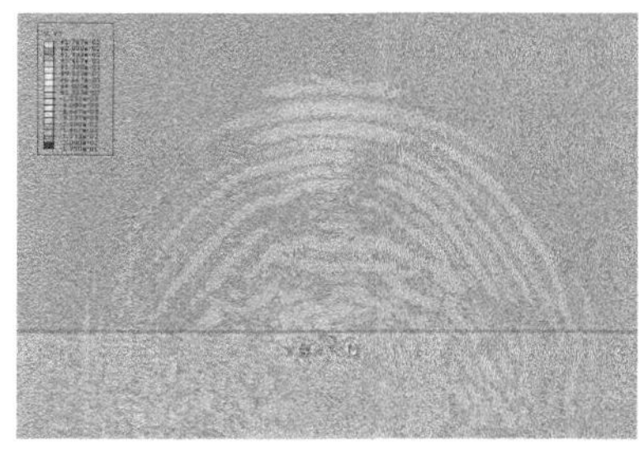
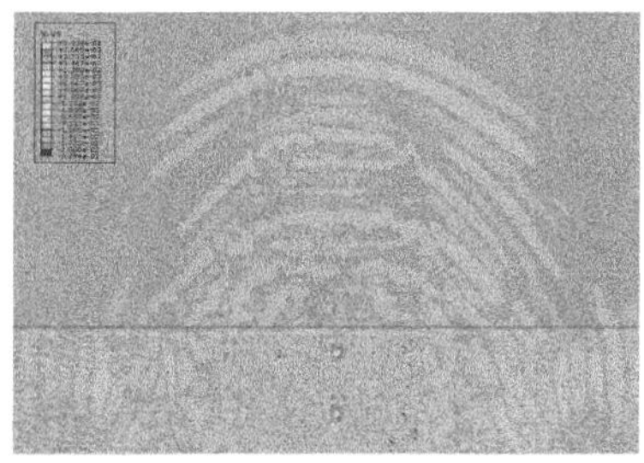

图 8-6　不同排列方式竖向峰值振速云图对比

从图 8-7 中可知，距离夯击点 20m 处地面竖向峰值振速，“横向（H）”明显高于“竖向（V）”；随着与夯击点距离的增加，两者的差别逐渐缩小，在 100m 距离处，两者的差别变得不明显，对地面造成的影响基本没有区别。

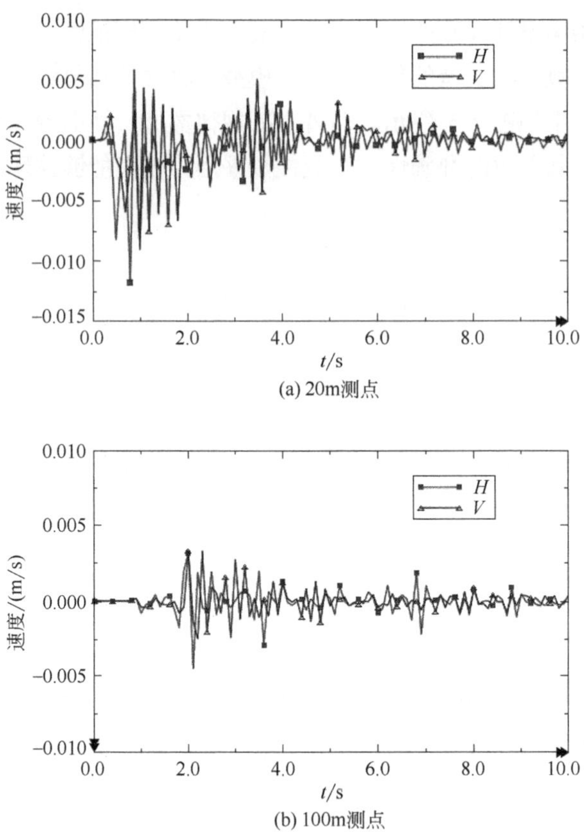

(a) 20m测点

(b) 100m测点

图 8-7 不同排列方式竖向峰值振速时程曲线

与横排方式相比，竖排工况随着距离增加能量叠加的影响明显减弱，但峰值出现越来越晚。

三夯机工作较双夯机更加复杂，图 8-8 为不同组合形式（行列式、梅花式）的三锤同时夯击时场地地表竖向振速云图。

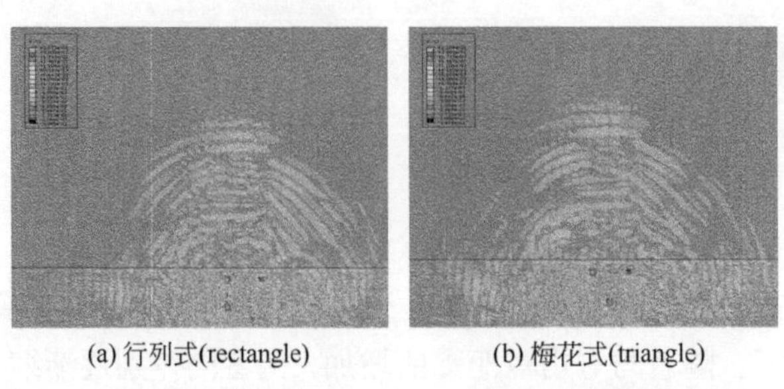

(a) 行列式(rectangle)　　(b) 梅花式(triangle)

图 8-8 不同排列方式三锤峰值振速云图对比

从图 8-9 中可知，三夯机共同工作时对土体影响更加显著，作用情况也十分复杂，峰值振速更高的同时，土体中还出现了持续较长时间的多重较接近的振速峰值，即使在较远距离，其振速峰值也明显高于双夯机和单夯机施工。

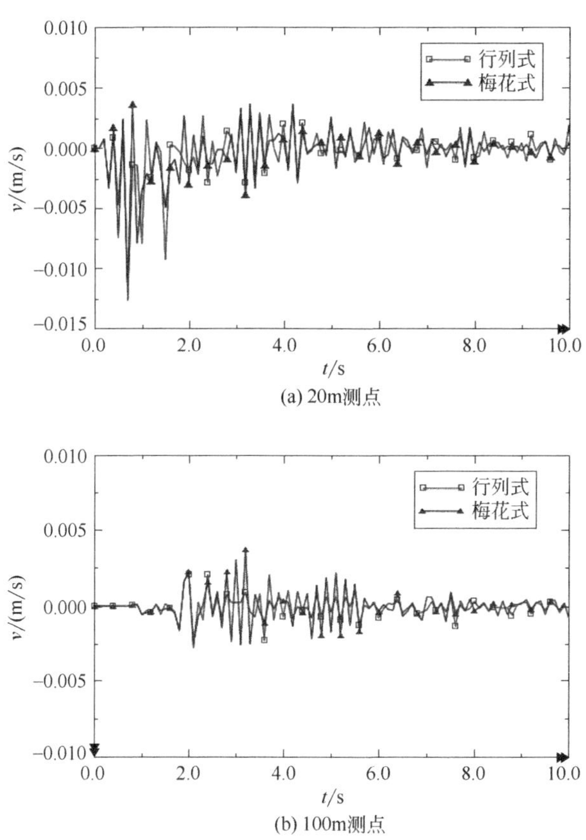

(a) 20m测点

(b) 100m测点

图 8-9　不同组合形式竖向振速历程对比

8.3.4　多夯机能量衰减特征

由之前章节的分析可知，多夯机同时工作时产生的复杂能量叠加和干涉，必然使隔振沟的作用遭到削弱，如图 8-10、图 8-11 所示，经相同的 3m 深隔振沟阻隔后，“单夯机工作”和“两台夯机同时工作”两种情况下，能量衰减特征有明显区别，场地土体竖向振速峰值差别显著。

从图 8-10 及图 8-11 中可见，单夯机的能量经隔振沟削弱后，峰值强度和影响范围已经明显减弱。而两台夯机同时工作时，能量经隔振沟削弱后在较远范围内依然保持了一定的强度，能够对周围建（构）筑物产生不良影响。

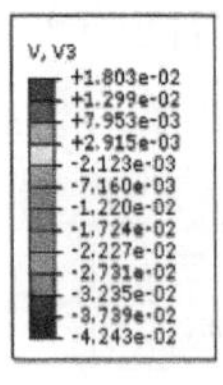

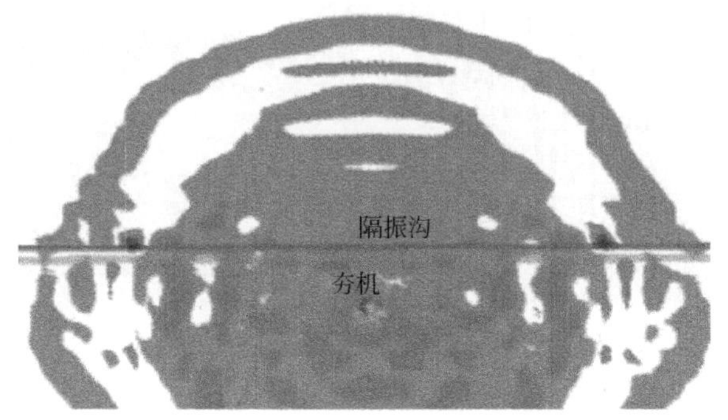

图 8-10　单夯机隔振沟后竖向峰值振速云图

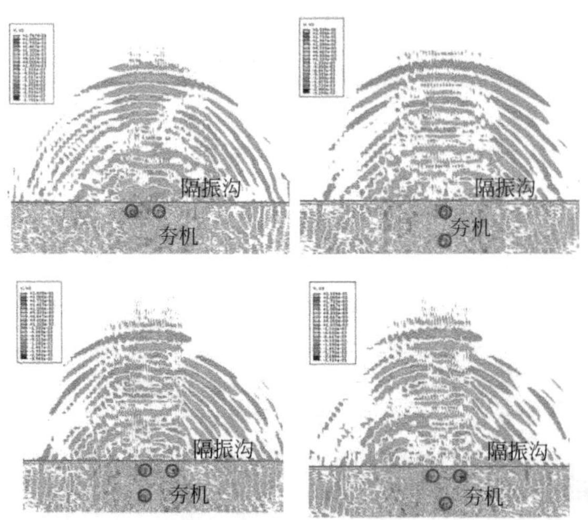

图 8-11　多夯机隔振沟后竖向峰值振速云图对比

如图 8-12 所示，在单夯机加固项目通常选用的 3m 深隔振沟后方 20m 处，单夯机的能量已经被显著削弱，而多夯机共同工作产生的能量则依然保持在较高的强度上，横向（*H*）排列时竖向振速的峰值最高，纵向（*V*）排列时衰减趋势变缓。但由于存在传播时间差，地面竖向振速长时间内维持在一个较高的水平。

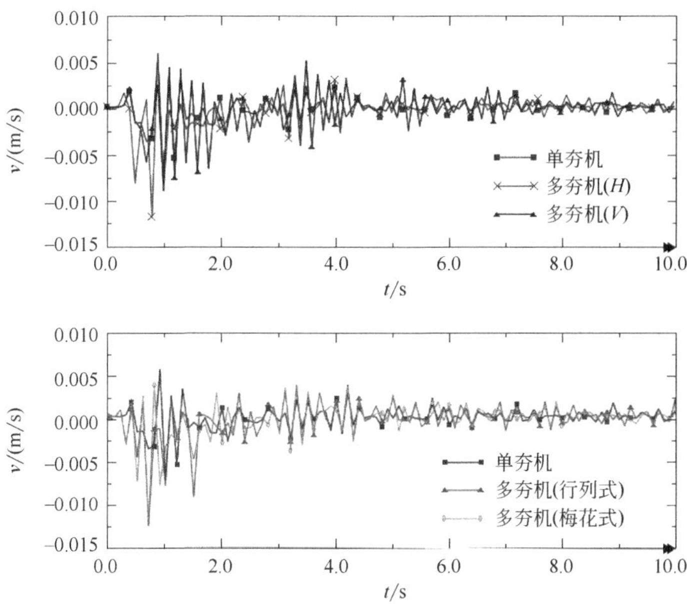

图 8-12　多夯机隔振沟后 20m 测点竖向峰值振速时程曲线

由此可见，多夯机共同工作时，其夯击能量经隔振沟阻隔后的衰减规律与单夯机存在明显的差别，经削弱的强夯能量在叠加后依然有可能对场地周围建（构）筑物造成影响，因此有必要对多夯机共同工作时隔振沟的设计进行专门研究，以保证工地周围建（构）筑物的安全性。

8.4　多夯机施工隔振沟设计

为研究多夯机施工时隔振沟的性能以及重要控制参数的影响，通过 ABAQUS 实体布尔操作形成带隔振沟的场地模型，结合工程实际情况，隔振沟的位置定于距第一夯击点 10m 距离处，强夯能级定为常用能级 3000kN・m 和 4000kN・m；分别在模型上距离第一夯击点 5m 处、隔振沟侧壁以及沟后每隔 10m 布设测点，在后续研究中，取不同台夯机排列方式中地面竖向振速峰值中的最大值为判断依据，主要从隔振沟的深度、宽度、截面形状、填充材料等几个方面分析隔振沟的减振效应。

（1）隔振沟深度的影响

不同深度隔振沟模型所得土体表面峰值振动速度随距夯点距离增加而衰减的

趋势曲线如图 8-13 所示。纵坐标表示地面竖向振动速度，横坐标（*S*）表示测点与夯击点的距离。

从图 8-13 中可以看到，随着隔振沟深度的增加，由于切断了面波的直接传播途径，隔振效果变得越来越显著，当深度达到 4m 及以上时，经过隔振沟阻隔后地面振动速度的峰值基本上都会出现 70%左右的大幅度衰减，可以认为已经达到良好防护效果。

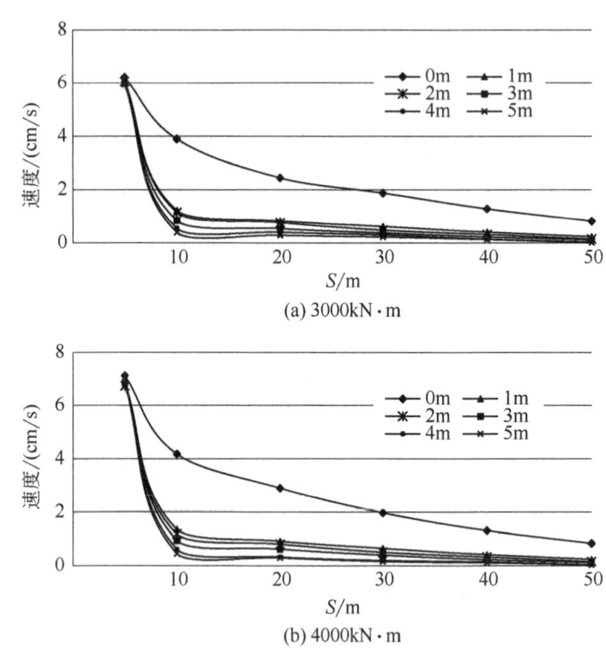

图 8-13　隔振沟深度对隔振效果的影响

（2）隔振沟宽度的影响

从 1～3m 不同宽度隔振沟模型所得土体表面峰值振动速度随与夯击点距离增加而衰减的趋势曲线如图 8-14 所示。从图中可以看出，是否设置隔振沟有明显差别，但隔振沟宽度的增加对于减振效果的影响并不明显，远不如隔振沟深度对振动衰减的影响程度，这和波动理论中关于传播介质的影响规律研究是一致的。因此实际工程中，主要从方便施工和增强稳定性方面进行相关沟宽设计即可。

（3）隔振沟截面形状的影响

根据工程实际中主要采取的隔振沟截面形状情况，分别建立底部宽度相同，深度为 3m、4m 的梯形和矩形截面隔振沟模型，如图 8-15 所示。

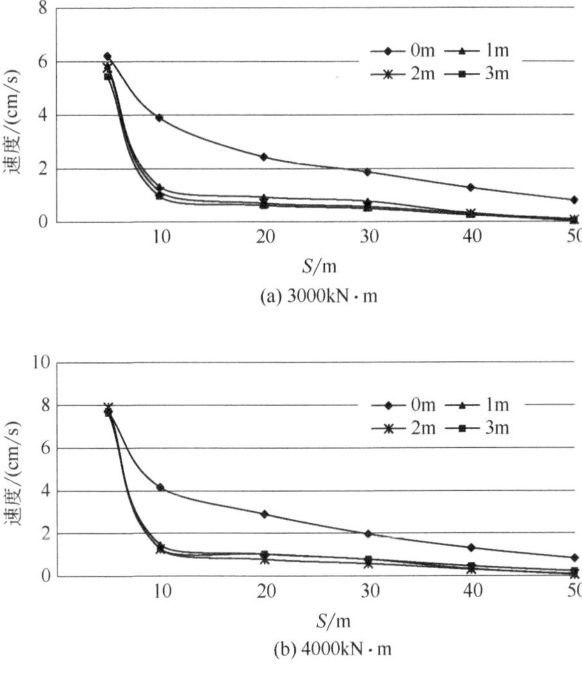

图 8-14　隔振沟宽度对隔振效果的影响

将沟深 3m 和 4m 的不同截面形状隔振沟与土体模型结合，各材料属性及其他设置均相同，对其隔振性能进行分析，所得结果如图 8-16 所示。

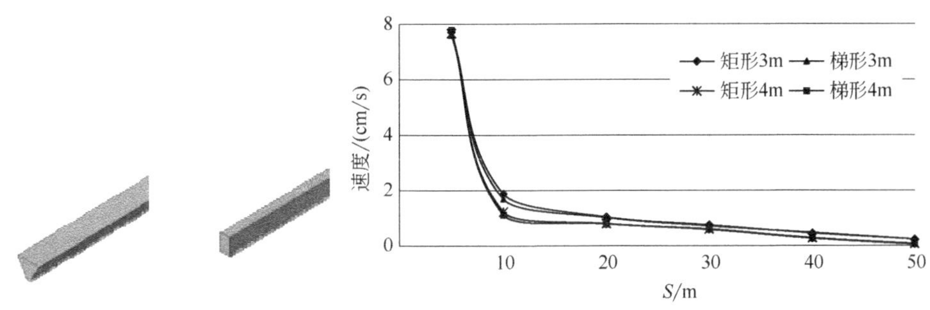

图 8-15　不同截面隔振沟模型示意图　　　图 8-16　隔振沟截面形状对隔振效果的影响

从图 8-16 中可以看到，对于相同深度的隔振沟而言，截面形状的影响很小，因此实际进行高能级多夯机强夯振动的防治时，隔振沟的截面形状选择矩形和梯形均可，但考虑施工难度和隔振沟自身稳定性，上宽下窄的梯形截面是较好的选择。

（4）填充材料的影响

根据隔振沟的作用机理和相关波动理论，空沟能够最大限度地阻隔夯击能量传播，因此是最理想的设计形式，但施工场地情况复杂，不可能将加固区域完全隔离，各类机械、车辆等也经常需要在场地中跨越隔振沟通行，另外空沟本身也存在着容易坍塌、稳定性差、受环境及气候影响较大等缺点，所以实际工程中也经常采用填充沟来代替空沟。

为研究填充材料对隔振沟隔振效果的影响，选取工程实际中应用较多的材料，分别建立填充材料为粉煤灰、泡沫塑料、砾石的填充沟模型，各材料物理力学参数如表 8-6 所示。

表 8-6　填充材料相关参数

材料名称	弹性模量 E/MPa	泊松比 μ	黏聚力 c/kPa	φ /（°）	密度/（kg/m³）
粉煤灰	25	0.35	21	28.7	500
泡沫塑料	11.5	0.4	6	29.5	90
砾石	1.4×10^3	0.22	—	—	1930

模拟所得结果见图 8-17。

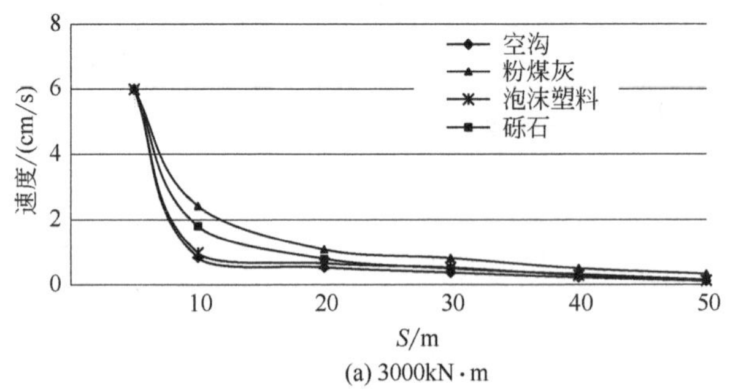

(a) 3000kN · m

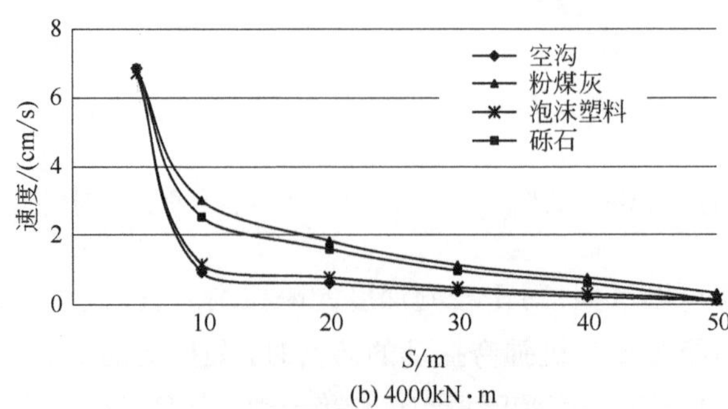

(b) 4000kN · m

图 8-17　填充材料对隔振效果的影响

从图 8-17 中可以看出，填充材料对隔振沟的减振效果影响很大，粉煤灰和砾石虽然同样能够一定幅度降低夯击能量的传播，但隔振效果并不十分理想，在对振动要求严格的地区应谨慎使用，泡沫塑料填充的隔振沟和空沟性能比较接近，在项目成本和物料供应允许的情况下，应作为多夯机强夯项目的首选隔振沟填充材料。

8.5　强夯振动能量衰减规律

本节分析强夯振动的主要目的是进行多夯机振动效应评价，而影响强夯地面振动振幅的因素主要有振源强度、场地及介质条件和距离夯击点的远近，振源强度可以定义为夯击能的大小，利用同一场地同一测点的地面振动观测，研究夯击能变化的影响，可以消除夯击能以外的其他因素的干扰。

本次研究中，场地环境不作为影响因素，只进行考虑振源因素和距离远近的相关优化分析，着重讨论强夯地面振动的影响因素及其随距离的衰减规律。为符合实际情况，选取某地基处理强夯项目的实际土体资料作为模型的土体参数。

8.5.1　模型相关参数设置

模型的本构关系、边界条件、边界波动处理等均采用与前面章节相同的设置，其他材料属性详见表 8-7。

表 8-7　模型相关参数表

项目	弹性模量 E/MPa	泊松比 μ	黏聚力 c/kPa	φ /（°）	密度/（kg/m^3）
表层土	6.7	0.38	21	28.7	1830
深层土	210	0.3	6	29.5	1900
夯锤	2.11×10^4	0.22	—	—	7800

8.5.2　不同夯击能振动衰减规律

受土体自身阻尼特性的影响，不同强度的强夯能量转化为振动后，其衰减规律并不完全一致，为研究多台夯机强夯作业时地面振动的衰减规律及对周围建筑的影响、优化工程设计参数，如表 8-8 所示，首先建立不同能级的夯锤模型，结合实测数据，进行不同夯击能对强夯振动影响的相关分析。

表 8-8　不同夯击能的强夯试验参数

序号	锤直径/m	锤高/m	锤重/t	落距/m	夯击能/kN・m
1	0.85	2.25	10	16	1600
2	1.5	0.97	13.5	17	2300
3	1.5	1.58	22	13.6	3000
4	1.5	1.58	22	18.2	4000

强夯振动衰减研究主要关注的是地面振动的强度，可以通过强夯能量振动质点的振动加速度、速度来表征，图 8-18 为数值模拟场地强夯作业时不同夯击能导致土体振荡的速度时程曲线，从图中可以看出，不同能级夯击作业产生的地面振动波形特征基本一致，振动强度随时间延长快速衰减，随着与夯击点距离的增加，竖向峰值振速迅速缩小。

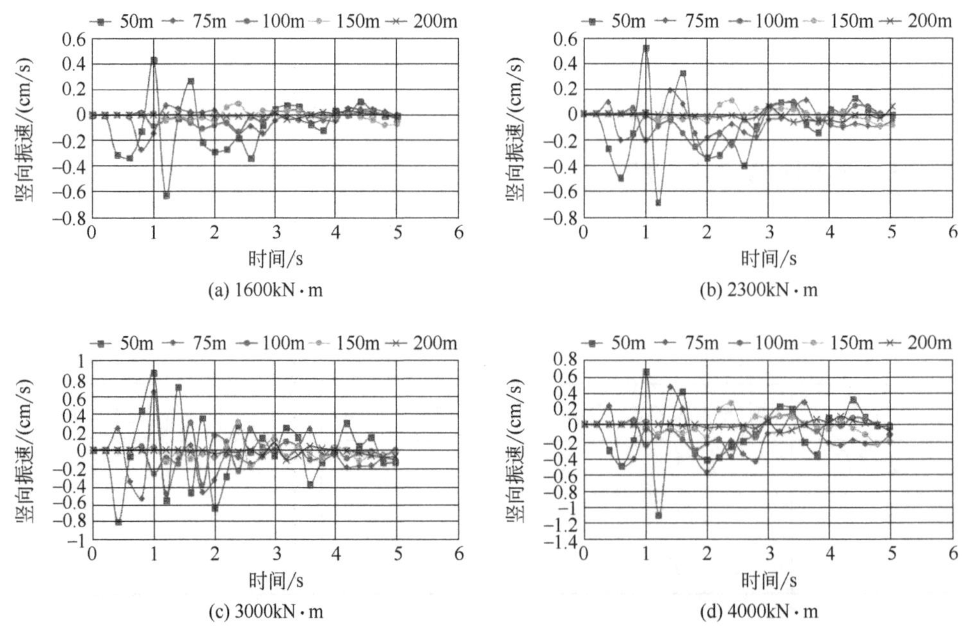

图 8-18　各测点竖向振速峰值随时间变化曲线

如图 8-19 所示，随着距离的增加，模型中各测点的竖向峰值振速呈快速衰减趋势，对夯击点距离和竖向峰值振速进行回归分析，可知不同能级强夯的竖向峰值振速与距夯击点距离的关系虽然不完全一致，但同样均为负幂函数相关的关系，具体各能级强夯的拟合公式如表 8-9 所示（y 表示竖向振速峰值，x 表示与夯点的距离）。

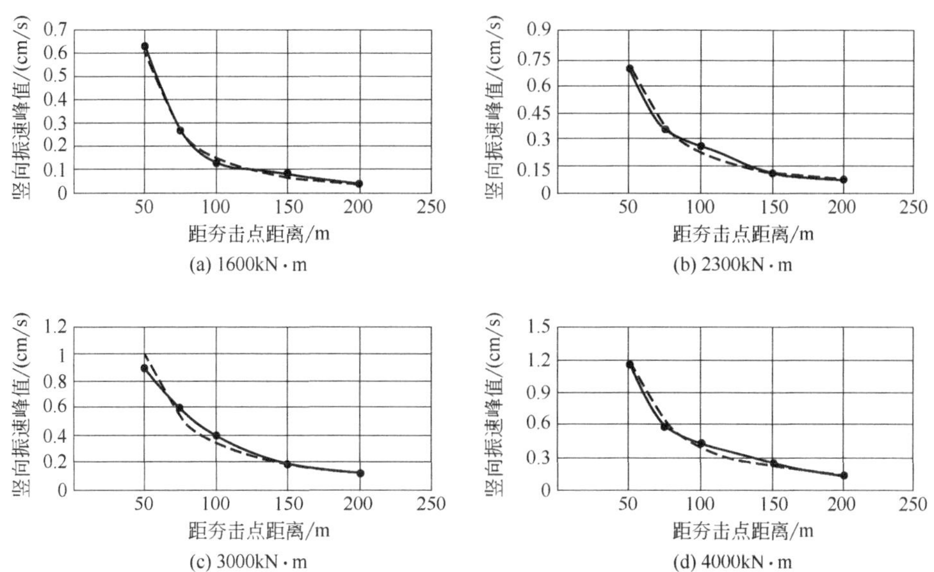

图 8-19　竖向峰值振速随距离衰减曲线

表 8-9　各能级强夯竖向峰值振速与距夯击点距离关系

能级/kN·m	拟合公式	相关系数 R^2
1600	$y=1580.8x^{-2.01}$	0.9877
2300	$y=520.3x^{-1.683}$	0.9919
3000	$y=425.28x^{-1.546}$	0.9848
4000	$y=612.12x^{-1.599}$	0.9803

各能级强夯竖向峰值加速度的衰减趋势如图 8-20 所示，从图中可知，不同能级强夯的竖向峰值加速度同样随着与夯击点距离的增大而迅速衰减，对相关数据进行回归分析，可知不同能级强夯的竖向峰值加速度与夯击点距离呈负指数函数相关，各能级强夯的拟合公式如表 8-10 所示。

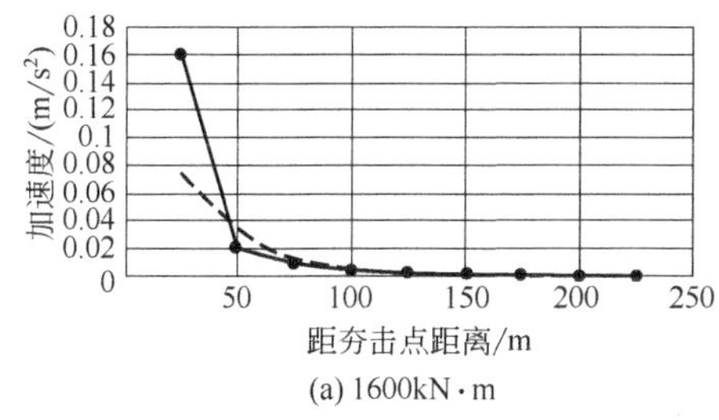

(a) 1600kN·m

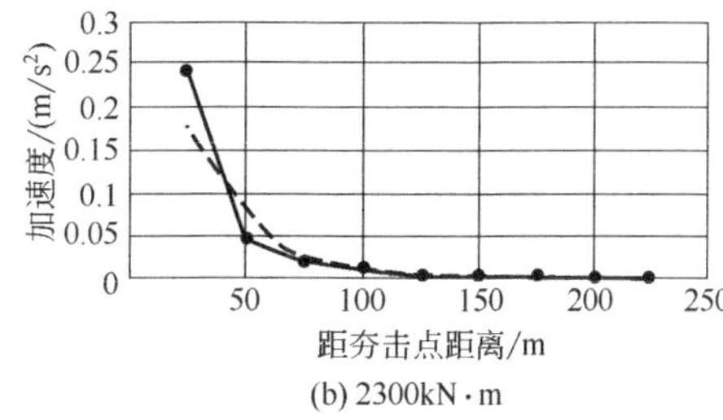

(b) 2300kN·m

图 8-20

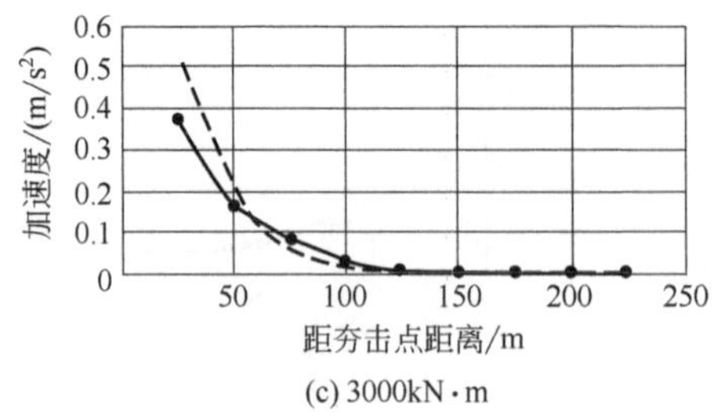

(c) 3000kN·m

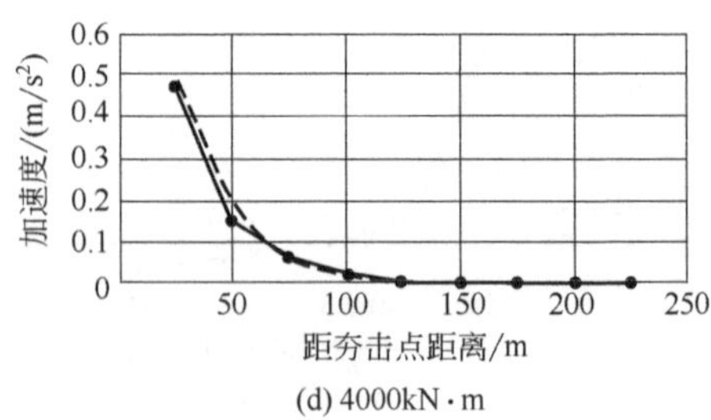

(d) 4000kN·m

图 8-20　竖向峰值加速度随距离衰减曲线

表 8-10　各能级强夯的拟合公式

能级/（kN·m）	拟合公式	相关系数 R^2
1600	$y=0.171e^{-0.034x}$	0.9755
2300	$y=0.4522e^{-0.038x}$	0.9877
3000	$y=1.5196e^{-0.043x}$	0.9917
4000	$y=1.4251e^{-0.042x}$	0.9981

8.5.3　多夯机振动叠加衰减规律分析

采用多台夯机共同进行施工作业的模式，主要为加快工期进度以及合理安排施工流程、节约施工成本，在实际施工中通常一个施工单元内投入距离较近的多台强夯机械，正如前文所揭示的，在这种情况下各台夯机的冲击能量将互相叠加，远场地面的振动响应将变得更加复杂，通常的工程经验里单夯机情况下的安全距离将变得不再安全，对附近建（构）筑物造成影响。

为了保证施工的经济性和安全性，分别建立了带有空隔振沟的场地模型，研究在多台夯机共同作业的情况下，不同夯机间距、夯机排列方式和不同施工间隔时间等不同工况时强夯振动能量的衰减规律，并根据本章 8.1、8.2 节提出的相关地面振动控制标准，确定多夯机同时工作时的施工最小安全距离。

8.5.3.1　两台夯机共同作业时振动衰减规律

（1）两台夯机排列方式的影响

综合考虑实际施工情况及安全性，两台夯机最小间隔距离设为 15m，排列方式分别为东西向和南北向，如图 8-21 所示，对比相关工况中地面竖向峰值振速云图可见，双锤同时夯击时，场地中地面振动出现明显的叠加后增强和减弱现象。

(a) 东西向

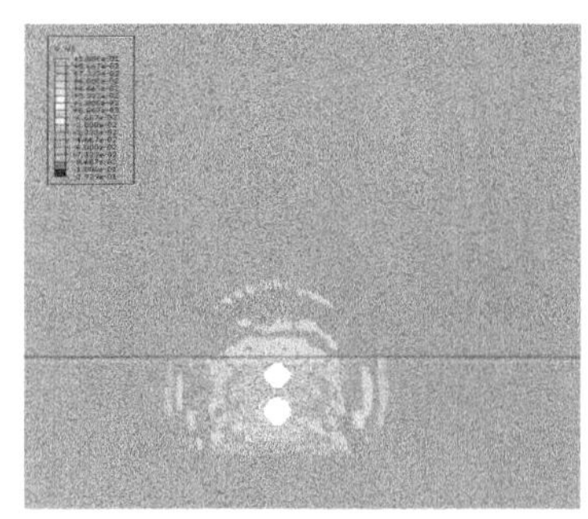

(b) 南北向

图 8-21　不同排列方式的双锤夯击时地面竖向峰值振速云图（1s）

从图 8-21 中可以看到，隔振沟起到了明显的隔振作用，隔振沟内侧地面振动整体幅度明显大于隔振沟外侧。但同样出现了显著的叠加，造成部分区域振动增强、部分区域振动减弱，如果未能很好控制，造成的影响将超过单夯机工况，有可能造成危险。

图 8-22 为不同排列方式双锤工况各测点竖向峰值振速随时间变化的趋势曲线，从图中可以看出，东西向“横排”工况下，距夯击点较近的区域地面振动幅度显著增强，竖向峰值振速衰减趋势与单锤类似，同样随时间增加迅速衰减；南北向“竖排”工况下，距夯击点较近的区域地面振动幅度没有显著变化，但随着第二夯锤的振动传播，地面竖向峰值振速明显出现了多个，随时间衰减的程度小于东西向“横排”工况，具体数据对比见图 8-23，图中 H 代表东西向“横排”工况，V 代表南北向“竖排”工况。

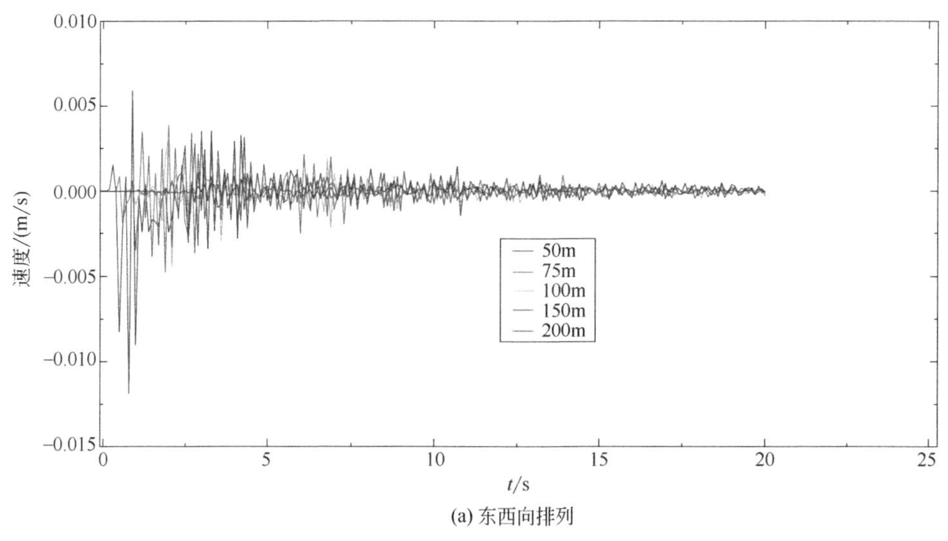

(a) 东西向排列

图 8-22

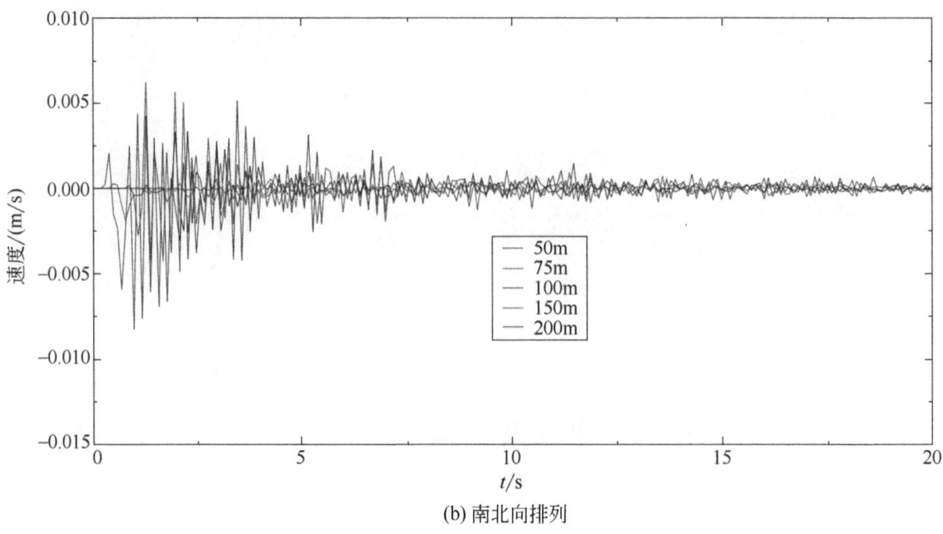

(b) 南北向排列

图 8-22 不同排列方式双锤工况各测点竖向峰值振速时程曲线

(a) 50m

(b) 75m

(c) 100m

(d) 200m

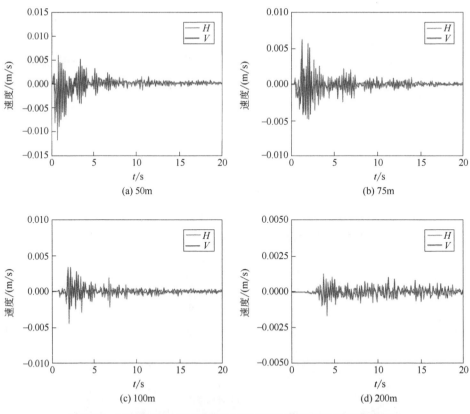

图 8-23 不同排列方式双锤工况各测点竖向峰值振速时程曲线对比

从图 8-23 中可以看到，距离夯击点较近的地面竖向峰值振速，东西向“横排”工况明显高于南北向“竖排”工况；距离夯击点略远的地面，两者的差别逐渐缩小，较远处地面南北向“竖排”工况的距离因素使得竖向峰值振速开始小于东西向工况，在 200m 距离处，两者的差别变得不明显，对地面造成的影响基本没有区别。

因此对两台夯机同时工作的情况，若重点建（构）筑物位于距离夯击点较近的“近场”范围（＜50m），则尽量选择平行于建（构）筑物和夯击点连线的竖排形式；若重点建（构）筑物位于距离夯击点较远的“中场”范围（＜100m），则应选择垂直于建（构）筑物和夯击点连线的横排形式；若重点建（构）筑物位于距离夯击点很远的“远场”范围（＞200m），则夯机的排列形式无明显影响。

（2）两台夯机间距的影响分析

夯机间的距离是两夯锤之间夯击能量振动叠加的重要影响因素，按照不同间距和不同排列方式，分别建立两锤夯击的数值模型，所得结果如图 8-24 所示。

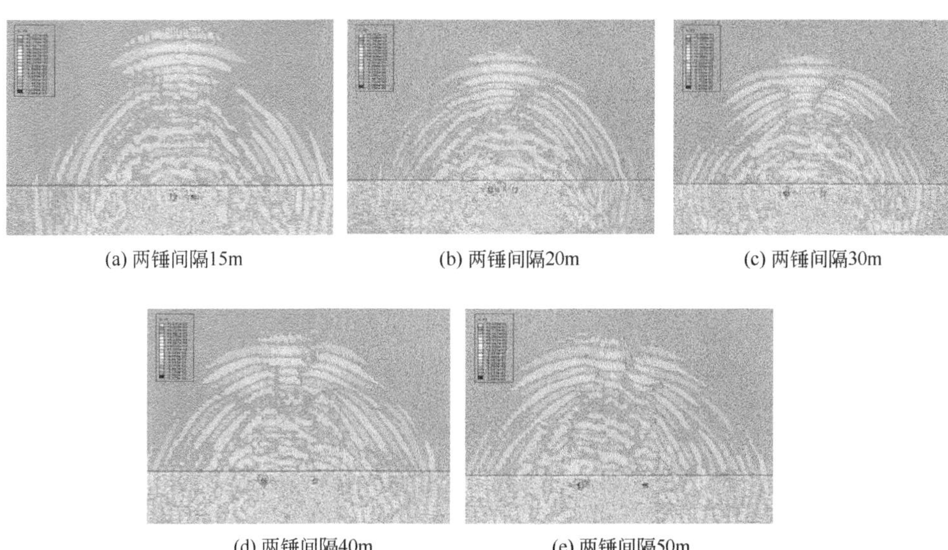

(a) 两锤间隔15m　(b) 两锤间隔20m　(c) 两锤间隔30m

(d) 两锤间隔40m　(e) 两锤间隔50m

图 8-24　不同间距双锤工况各测点竖向峰值振速云图对比（横排）

图 8-24 中对不同间距横排夯锤的分析表明，当两夯锤距离过近时，将在两锤连线的垂直方向发生显著的干涉，能量叠加情况比较突出，靠近两夯锤连线中垂线的部分地面振动情况十分复杂，“近场”区域将受到严重影响，但能量衰减趋势基本与单锤类似。而随着两锤间距的增加，干涉情况依然存在，能量叠加的幅度减弱，能量衰减趋势变慢，具体分析见图 8-25 不同间距横排夯锤各测点竖向峰值振速时程曲线。

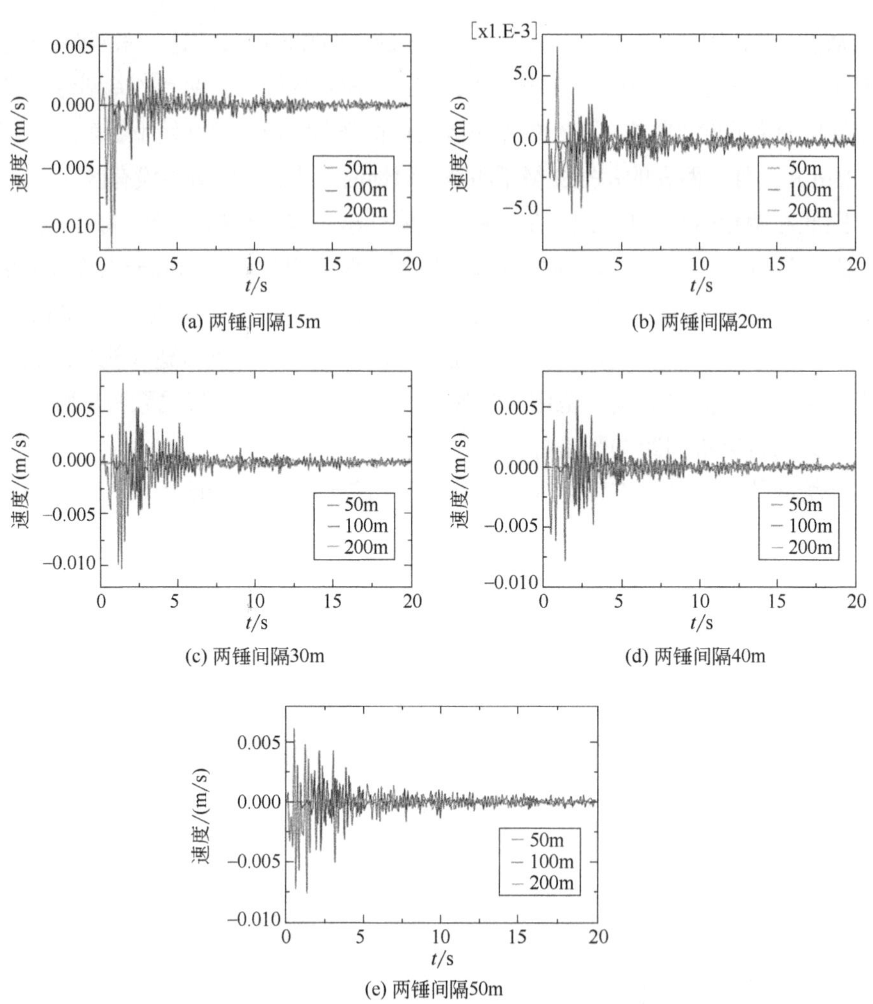

(a) 两锤间隔15m

(b) 两锤间隔20m

(c) 两锤间隔30m

(d) 两锤间隔40m

(e) 两锤间隔50m

图 8-25 不同间距双锤工况各测点竖向峰值振速历程曲线对比（横排）

从图 8-25 中可以看出，随着两夯锤间距的增加，能量叠加的幅度降低，而能量衰减的速度变慢。

从图 8-26 中可以看出，随着两台夯机距离的增加，“近场”范围土体竖向峰值振速逐渐下降，但依然保持着较高的数值，证明近场范围受两台夯机影响最大，即使增加距离也依然会受到较严重影响；“中场”范围土体，随着夯机距离的增加，竖向振速峰值的幅度差别较小，但随着距离的增加，峰值的出现发生了延迟，能量衰减的速度也逐渐变慢；“远场”范围土体，随着夯机距离的增加，竖向振速峰值都保持在比较小的幅度，没有显著差别，能量衰减趋势与单锤类似。

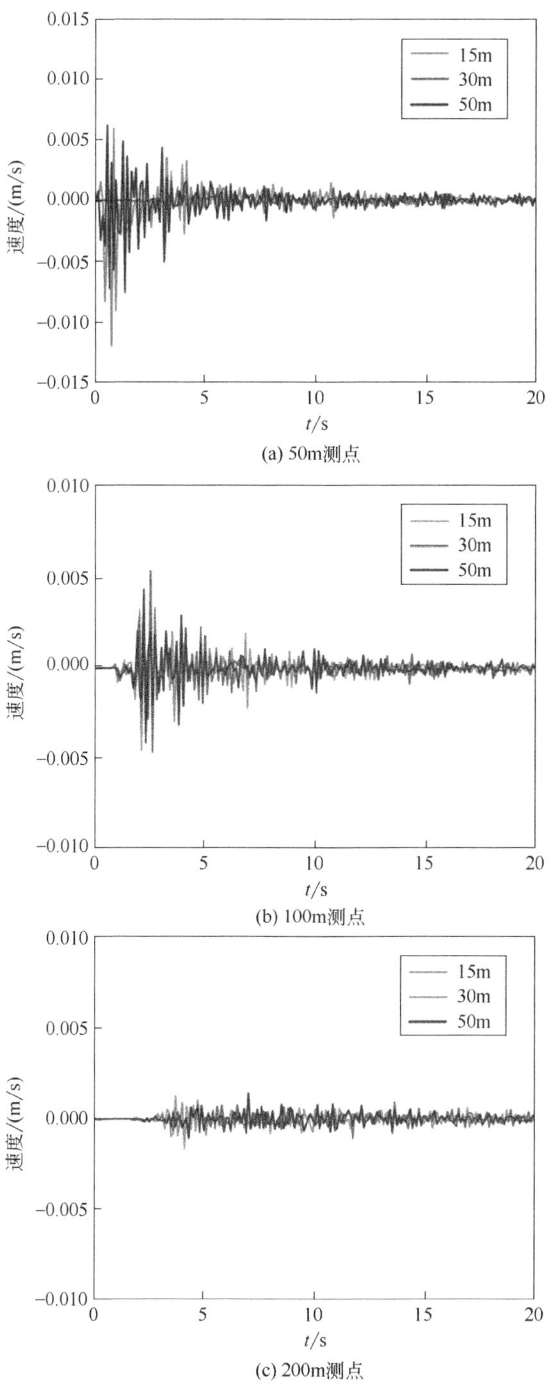

(a) 50m测点

(b) 100m测点

(c) 200m测点

图 8-26　不同间距双锤工况各测点竖向峰值振速历程曲线对比（横排）

不同间距双锤工况各测点竖向峰值振速云图对比见图 8-27。图 8-28 中对不同间距竖排夯锤的历程曲线分析表明，当两夯锤距离过近时，将在两锤连线的平行方向发生显著的干涉，能量叠加情况比较突出，靠近两夯锤连线延长线区域的部分，地面振动情况变得十分复杂，“近场”区域受到明显的影响，在较长时间内持续出现多个比较接近的峰值，衰减速度显著变慢。而随着两锤间距的增加，干涉情况依然存在，“中场”范围土体同样在一段时间内出现多个竖向振速峰值，幅度差别较小。“远场”范围土体叠加特性表现较不明显，未出现多个较接近的峰值，能量衰减趋势与单锤类似，能量衰减趋势加快。相比横排工况，竖排夯锤产生的叠加值较小，但出现多个较接近的竖向振速峰值且持续时间明显超过横排工况。

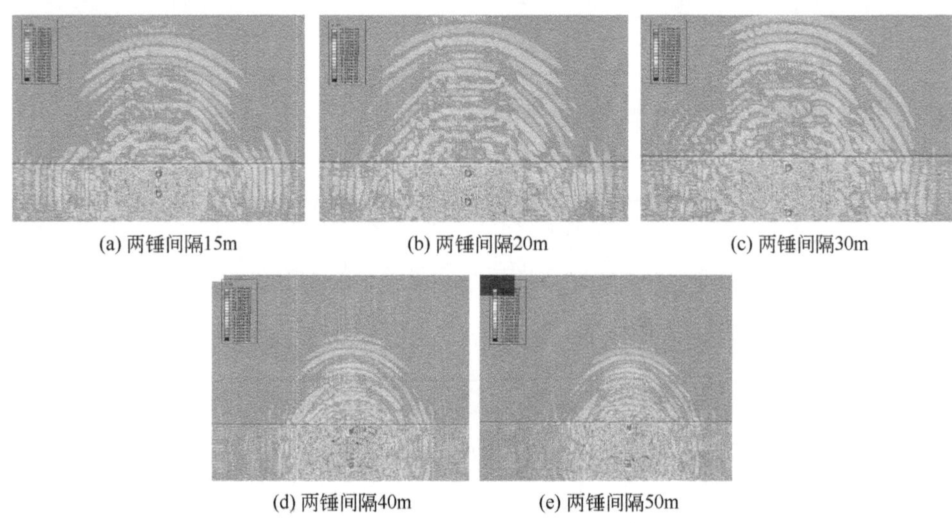

(a) 两锤间隔15m　(b) 两锤间隔20m　(c) 两锤间隔30m

(d) 两锤间隔40m　(e) 两锤间隔50m

图 8-27　不同间距双锤工况各测点竖向峰值振速云图对比（竖排）

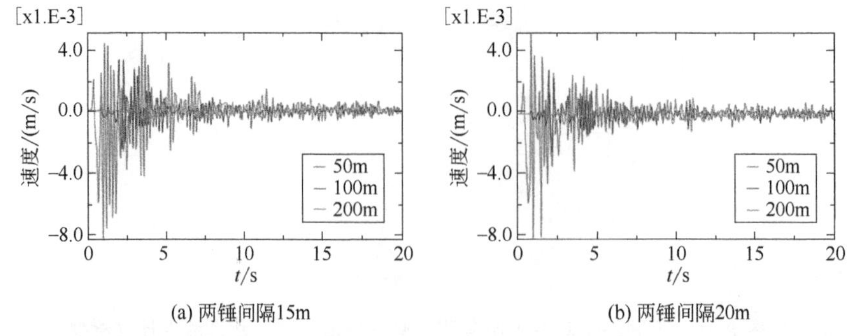

(a) 两锤间隔15m　(b) 两锤间隔20m

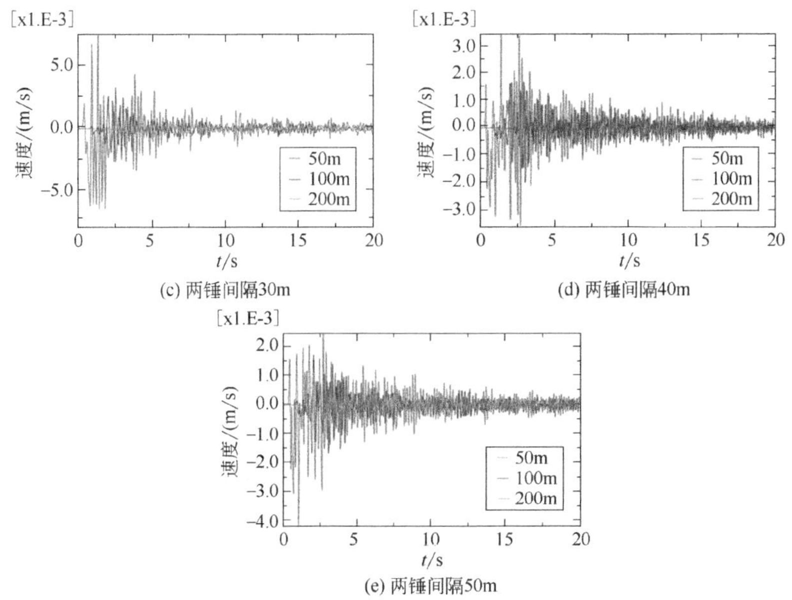

图 8-28　不同间隔时间双锤工况各测点竖向峰值振速历程曲线对比（竖排）

从图 8-29 中可以看出，随着两台夯机距离的增加，“近场”范围土体受两台夯机影响最大，存在多个峰值，且能量衰减速度显著变慢；“中场”范围土体，随着夯机距离的增加，竖向振速峰值的幅度降低，但随着距离的增加竖向振速峰值的出现发生了延迟，能量衰减的速度快于近场土体，趋势接近单锤夯击状态；“远场”范围土体，随着夯机距离的增加，竖向振速峰值都保持在比较小的幅度，峰值出现时间明显延迟，能量衰减趋势基本与单锤类似。与横排方式相比，竖排工况随着距离增加能量叠加的影响明显减弱，但峰值出现越来越晚。

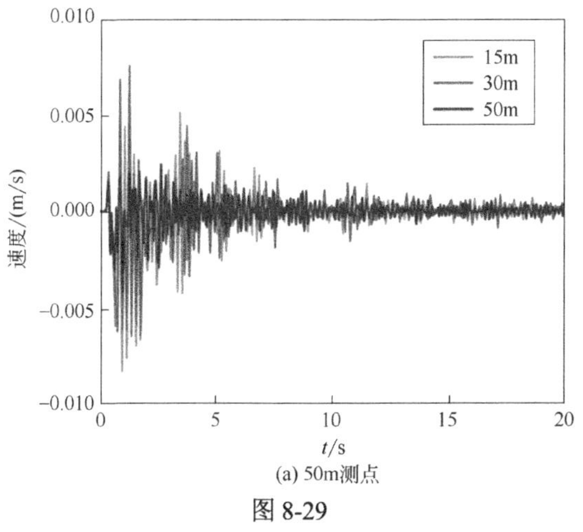

图 8-29

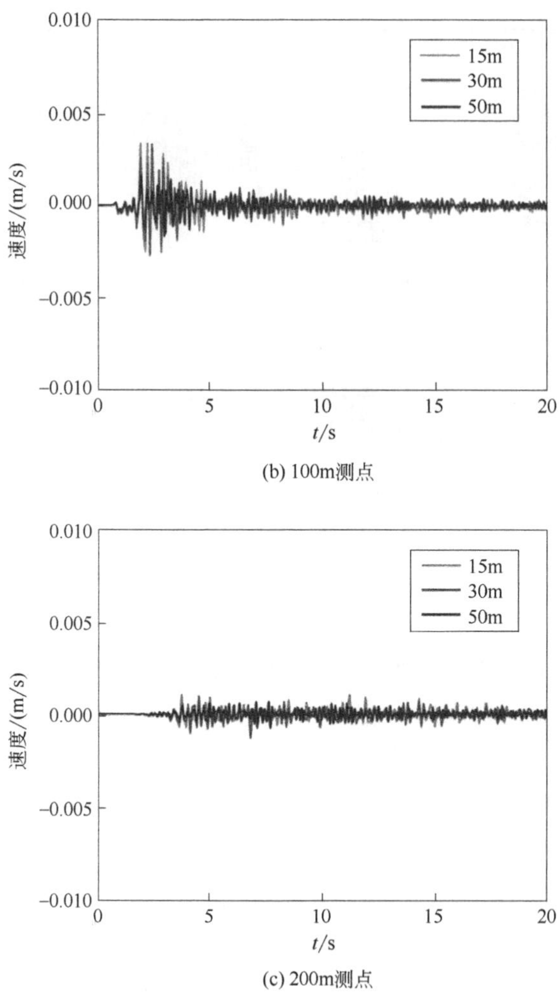

(b) 100m测点

(c) 200m测点

图 8-29　不同时间间隔双锤工况各测点竖向峰值振速历程曲线对比（竖排）

（3）两台夯机间隔工作的情况

为避免两台夯机的能量出现叠加，建立两夯锤不同间隔时间落地的模型进行分析，所得结果如图 8-30 所示。

图 8-30 中展示的是不同间隔时间双锤工况各测点竖向峰值振速分布云图，从图中可以看出，当两锤时间间隔小于 5s 时，第二锤的夯击能量对地面竖向峰值振速造成了明显影响；当两锤时间间隔大于 5s 时，第二锤的夯击能量造成的地面振动趋势基本和单锤夯击类似。具体振速分析见图 8-31。

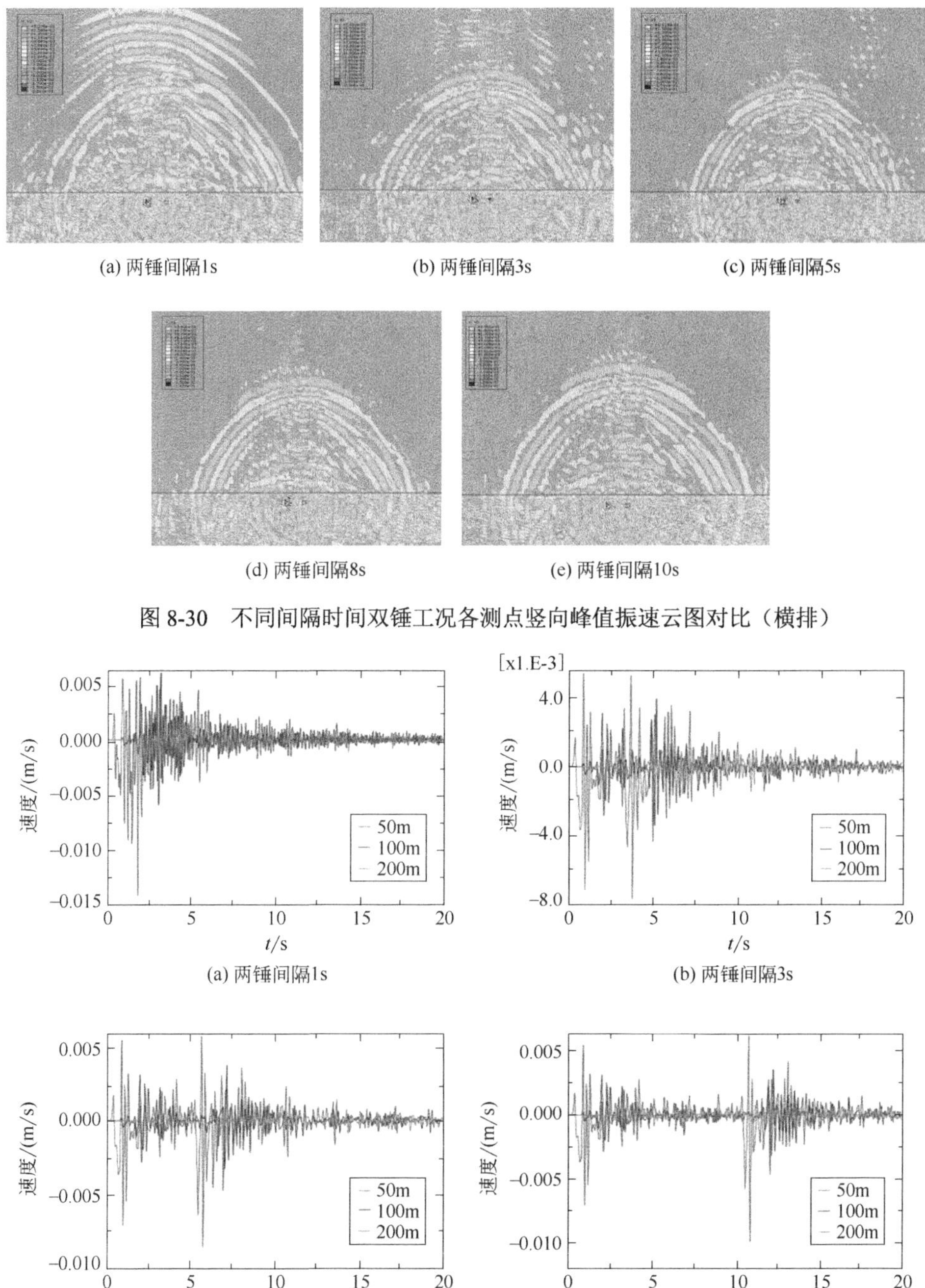

图 8-31　不同间隔时间双锤工况各测点竖向峰值振速历程曲线对比（横排）

从图 8-31 中可以看出，间隔周期小于 5s 的双锤工况出现了显著的能量叠加，竖向峰值振速值增加，出现多个峰值，随时间衰减的趋势也明显减弱，随着时间间隔的增加，能量叠加情况开始减弱，在间隔大于 8s 时基本和单锤夯击情况趋同。

从图 8-32 中可以看出，对于“近场”范围土体，间隔小于 10s 的锤击将带来显著的能量叠加，出现多个峰值，能量衰减趋势变慢；对于“中场”范围，间隔 5s 的锤击造成的能量叠加变得不明显，能量衰减趋势接近单锤状态；对于“远场”范围，间隔 5s 以上的锤击造成的能量叠加基本可以忽略，间隔 10s 的夯击可视为两次不同的单锤夯击，第二锤造成的二次振速峰值衰减趋势和单锤基本相同。

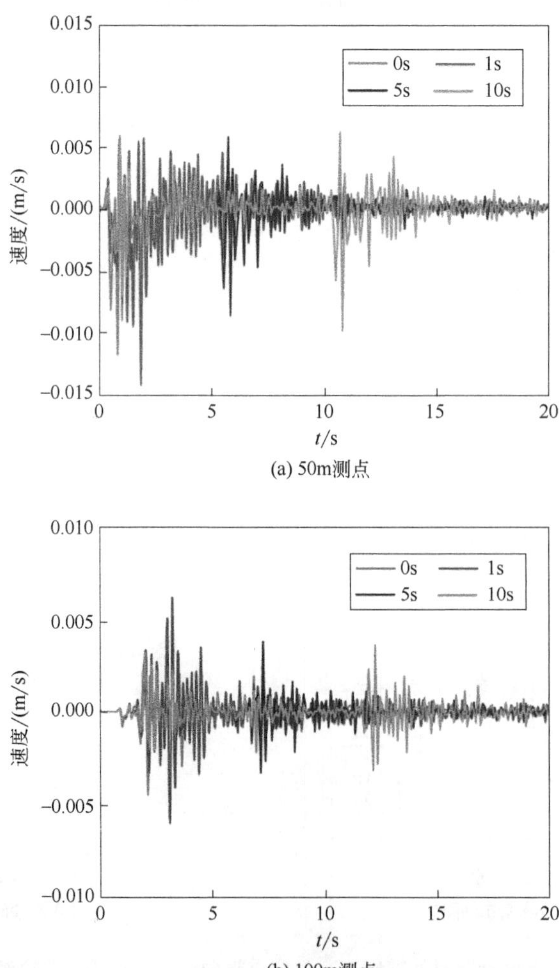

(a) 50m测点

(b) 100m测点

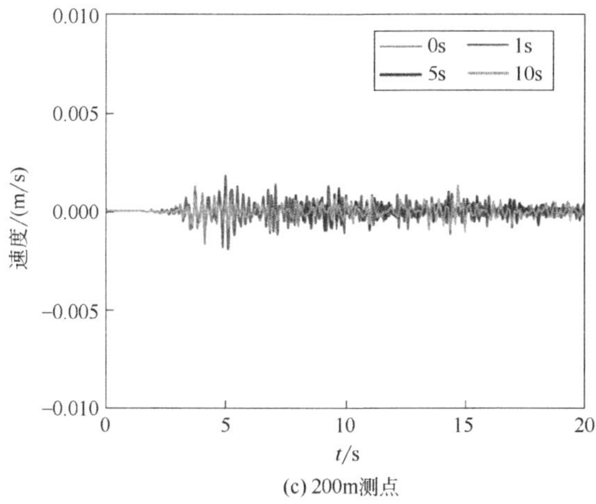

(c) 200m测点

图 8-32　不同时间间隔双锤工况各测点竖向峰值振速历程曲线对比（横排）

图 8-33 中展示不同间隔时间双锤工况各测点竖向峰值振速分布云图，从图中可以看出，当两锤时间间隔小于 5s 时，第二锤的夯击能量对地面竖向峰值振速造成了明显影响；当两锤时间间隔大于 5s 时，第二锤的夯击能量造成的地面振动趋势基本和单锤夯击类似，但竖排方式相比横排方式，造成的能量叠加在夯锤-测点连接线方向上程度要轻。具体振速分析见图 8-34。

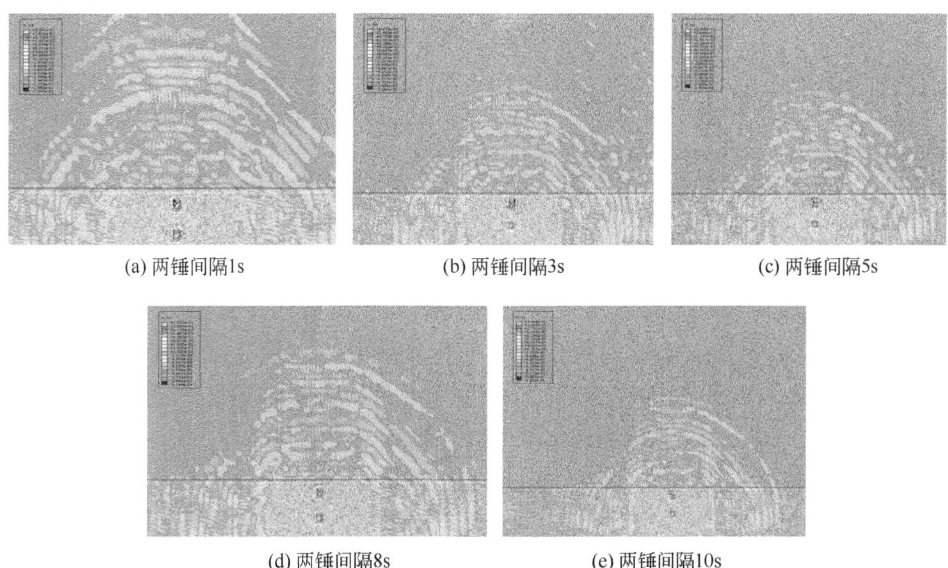
(a) 两锤间隔1s　(b) 两锤间隔3s　(c) 两锤间隔5s

(d) 两锤间隔8s　(e) 两锤间隔10s

图 8-33　不同间隔时间双锤工况各测点竖向峰值振速云图对比（竖排）

从图 8-34 中可以看出，间隔时间小于 5s 的双锤工况出现了比较明显的能量叠加，竖向峰值振速增加，出现多个峰值，随时间衰减的趋势也明显减弱。随着时间间隔的增加，能量叠加情况开始减弱，与横排方式相比，竖排方式造成的能量叠加较轻，但持续时间变长。

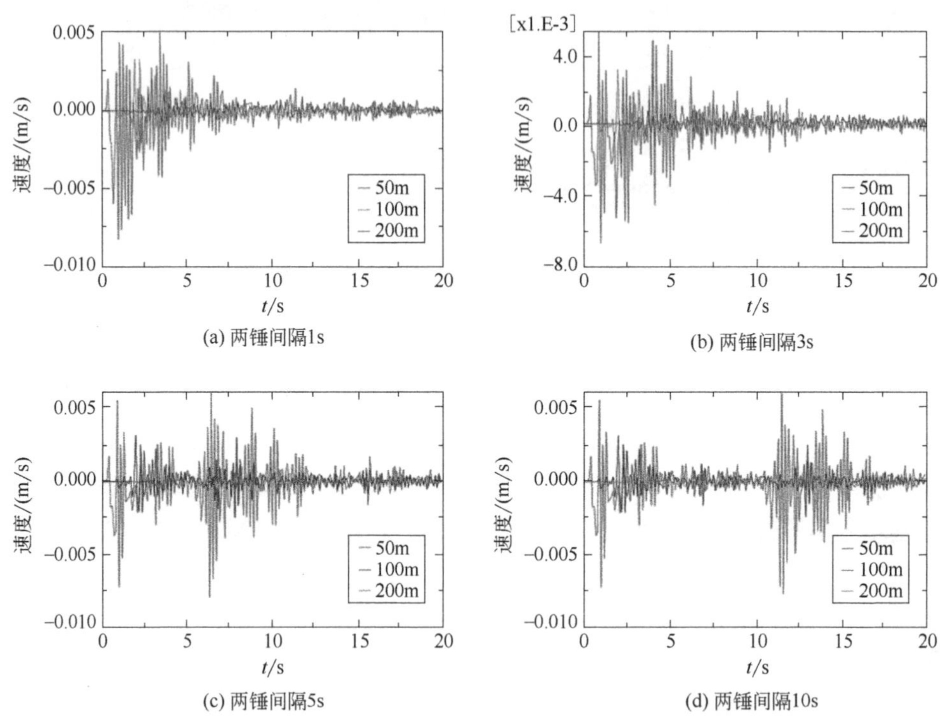

图 8-34　不同间隔时间双锤工况各测点竖向峰值振速历程曲线对比（竖排）

从图 8-35 中可以看出，对于“近场”范围土体，间隔小于 10s 的锤击将带来一定的能量叠加，出现多个峰值，能量衰减趋势显著变慢；对于“中场”范围，间隔 5s 的锤击造成的能量叠加变得不明显，能量衰减趋势较慢；对于“远场”范围，间隔 5s 以上的锤击造成的能量叠加基本可以忽略，间隔 10s 的夯击可视为两次不同的单锤夯击，第二锤造成的二次振速峰值衰减趋势和单锤基本相同。同样可以看出，与横排方式相比，竖排方式造成的能量叠加较轻。

根据上述分析，在采用双锤工况时，建议尽量采用与夯机和重点建（构）筑物连线平行的竖排方式进行施工。

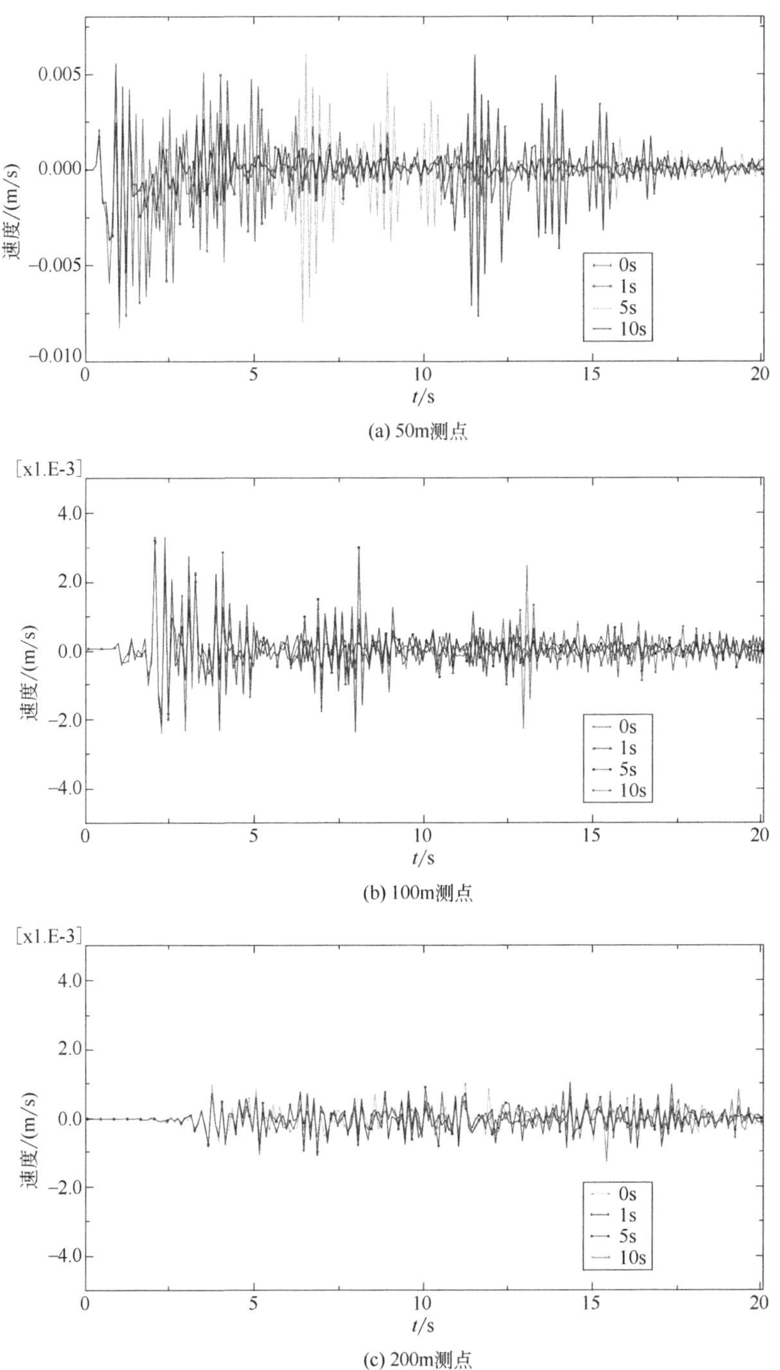

图 8-35　不同时间间隔双锤工况各测点竖向峰值振速历程曲线对比（竖排）

8.5.3.2 三夯锤施工工况

三锤夯击工况较双锤工况更加复杂，图 8-36 与图 8-37 为不同组合形式（行列式、梅花式）的三锤同时夯击情况下，1s、2s、4s 不同时刻场地地表竖向振速云图。

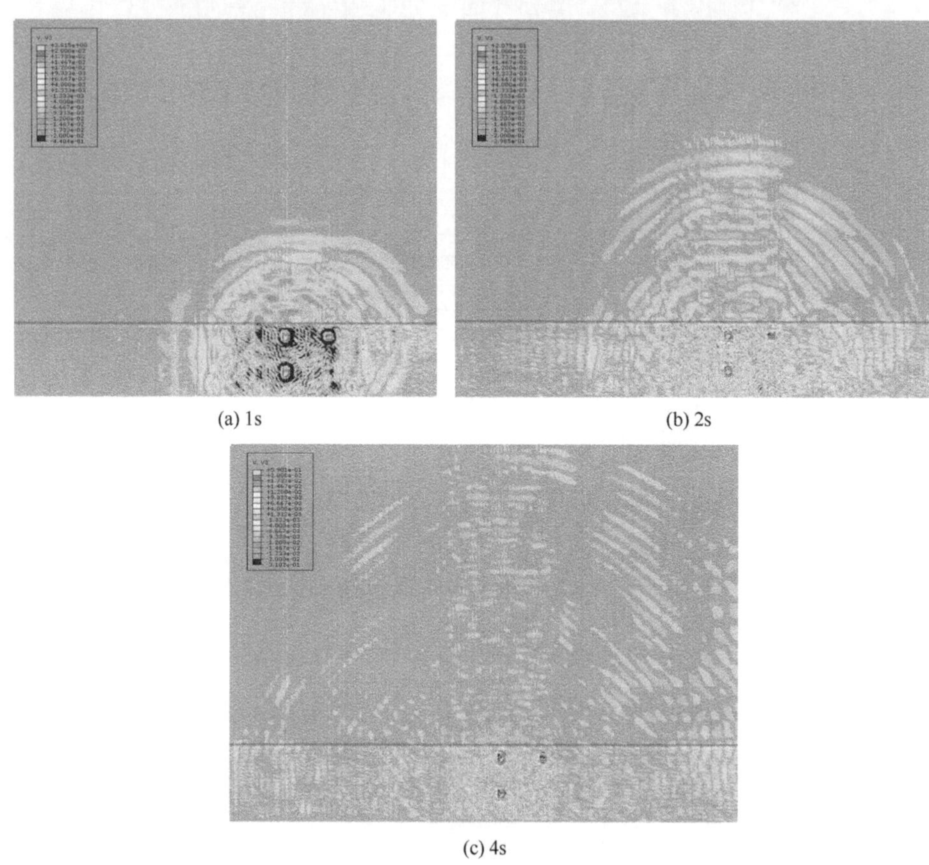

(a) 1s

(b) 2s

(c) 4s

图 8-36 不同时间三锤工况峰值振速云图对比（行列式）

从图 8-36 与图 8-37 中可以看出，三锤夯击的时候场地振动能量叠加非常复杂，梅花式布置带来的影响要大于行列式布置。

从图 8-38 中可知，三锤工况对近场影响显著，峰值振速高，作用情况也十分复杂，中场出现持续较长时间的、多个较接近的振速峰值，远场振速峰值高于双锤和单锤夯击。若附近建（构）筑物对峰值强度敏感，应选用梅花式布置；反之，若附近建（构）筑物对振动时间敏感，则应选用行列式布置。

实际施工中，即使采用了四台夯机同时工作，四个夯锤同时冲击土体的情况较为罕见，同时也能够较为容易地通过简单的顺序调整、操作注意事项等来规避，因此本章对隔振沟阻隔后的多台夯机同时施工的振动能量衰减规律研究到三夯锤工况即止，四夯锤的情况不做研究。

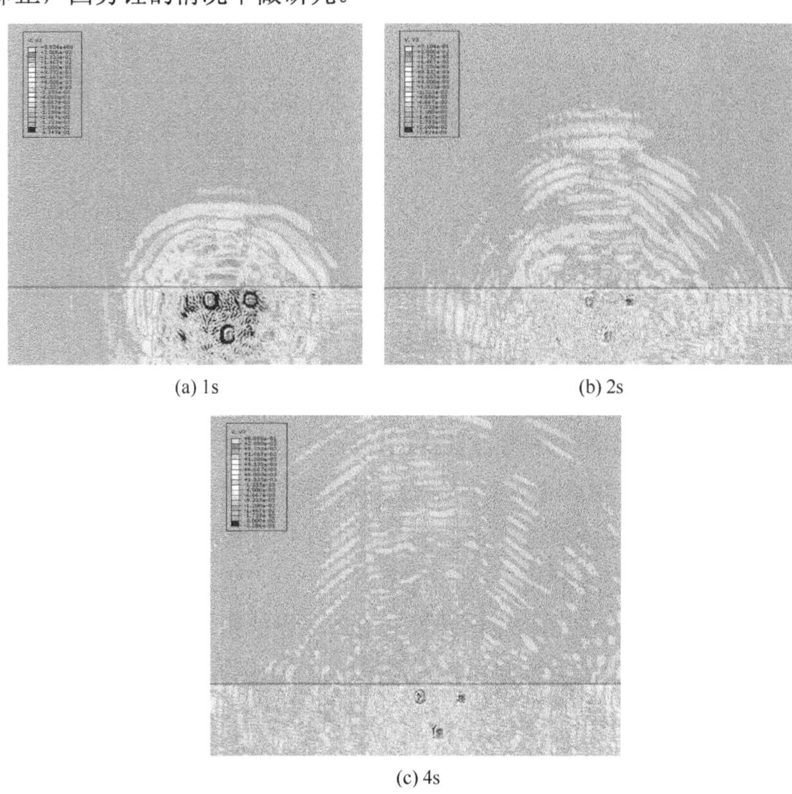

(a) 1s　　(b) 2s

(c) 4s

图 8-37　不同时间三锤工况峰值振速云图对比（梅花式）

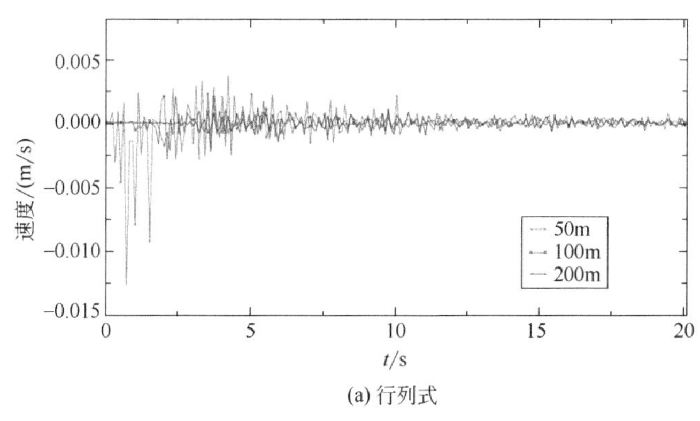

(a) 行列式

图 8-38

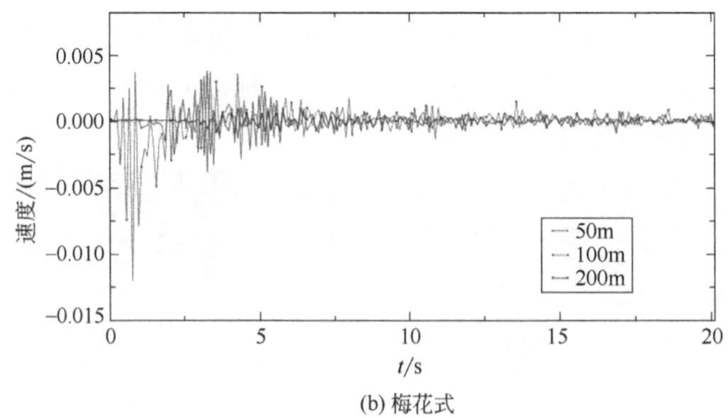

(b) 梅花式

图 8-38　不同组合三锤工况竖向振速历程对比

综上所述，通过双锤、三锤夯击的不同工况模型，对夯机的排列方式、间隔距离、间隔时间等因素进行对比分析后，对于多夯机施工项目，可以在今后的施工中参考以下建议进行相关参数设计：

① 随着与夯击点距离的增加，场地土体的竖向峰值振速呈快速衰减趋势，对夯击点距离和竖向峰值振速进行回归分析，可知不同能级强夯的竖向峰值振速与距夯击点的距离呈负幂函数相关。

② 双锤同时夯击时，场地中地面振动出现明显的叠加增强和减弱现象，不同排列方式双锤工况引起的场地振动有显著差异。“横排”工况下，距夯击点较近的区域地面振动幅度显著增强，竖向峰值振速衰减趋势与单锤类似，随时间增加迅速衰减；“竖排”工况下，距夯击点较近的区域地面振动幅度没有显著变化，但随着第二夯锤的振动传播，地面竖向峰值振速明显出现多个峰值，随时间衰减的程度小于“横排”工况。

③ 若重点建（构）筑物位于距离夯击点较近的近场范围（＜50m），则尽量选择平行于建（构）筑物和夯击点连线的竖排形式；若重点建（构）筑物位于距离夯击点较远的中场范围（＜100m），则应选择垂直于建（构）筑物和夯击点连线的横排形式；若重点建（构）筑物位于距离夯击点很远的远场范围（＞200m），则夯机的排列形式对振速峰值无明显影响。

④ 横排工况下，随着两台夯机距离的增加，近场范围土体竖向峰值振速逐渐下降，但依然保持着较高的数值，证明近场范围受两台夯机影响最大。中场范围土体，随着夯机距离的增加，振速峰值的出现发生了延迟，能量衰减的速度也逐渐变慢。远场范围土体，随着夯机距离的增加，竖向振速峰值都保持在比较小的幅度，没有显著差别，能量衰减趋势与单锤类似。

⑤ 竖排工况下，随着两台夯机距离的增加，近场范围土体出现多个振速峰值，且能量衰减速度显著变慢。中场范围土体，随着夯机距离的增加竖向振速峰值的出现发生了延迟，能量衰减的速度快于近场土体，趋势接近单锤夯击状态。远场范围土体竖向振速峰值都保持在比较小的幅度，但峰值出现时间明显延迟，能量衰减趋势基本与单锤类似。与横排方式相比，竖排工况随着距离增加能量叠加的影响明显减弱，但峰值出现越来越晚。

⑥ 双锤间隔夯击时，横排工况下，间隔小于 10s 的锤击将带来近场范围土体显著的能量叠加，出现多个峰值，能量衰减趋势变慢。对于中场范围，间隔 5s 的锤击造成的能量叠加变得不明显，能量衰减趋势接近单锤状态。对于“远场”范围，间隔 5s 以上的锤击造成的能量叠加基本可以忽略，间隔 10s 的夯击可视为两次不同的单锤夯击，第二锤造成的二次振速峰值衰减趋势和单锤基本相同。

竖排工况下，对于近场土体，间隔小于 10s 的锤击将带来一定的能量叠加，出现多个峰值，能量衰减趋势显著变慢。中场范围，间隔 5s 的锤击造成的能量叠加变得不明显，但能量衰减趋势变慢。对于远场范围，间隔 5s 以上的锤击造成的能量叠加基本可以忽略，间隔 10s 的夯击可视为两次不同的单锤夯击，第二锤造成的二次振速峰值衰减趋势和单锤基本相同，与横排方式相比，竖排方式造成的能量叠加较轻。

⑦ 三锤工况对近场影响显著，峰值振速高，作用情况也十分复杂；中场出现持续较长时间的、多个较接近的振速峰值；远场振速峰值高于双锤和单锤夯击。

综合分析，在强夯施工中同一强夯区域要采用双锤夯击时，应尽量选用两台夯锤连线与重点建（构）筑物和夯击点连线平行的竖排方式，距离应保持 30m 以上，时间间隔至少大于 5s。

参考文献

[1] Menard L. Discussion of dynamic compaction in ground treatment by deep compaction [M]. London：Institute of Civil Engineers，1975：106-107.

[2] 李润，简文彬，康荣涛. 强夯加固填土地基振动衰减规律研究 [J]. 岩土工程学报，2011，33（S1）：253-257.

[3] Thilakasiri H S，Gunaratne M，Mullins G，et al. Investigation of impact stresses induced in laboratory dynamic compaction of soft soils [J]. International Journal for Numerical & Analytical Methods in Geomechanics，2015，20（10）：753-767.

[4] Mostafa K. Numerical Modeling of Dynamic Compaction in Cohesive Soil [D]. Ph D Thesis, University of Akron, Akron, OH, USA, 2010: 182.

[5] Wu S, Wei Y, Zhang Y, et al. Dynamic compaction of a thick soil-stone fill: Dynamic response and strengthening mechanisms [J]. Soil Dynamics and Earthquake Engineering, 2020, 129: 105944.

[6] Feng S J, Du F L, Chen H X, et al. Centrifuge modeling of preloading consolidation and dynamic compaction in treating dredged soil [J]. Engineering Geology, 2017, 226: 161-171.

[7] Zhang R, Sun Y, Song E. Simulation of dynamic compaction and analysis of its efficiency with the material point method [J]. Computers and Geotechnics, 2019, 116: 103218.

[8] Chen L, Qiao L, Li Q. Study on dynamic compaction characteristics of gravelly soils with crushing effect [J]. Soil Dynamics and Earthquake Engineering, 2019, 120: 158-169.

[9] Liyanapathirana D S, Ekanayake S D. Application of EPS geofoam in attenuating ground vibrations during vibratory pile driving [J]. Geotextiles and Geomembranes, 2016, 44 (1): 59-69.

[10] Yao J, Zhao R, Zhang N, et al. Vibration isolation effect study of in-filled trench barriers to train-induced environmental vibrations [J]. Soil Dynamics and Earthquake Engineering, 2019, 125: 105741.

[11] Herbut A. A proposal for vibration isolation ofstructures by using a wave generator [J]. Soil Dynamics and Earthquake Engineering, 2017, 100: 573-585.

[12] Saikia A, Das U K. Analysis and design of open trench barriers in screening steady-state surface vibrations [J]. Earthquake Engineering and Engineering Vibration, 2014, 13 (3): 545-554.

[13] Álamo G M, Bordón J D R, Aznárez J J, et al. The effectiveness of a pile barrier for vibration transmission in a soil stratum over a rigid bedrock [J]. Computers and Geotechnics, 2019, 110: 274-286.

[14] Greco R, Vanzi I, Lavorato D, et al. Seismic duration effect on damping reduction factor using random vibration theory [J]. Engineering Structures, 2019, 179: 296-309.

[15] Papadopoulos M, François S, et al. The influence of uncertain local subsoil conditions on the response of buildings to ground vibration [J]. Journal of Sound and Vibration, 2018 (418): 200-220.

[16] Venkateswarlu H, Hegde A M. Effect of Infill Materials on Vibration Isolation Efficacy of Geocell Reinforced Soil Beds [J]. Canadian Geotechnical Journal, 2019.

第9章

多夯机强夯振动对早龄期混凝土构筑物的影响

多夯机强夯振动由于能量叠加效应的存在，其对周围环境的影响范围将明显超过单夯机施工，单夯机振动影响下的安全区域，在多夯机项目中将变得不再安全，特别是多夯机同时施工时，其复杂的叠加效果导致附近环境中地面振动不但速度峰值增强，而且持续时间长，还有可能存在多个较大的峰值，这些都是和单夯机施工显著不同的特征。

在目前的施工项目中，某处地基在进行前期强夯处理，其附近在同时进行各种混凝土构件制作的情况非常常见，单夯机施工情况下其强夯振动基本不会造成明显影响。而多夯机施工时，其强夯振动影响持续时间较长，存在多个峰值、峰值强度还较高的振动，对于周围环境中的早龄期、大体积的混凝土构筑物，存在着不可忽视的威胁。

首先，早龄期混凝土强度较低，尚未完成凝结硬化的强度增长过程，受到多夯机强夯振动能量影响后，可能会因此造成黏结失效，出现裂缝甚至开裂。

李晓芬通过对比不同强度等级的混凝土在 3d、7d、14d、28d 的抗压强度，得到不同强度等级的混凝土抗压强度随龄期增长而增大的规律。特别是 7d 前抗压强度增长较快，7～28d 的抗压强度增长较缓慢。沈毅通过对比研究普通混凝土（C40）和高强混凝土（C80）在早龄期抗压强度变化规律，结果表明，C40 混凝土抗压强度在早龄期增长较为缓慢，养护 7d 时，混凝土抗压强度达到 28d 抗压强度的 63%。而 C80 混凝土抗压强度在早龄期增长较快，养护 2d 时达到 28d 抗压强度的 67%，其后增长速率变缓。

徐仲卿以 C40 混凝土为研究对象，测其 12h、13h、7d、14d、28d 的劈裂抗拉（劈拉）强度，研究表明，7d 前劈拉强度较 7d 后增长速率快，且表现为非线性增长。刘东京通过研究混凝土在早龄期劈裂抗拉强度发展规律，发现早龄期混凝土劈裂抗拉强度的发展规律与抗压强度类似，7d 前增长速度较快，7～28d 增长较为平缓。混凝土的轴心抗拉强度试验中，由于不能完全保证拉力全部作用在混凝土的几何中心处，可能会出现偏心受力，从而测得的抗拉强度误差增大。陈萌等在轴心法测抗拉强度的试验中采用预埋拉杆式，即在试块两端各设一根钢筋作为拉杆，使拉力通过预埋钢筋传递到混凝土试件中。研究表明，14d 前轴心抗拉强度增长速度非常快，在 3d 龄期时的轴心抗拉强度基本上可达到其 28d 强度的 70%左右，14d 龄期时的轴心抗拉强度基本上可达到其 28d 强度的 80%～90%左右，随后，轴心抗拉强度发展速度变缓并逐渐趋于稳定。

其次，早龄期混凝土受到扰动，会出现强度降低的情况。关于早龄期混凝土受扰动导致强度降低的情况，相关领域的科技人员已经有不少相关的研究。戴妙娴通过振动台模拟地震力，对早龄期混凝土施加 0.06g，0.15g，0.25g 和 0.45g 不同峰值加速度的振动，研究表明振动会对钢筋与混凝土间的黏结力造成影响，黏结力的损伤随着地震力的增大而增大，钢筋与混凝土间的黏结刚度退化同样随着地震力的增大而增大。刘莉研究了混凝土的抗压强度和耐久性受扰动阶段的影响，结果表明早龄期的持续性扰动对混凝土的力学性能影响最大，28d 抗压强度损失达到 26.8%，同样扰动会使混凝土的剥蚀量增加，相对动弹性模量降低达 20%，证明早期的扰动降低了混凝土的耐久性。潘慧敏等通过研究发现，混凝土在贯入阻力值为 10.7～14.8MPa 时，受到频率 15Hz、振幅 4mm 的振动扰动后，其内部微裂纹显著增加，抗压和抗折强度受扰动影响严重，抗折强度损失尤为显著（可达 20%），在单轴抗压试验中，峰值应力损失达到 36.1%，弹性模量损失达到 34.5%。

从这些相关研究中可以发现，早龄期的扰动对混凝土强度的影响是不可忽视的，本章结合实际项目，以多夯机强夯项目附近早龄期轨道交通 U 形梁预制场为研究对象，建立不同龄期的 U 形钢筋混凝土梁三维实体模型，分别放置于距离夯击点 30～200m 的不同位置（如图 9-1 所示），基于 ABAQUS/Explicit 显式动力有限元模块，模拟多台夯机共同进行高能级强夯加固时的工作状态，通过数值模拟分析其对夯击振动的动力响应，分析了强夯振动能量对早龄期 U 形梁的影响，以便为类似项目的设计和施工提供参考。

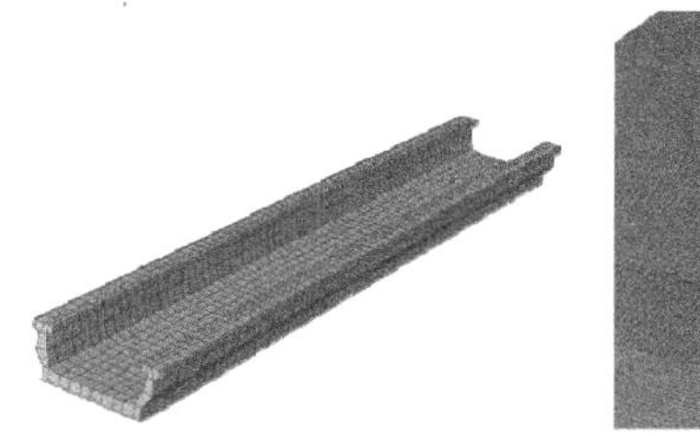
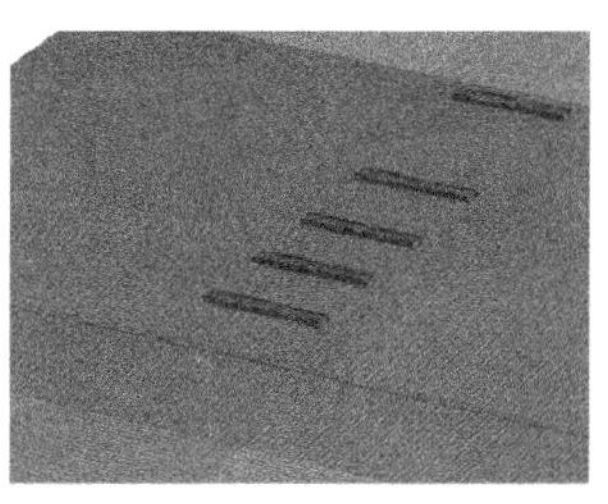

图 9-1　U 形梁模型及场地布置示意图

9.1　混凝土早龄期弹性模量的确定

数值模拟结果可信度的重要决定因素和前提就是材料参数，而在数值模拟中，材料的弹性模量是一个重要的参数。在混凝土弹性模量研究领域，以往试验的研究对象主要是正常龄期或更长龄期的混凝土，而对早龄期混凝土方面的试验研究很少。试验规程仅针对 28d 龄期混凝土静弹性模量提出了详细而系统的试验方法，关于早龄期混凝土弹性模量的试验过程和试验方法没有给出详细的说明。针对这一情况，国内外很多学者展开了关于早期混凝土材料性能的相关研究。

早在 20 世纪 20～30 年代美国就开始了混凝土质量早期判定的研究与应用，并在 50 年代后期展开了大量的试验研究。同样地，为研究判定早龄期混凝土性能，1959 年，英国工程界成立了快速试验委员会。20 世纪 50 年代，我国也陆续开展了预测早期混凝土强度方面的试验研究，并颁布《早期推定混凝土强度试验方法标准》（JGJ/T 15）。混凝土结构设计理论和施工技术日新月异，早龄期混凝土性能判定试验方法在工程建设中得到应用，工程界日益重视判定早期混凝土强度试验方法的研究工作。

由于水泥水化过程与时间密切相关，因此混凝土的强度随龄期而定。在原材料、配合比一定，同等养护条件下，龄期越长，混凝土强度越高；但龄期越长，强度增长的幅度越小。Abrams 等认为混凝土强度随龄期而变的关系式为：

$$\sigma_t = A\lg t + B \tag{9-1}$$

式中，t 为试验时的龄期，d；σ_t 为龄期 t 时的强度；A、B 为常数，由试验结果确定，其值与水泥品种等具体情况相关。

如果以 28d 龄期强度为标准强度，则任意龄期 t 的强度可按下式估算：

$$f_{c(t)} = \frac{t}{a+bt} f_{c(28)} \tag{9-2}$$

式中，t 为龄期，d；a、b 系数值随水泥品种及养护条件而定，可分别在 a=0.7～4.0 和 b=0.67～1.0 范围内变化。

式（9-1）和式（9-2）可以用来预测早期混凝土强度，但是在实际工程应用中，早龄期混凝土结构各构件的温度、养护条件（湿度、覆盖材料等）、位置等各有差异，利用上述公式推定早龄期混凝土强度时存在一定的局限性。另外，以上研究仅集中于早龄期混凝土的抗压强度试验，并未考虑早龄期混凝土其他力学性能。

在早龄期混凝土强度推定研究领域，我国的工程界学者也完成了一些试验研究。金贤玉、沈毅等通过试验研究混凝土早龄期受力后再养护至 28d 的强度及其他性能，分析混凝土早期受力对长期性能的影响，指出混凝土早龄期受力后，混凝土受力时间和其后期的养护条件对后期性能影响程度大于早期受荷程度。

余宗明等对等温强度龄期曲线法、等效龄期法与成熟度法等早期强度推断法进行了分析与讨论，指出了传统的等效龄期法和成熟度法存在的缺陷。权磊等通过试验研究不同养护条件下早期强度发展规律，采用 MATLAB 进行指数、对数及双曲线三种函数模型拟合，并运用度时极算法和等效龄期法两种方法分别进行分析对比，提出度时成熟度算法和对数函数的强度成熟度关系模型比较适用于早期强度发展规律。

上述研究在一定程度上奠定了早龄期混凝土强度的理论研究基础，为早龄期混凝土性能研究成果在实际工程应用提供了理论依据。

T. W. Reichard 结合混凝土龄期和强度等级对其力学性能的影响，通过试验研究了不同龄期不同强度等级混凝土的力学性能，张建仁、王海臣等采用系统的试验对不同龄期的混凝土弹性模量、抗压强度进行研究，推定出各龄期混凝土弹性模量，并归纳出弹性模量与龄期之间的关系表达式，并指出早期轴心抗压强度、弹性模量随混凝土龄期的增长逐渐稳定，其变异系数随之减小。

计算弹性模量的理论公式很多，每个国家均有规范的计算公式。我国《混凝土结构设计规范》（GB 50010—2010）规定，弹性模量采用标准养护条件下混凝土强度计算。但该方法仅适用于 28d 龄期普通混凝土静弹性模量，不能用于早龄期混凝土，存在一定的局限性。

英国规范 BS 8110-1：1997 和欧洲混凝土设计规范 Eurocode 2/EN 1992 在混凝土弹性模量计算中考虑了龄期的变化参量。

英国规范 BS 8110-1：1997 给出的计算不同龄期混凝土静弹性模量公式如下：

$$E(t_0) = 0.2E[2 + 3f(t_0) / f] \tag{9-3}$$

式中，t_0 为混凝土龄期，d；f 为 28d 混凝土抗压强度，MPa；$E(t_0)$ 为混凝土静弹性模量，GPa；$f(t_0)$ 为混凝土抗压强度，MPa。

Eurocode 2/EN 1992 规定，混凝土弹性模量与强度之间存在如下关系：

$$E_{cm}(t)=[f_{cm}(t)/f_{cm}]^{0.3}E_{cm} \tag{9-4}$$

式中，t 为龄期，d；$f_{cm}(t)$ 为普通混凝土不同龄期的抗压强度，MPa；f_{cm} 为普通混凝土 28d 抗压强度，MPa；$E_{cm}(t)$ 为不同龄期混凝土的弹性模量，GPa；E_{cm} 为混凝土 28d 的弹性模量，GPa。

其中，$f_{cm}(t)$ 表示如下：

$$f_{cm}(t)=\beta_{cc}(t)f_{cm} \tag{9-5}$$

$$\beta_{cc}(t)=\exp\{s[1-(28/t)^{0.5}]\} \tag{9-6}$$

式中，系数 $\beta_{cc}(t)$ 取决于水泥强度等级，对于水泥强度 CEM42.5、CEM52.5，$\beta_{cc}(t)$ 取 0.2；对于水泥强度 CEM32.5R、CEM42.5R，$\beta_{cc}(t)$ 取 0.25；对于水泥强度 CEM32.5，$\beta_{cc}(t)$ 取 0.38。

对于大体积钢筋混凝土，由于水泥自身的特性，随着龄期的不同，其强度有明显增长过程，因此不同龄期的预制 U 形梁在地面振动波传导过来的强夯能量作用下产生的响应也存在差别，由于强度未达到 50%以上的大体积钢筋混凝土不易振动，因此根据相关资料，分别对 3d、7d、28d 的预制 U 形梁进行建模，考察其在强夯振动能量影响下的反应。

根据上述研究中不同龄期混凝土弹性模量的估算公式，结合实际工程中 U 形梁的设计参数，按照 Eurocode 2/EN 1992 算得不同龄期预制 U 形梁的弹性模量，如表 9-1 所示。

表 9-1 不同龄期预制 U 形梁弹性模量

龄期/d	3	7	28
弹性模量/$\times10^4$MPa	2.54	3.187	3.45

9.2 不同龄期预制 U 形梁振动强度分析

随着夯击能在土体中的传播，放置于地面上的梁从远到近依次出现竖向振速，详见图 9-2 中不同位置预制 U 形梁竖向振速历程曲线。

从图 9-2 中可以看到，U 形梁振速峰值的分布趋势与地面竖向振速衰减趋势类似，地面竖向振速随着与夯击点距离的增加而衰减，峰值振速出现的时间随着与夯击点距离增加而延迟出现，峰值也随之下降。

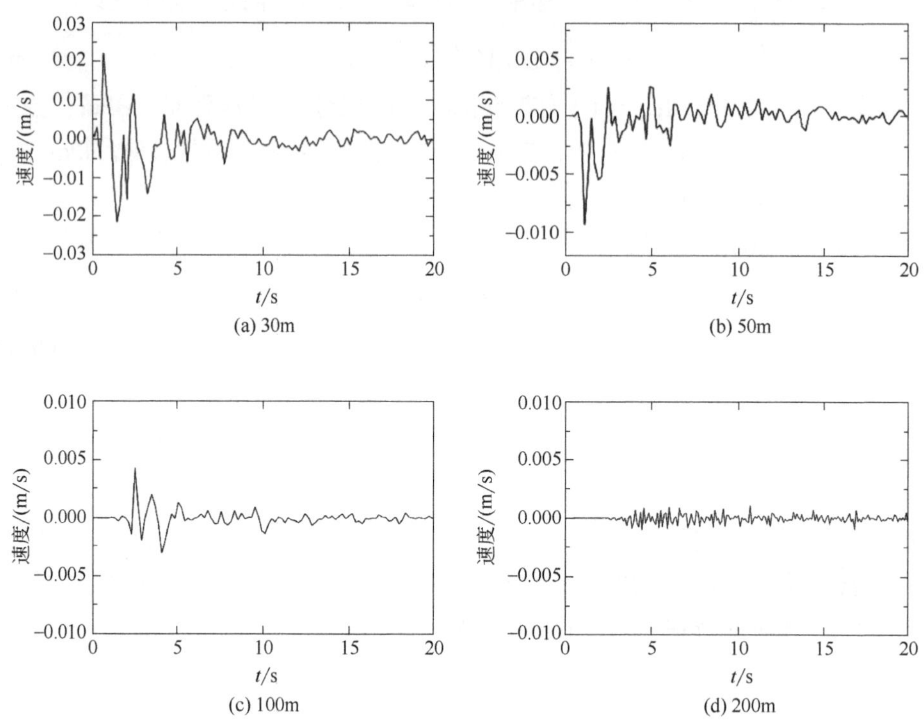

(a) 30m (b) 50m

(c) 100m (d) 200m

图 9-2 不同位置预制 U 形梁竖向振速历程曲线

不同龄期混凝土 U 形梁受夯击振动影响后，由于混凝土强度特性不同，其内部产生的应力分布情况也不相同，如图 9-3～图 9-5 所示。

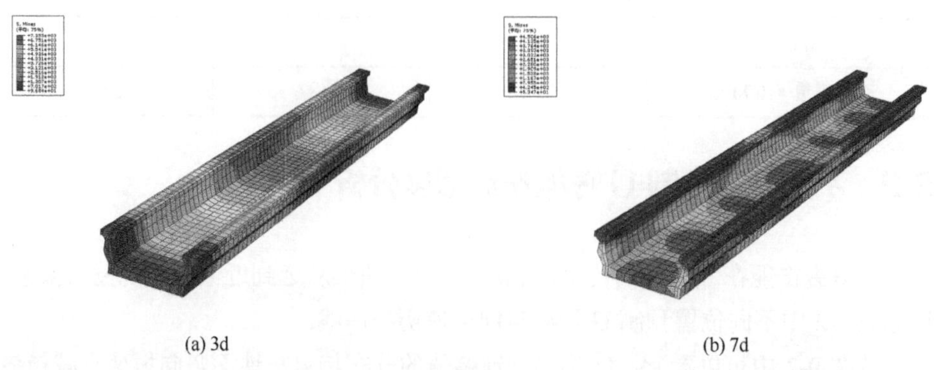

(a) 3d (b) 7d

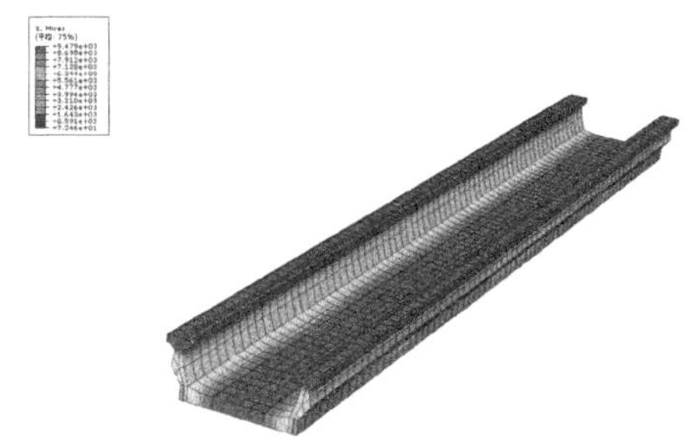

(c) 28d

图 9-3　不同龄期 U 形梁受地面振动影响应力云图（30m）

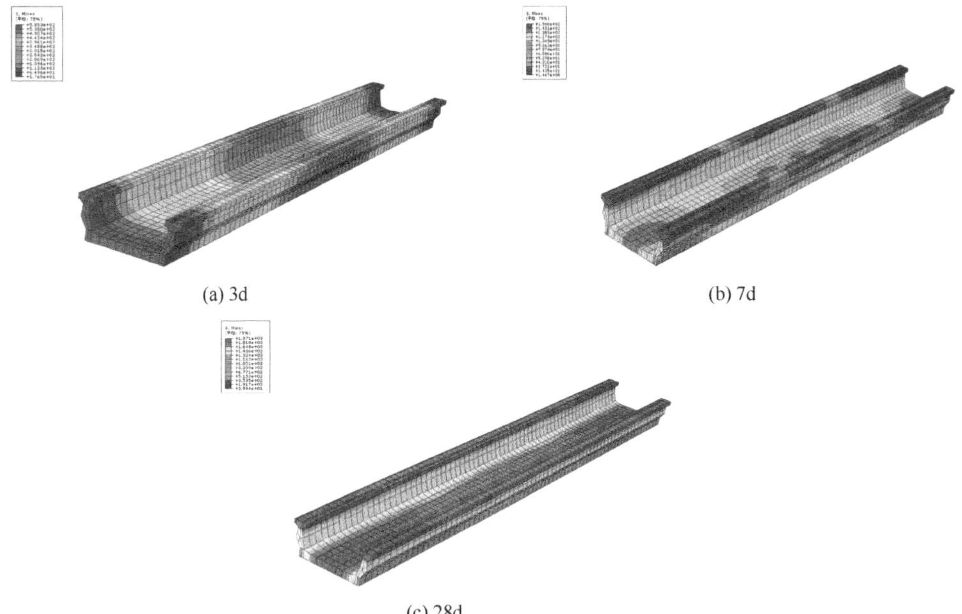

(a) 3d

(b) 7d

(c) 28d

图 9-4　不同龄期 U 形梁受地面振动影响应力云图（100m）

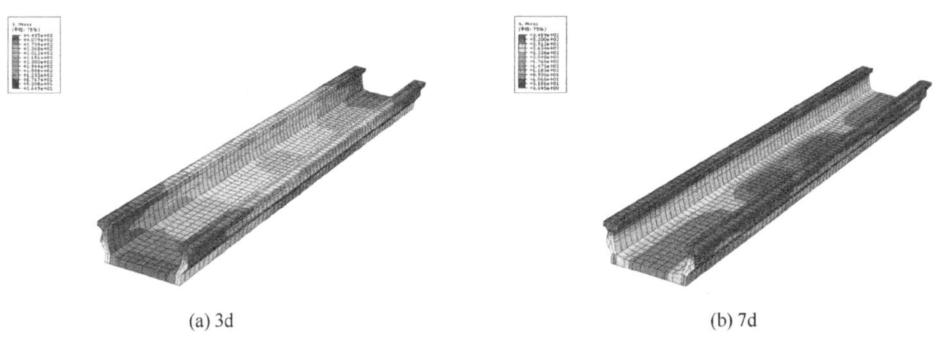

(a) 3d

(b) 7d

图 9-5

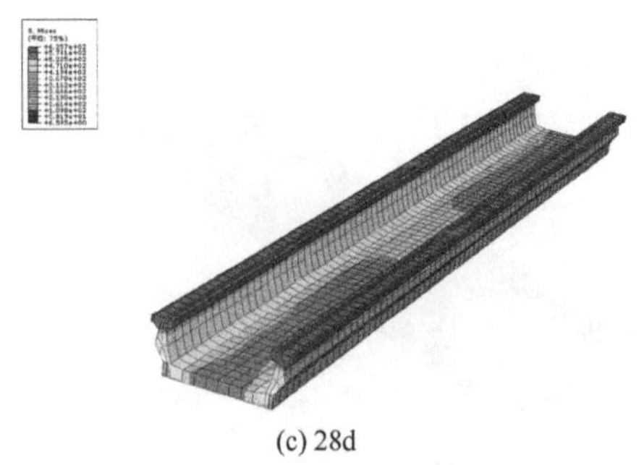

(c) 28d

图 9-5　不同龄期 U 形梁受地面振动影响应力云图（200m）

从图中可以看到，当受到地面夯击振动能量作用时，对于 3d 龄期的混凝土 U 形梁，最大受力部位在 U 形梁的跨中部位，7d 龄期的混凝土 U 形梁，跨中受力的程度变得比 3d 龄期更加均匀，较大受力部位发生在底面；28d 龄期的混凝土 U 形梁，强度增长过程已经完成，整体最大受力位置发生在底面。

9.3　U 形梁峰值振速演变规律

从前述分析可以看到，随着与夯击点距离的增加，U 形梁的峰值振速也随之衰减，为保证 U 形梁施工中和存放时的安全性，对类似工程施工提供指导建议和参考意见，对地面竖向振速峰值和 U 形梁竖向振速峰值进行统计分析，所得结果如表 9-2 所示。

表 9-2　不同位置处土体与 U 形梁振速峰值

距离/m	竖直振速峰值/（cm/s）	
	土体	U 形梁
30	3.04	2.23
50	1.07	0.928
100	0.429	0.428
200	0.143	0.142

两者随与夯击点距离增加而衰减的趋势如图 9-6 所示。

从图 9-6 中可以看出，两者之间变化趋势基本相同，在靠近夯击点的近场范围内，U 形梁的峰值振速明显小于土体的峰值振速，随着距离的增加，这种差距迅速缩小，在 100m 处已经基本没有差别，在 200m 处两者都已经小于 1.5mm/s，对工程影响非常微小。

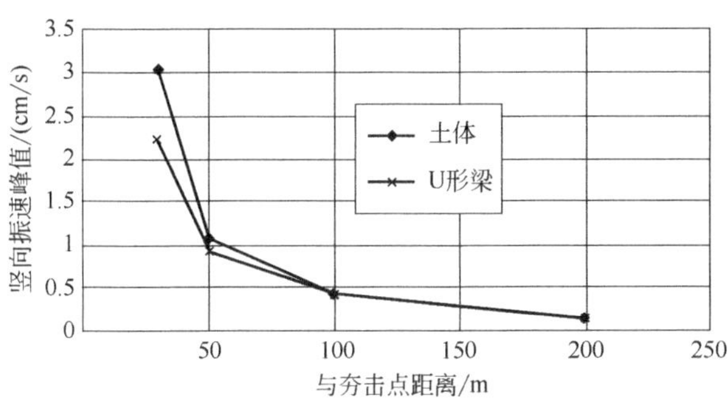

图 9-6　土体与 U 形梁竖向峰值振速变化趋势

对土体和 U 形梁竖向峰值振速相关性进行分析，结果如图 9-7 所示，两者之间的相互关系可被二次多项式拟合：

$$y = -0.0645x^2 + 0.9214x + 0.0242 \tag{9-7}$$

式中，y 为 U 形梁竖向峰值振速；x 为土体竖向峰值振速。

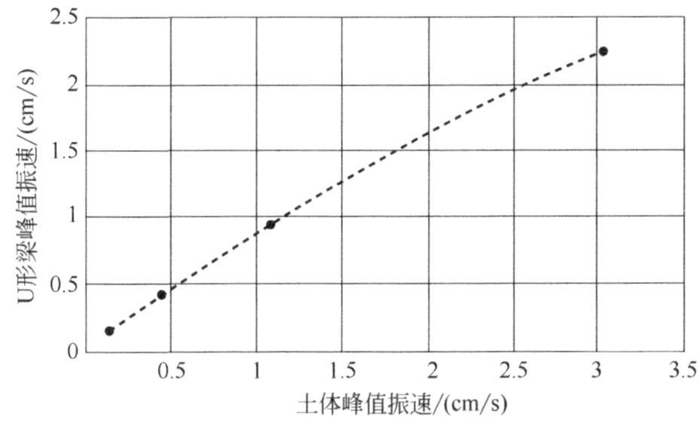

图 9-7　土体与 U 形梁竖向峰值振速相关性

U 形梁为规模较大的现浇混凝土结构，单片梁混凝土体积达 70 余立方米，最薄处为 26cm，标号为 C55。根据前述章节分析，并依据《爆破安全规程》（GB 6722—2014）中新浇筑混凝土构筑物的安全控制标准，确定施工中存梁区强夯振动波速最大值应控制为≤1.5cm/s，制梁区强夯振动波速最大值应控制为≤2.1mm/s。

9.4 强夯振动能量造成的塑性损伤

混凝土在工程中虽然常见，实际上却是一种非常复杂的复合材料，它由水泥砂浆和骨料等物质经过一系列的物理化学过程后固结成为一体，各组分属于随机分布，因此混凝土材料力学行为有很明显的随机性。同时它内部存在大量细微裂缝和杂质，表现为典型的非均匀性，生产、使用过程中各种原因开裂产生的裂缝导致材料力学性能劣化，在受力过程中还会发生微缺陷发展和裂缝演化，亦即所谓的“损伤累积”。

目前描述上述损伤破坏过程的混凝土理论主要是两大固体力学分支——连续介质损伤力学和断裂力学。连续介质损伤力学描述材料内部微缺陷发展，亦即损伤演化规律，受损的混凝土材料仍被视作连续介质，通过引入反映材料内部损伤程度的变量，通过能量耗散定律给出损伤演化的本构关系，并依据相应的力学试验确定损伤演化的相应描述；断裂力学则是通过描述固体内单个裂缝面扩展规律，来揭示混凝土的损伤破坏规律，认为随着裂纹扩展，裂缝尖端会形成微裂缝区，因此为建立裂缝面上黏聚力和裂缝张开位移之间的关系，引入断裂能作为混凝土的材料属性，用于描述混凝土的受拉开裂软化力学行为。

9.4.1 连续介质塑性损伤模型

损伤变量是损伤力学中最基本的概念，是用来反映材料内部缺陷状态的物理量。早期研究中损伤变量用材料受损面积 A_d 与材料总面积 A_n 的比值表示，亦即损伤值 d 为：

$$d = \frac{A_d}{A_n} \tag{9-8}$$

式中，$d \in [0, 1]$，是一个标量。实际上直接测量断面的微缺陷、微孔洞得到损伤值 d 极其困难，因此可以利用应变等价原理间接测量，此时损伤变量 d 可以视作反映材料宏观性质劣化的内变量。

应变等价原理假定应力 σ 作用在受损材料上的应变与有效应力 $\bar{\sigma}$ 作用在无损材料上的应变等价，即

$$\varepsilon = \frac{\sigma}{(1-d)E} = \frac{\bar{\sigma}}{E} \tag{9-9}$$

式中，有效应力$\bar{\sigma}$是材料净截面上的应力，即

$$\bar{\sigma} = \frac{\sigma}{1-d} \tag{9-10}$$

塑性损伤模型主要考虑塑性流动和损伤演化这两种物理机制，而损伤演化和塑性流动都需要耗散能量，因此可以通过热力学能量耗散分析来建立联系。在等温纯力学过程中，材料的 Helmholtz 自由能ψ可以表示为应变张量ε和损伤变量d的函数，$\psi = \psi(\varepsilon, d)$；材料的应变张量$\varepsilon$可以分解为弹性应变张量$\varepsilon^{\mathrm{e}}$和塑性应变张量$\varepsilon^{\mathrm{p}}$之和，$\varepsilon = \varepsilon^{\mathrm{e}} + \varepsilon^{\mathrm{p}}$；相应地，材料的 Helmholtz 自由能可以分解为可恢复（弹性）部分ψ^{e}和不可恢复（塑性）部分ψ^{p}之和，即

$$\psi^{\mathrm{e}}(\varepsilon^{\mathrm{n}}, d, \kappa) = \psi^{\mathrm{e}}(\varepsilon^{\mathrm{e}}, d) + \psi^{\mathrm{p}}(d, \kappa) \tag{9-11}$$

用损伤值 d 来描述 Helmholtz 自由能的耗散程度，则材料的初始 Helmholtz 自由能ψ_{n}可以表示为

$$\psi(\varepsilon^{\mathrm{n}}, d, \kappa) = (1-d)\psi_{\mathrm{n}}(\varepsilon^{n}, \kappa)$$

以及

$$\psi^{\mathrm{n}}(\varepsilon^{\mathrm{n}}, d) = (1-d)\psi_0^{\mathrm{e}}(\varepsilon^{\mathrm{e}})$$

$$\psi^{\mathrm{p}}(\kappa, d) = (1-d)\psi_0^{\mathrm{p}}(\kappa)$$

式中，$\psi_0^{\mathrm{e}}(\varepsilon^{\mathrm{e}})$和$\psi_0^{\mathrm{p}}(\kappa)$分别对应材料的初始 Helmholtz 自由能$\psi_0$中的弹性部分和塑性部分。

材料的初始 Helmholtz 自由能可以视作有效应力空间无损材料的 Helmholtz 自由能。此时初始弹性 Helmholtz 自由能$\psi_0^{\mathrm{e}}(\varepsilon^{\mathrm{e}})$即为弹性应变能

$$\psi_0^{\mathrm{e}} = \int_0^{\varepsilon^{\mathrm{e}}} \bar{\sigma} : \mathrm{d}\varepsilon^{\mathrm{e}} \tag{9-12}$$

而材料的初始塑性 Helmholtz 自由能可以定义为累积塑性功

$$\psi_0^{\mathrm{p}}(\kappa) = \int_0^{\sigma^{\mathrm{p}}} \bar{\sigma} : \mathrm{d}\varepsilon^{\mathrm{p}}$$

对于等温纯力学过程，材料的自由能需要满足热力学能量耗散不等式：$\vartheta = \sigma : \dot{\varepsilon} - \dot{\psi} \geqslant 0$；对时间微分得到

$$\vartheta = \left(\sigma - \frac{\partial \psi^{\mathrm{e}}}{\partial \varepsilon^{\mathrm{e}}}\right) : \dot{\varepsilon}^{\mathrm{e}} - \frac{\partial \psi}{\partial d}\dot{d} + \sigma : \dot{\varepsilon}^{\mathrm{p}} - \frac{\partial \psi^{\mathrm{p}}}{\partial \kappa}\dot{\kappa} \geqslant 0 \tag{9-13}$$

在热力学能量耗散不等式（9-13）中，由于$\dot{\varepsilon}^{\mathrm{e}}$的任意性，不等式的第一项必须等于零，由此得到损伤应力-应变关系：

$$\sigma=\frac{\partial\psi^{\mathrm{e}}}{\partial\varepsilon^{\mathrm{e}}}=(1-d)\bar{\sigma}=E:\ \varepsilon^{\mathrm{e}}=E:(\varepsilon-\varepsilon^{\mathrm{p}}) \tag{9-14}$$

$$E=(1-d)E_0$$

式中，E为损伤状态下材料的刚度；E_0为材料初始刚度。损伤变量$d\in[0, 1]$，反映了材料刚度的退化程度。

式（9-14）即为塑性损伤本构关系的基本公式，其中确定塑性应变ε^{p}的流动法则是塑性力学的研究重点，而确定损伤变量d的演化法则是损伤力学的核心问题。

9.4.2 损伤演化法则

引入能量释放率Y，则损伤能量耗散可以表示为

$$Y=\frac{\partial\psi}{\partial d} \tag{9-15}$$

引入损伤耗散势函数$G(Y, r)$确定损伤状态

$$G(Y,r)=g(Y)-g(r) \tag{9-16}$$

其中，G=0为损伤面，类似屈服面；r为历史最大损伤能释放率，可以表示为

$$r=\max\{r_0,\max Y_\tau\} \tag{9-17}$$

相应地，损伤流动法则以及一致性条件可以表示为

$$\dot{d}=\dot{\lambda}^{\mathrm{d}}\frac{\partial G}{\partial Y}=\dot{\lambda}^{\mathrm{d}}\frac{\partial g}{\partial Y} \tag{9-18}$$

$$\dot{\lambda}^{\mathrm{d}}\geqslant 0,\ G\leqslant 0,\ \dot{\lambda}^{\mathrm{d}}G=0 \tag{9-19}$$

ABAQUS塑性损伤模型都假定损伤能释放率Y与塑性内变量k有关

$$Y(k)=\int_0^k q\mathrm{d}k \tag{9-20}$$

相应地，根据式（9-18）可以给出损伤变量d的演化法则的一般形式为

$$\dot{d}(\kappa)=h_{\mathrm{d}}\kappa \tag{9-21}$$

其中，h_{d}为损伤软化模量，根据试验给出。

9.5 塑性损伤模型仿真分析

9.5.1 场地模型参数

强夯分析中，土体本构模型必须综合考虑强夯的动力冲击、锤土相互作用等因素，ABAQUS 内置了多种土体本构模型，根据本章研究目的和依托项目的情况，选定 Mohr-Coulomb 模型作为模型土体的本构模型。根据项目前期相关室内土工试验数据和实际测量数据的试算，确定分析中所用的相关参数，如表 9-3 所示。

表 9-3　土体相关参数

位置	弹性模量 E/MPa	泊松比 μ	黏聚力 c/kPa	φ /(°)	密度/(kg/m³)
表层土	6.7	0.38	21	28.7	1830
深层土	210	0.3	6	29.5	1900
夯锤	2.11×10^4	0.22	—	—	7800

考虑主要考察多夯机强夯能量对周围环境的影响，因此将强夯落锤过程省略，通过给夯锤模型一个符合自由落体公式的竖向初速度的方式，结合夯锤的体积、质量，赋予夯锤达到相应高能级的夯击能量，夯锤和土体之间的接触采用罚函数算法实现，同时考虑施工中最不利情况，模拟中设定全部夯锤均同时冲击土体。

动力分析模型的人工边界不但要反映波动在土层中的辐射现象，还需要保证振波从分析区域内部穿过边界时不产生明显的反射效应。

有限元与无限元耦合边界拥有良好的衰减特性，有效消除人工边界的振波反射。邻近振源区域的能量和变形较大，离振源较远的区域变形较小，因此位于场地计算模型的中心区域可以利用有限元进行模拟计算，考虑土体的不均匀性、非线性及地层界面；而模型边缘区域的土体变形相对较小，可近似看作弹性介质，适合使用无限元进行离散，建立振波向无限远处传递时的辐射边界条件。

本章研究中同样选用此类型边界作为模型的场地边界条件，模拟土体的半无限空间特性，如图 9-8 所示。

根据相关研究文献和报告，强夯引起的地基振动频率小于 10Hz，对周围环境主要影响因素瑞利波的波长通常在 8～12m 之间，因此模型中夯锤和地基土接触的夯击加载区单元尺寸设为 0.5m，受影响区域设为 0.8m，在非加载区以及边缘地区适当放宽单元尺寸，满足精度要求的同时降低计算成本。

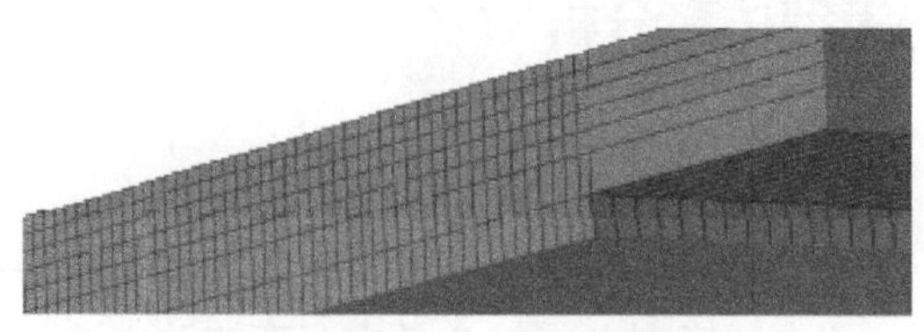

图 9-8　有限元-无限元耦合边界

根据工程实际情况，同时为避免振动波从模型边界向内部反射、出现不符合实际情况的额外振动，在主要观测分析区域外额外留出一定的缓冲区域，最终场地模型设为长 560m、宽 400m，土层厚度 30m 的实体，按照工程实况在夯击区域周边设置 3m 深隔振沟，共创立 152 万个三维实体单元。

U 形梁模型分别以长度方向和强夯振动传播方向平行/垂直两种模式，放置在距离夯击点不同距离（15m、30m、50m）的地面上，根据现场模板的台座尺寸在土体表面切割出条形面与 U 形梁底面建立通用接触对，以此模拟施工现场的设置。模型采用瑞利阻尼，根据相关资料，地基土的阻尼比取为 0.1，混凝土的阻尼比取为 0.05。

9.5.2　早龄期混凝土参数

ABAQUS 预置的塑性损伤模型沿用了 Lee-Fenves 模型关于损伤变量的定义并在此基础上加以改进，在应用 ABAQUS 塑性损伤模型时，需输入损伤变量 d^+ 与单轴应力 σ^+ 以及相应的开裂应变 ε^{cr+}（或者开裂位移 u^{cr+}）的离散数据表。开裂应变 ε^{cr+} 和损伤变量 d^+ 以及塑性应变 ε^{p+} 三者之间的关系为

$$\varepsilon^{cr+}=\varepsilon-\frac{\sigma^+}{E_0}=\varepsilon^{p+}+\frac{d^+}{1-d^+}\times\frac{\sigma^+}{E_0} \tag{9-22}$$

为了缓解网格大小敏感性，输入的黏聚力 σ^+-裂缝张开位移 u^{cr+}（位移形式）或者黏聚力 σ^+-裂缝张开应变 ε^{cr+}（应变形式）离散数据必须符合虚拟（黏聚）裂缝模型或者裂缝带理论相关假定。虚拟裂缝模型假定黏聚力（裂缝张开后能传递的应力）σ^+-裂缝张开位移 u^{cr+} 曲线围成的面积等于张开型断裂能 G_f^+：

$$G_f^+=\int_0^\infty \sigma^+ \mathrm{d}\varepsilon^{cr+} \tag{9-23}$$

对于混凝土这种准脆性材料，黏聚力 σ^+-裂缝张开位移 u^{cr+} 曲线可以根据试验取为线性软化曲线、双线性软化曲线等多种形式。根据裂缝带理论，式（9-23）

可以写成应变形式

$$\frac{G_t^+}{l_{ch}} = \int_0^{\infty} \sigma^+ \mathrm{d}\varepsilon^{cr+} \tag{9-24}$$

联立两式，开裂应变 ε^{cr} 与 u^{cr+} 有如下关系

$$\varepsilon^{cr+} = \frac{u^{cr+}}{l_{ch}} \tag{9-25}$$

其中特征长度 l_{ch} 与网格大小和裂缝方向有关，一般采用如下近似计算值

$$l_{ch} = V_e^{\frac{1}{n_d}} \tag{9-26}$$

式中，V_e 为单元体积（面积）；n_d 为单元的维度。

ABAQUS 塑性损伤模型在前处理阶段，根据输入的 $\sigma^+(u^{cr+})$ 数据或者 $\sigma^+(\varepsilon^{cr+})$ 数据以及 $d^+(\varepsilon^{cr+})$ 数据转换得到塑性应变 ε^{p+}（必须大于零而且单调递增）。$\sigma^+(\varepsilon^{p+})$ 需要通过循环加载试验标定。损伤值 d^+ 的表达式为：

$$d^+ = \frac{(1-b)\varepsilon^{cr+}}{(1-b)\varepsilon^{cr+} + \dfrac{\sigma^+}{E_0}} = \frac{(1-b)u^{cr+}}{(1-b)u^{cr+} + \dfrac{\sigma^+ l_{ch}}{E_0}} \tag{9-27}$$

式中，b 为塑性应变与开裂应变之比。ABAQUS 塑性损伤模型中 b 的取值只能大于零。从公式中可以发现，采用位移形式的输入数据与采用应变形式的输入数据会得到完全一致的损伤值数据，因此在实际使用此模型时，可以通过输入材料的应力-应变关系离散数据表来建立混凝土材料的相应损伤关系本构。

为此，严格按照工程实际应用的配合比，制得不同龄期（3d、5d、7d）混凝土试块进行单轴压缩、单轴拉伸试验，获得各龄期混凝土材料的应力-应变关系曲线后，按照 ABAQUS 手册中所述方法，转化为不同龄期混凝土材料的塑性损伤模型所需的离散数据曲线，为保证计算能够收敛，设定初始屈服强度为屈服极限的 0.6 倍。早龄期混凝土拉、压强度试验应力-应变曲线见图 9-9。早龄期 U 形梁模型参数见表 9-4。

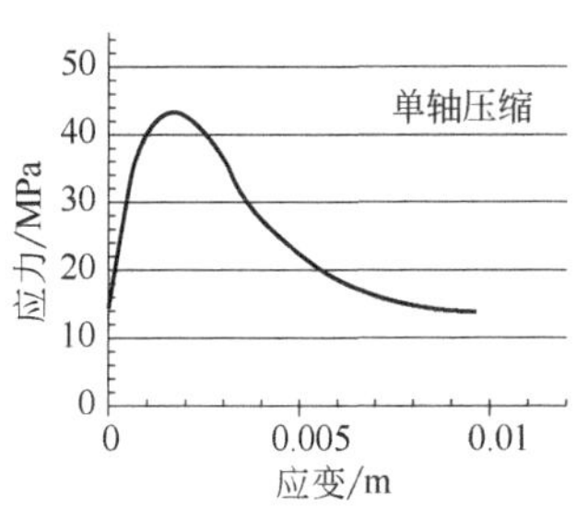

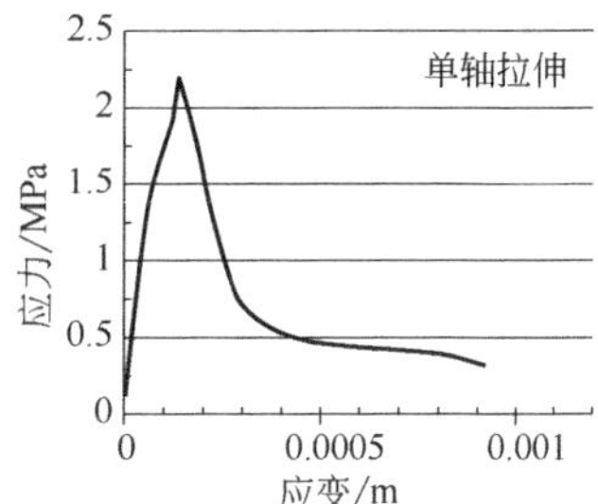

(a) 3d

图 9-9

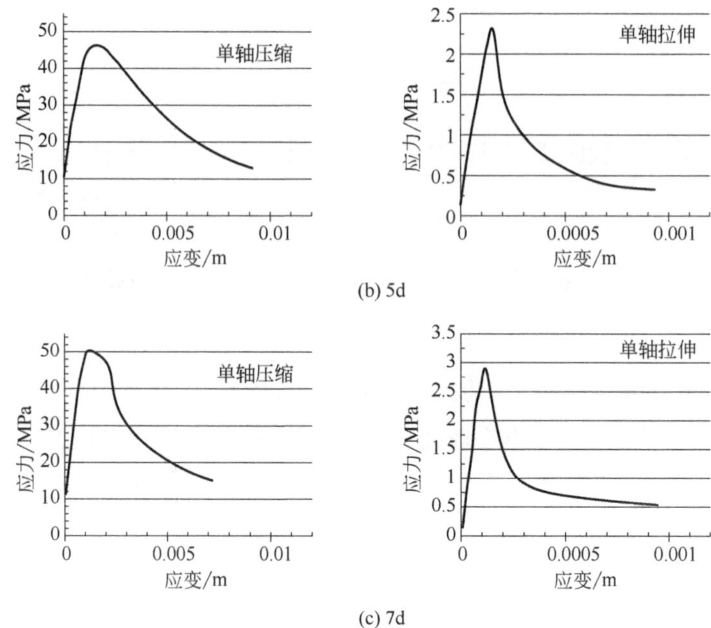

(b) 5d

(c) 7d

图 9-9　早龄期混凝土拉、压强度试验应力-应变曲线

表 9-4　早龄期 U 形梁模型参数

龄期/d	弹性模量/GPa	泊松比 μ	抗压强度/MPa	抗拉强度/MPa	密度/（kg/m³）
3	31.45	0.2	44.31	2.17	2500
5	34.63	0.2	46.87	2.31	2500
7	35.61	0.2	51.83	2.89	2500

9.5.3　损伤因子计算

损伤即材料内部凝聚力在荷载下进展性地减弱，使受载材料产生缺陷裂纹与微孔。损伤因子的推导方法较多，但不是每一种方法在 ABAQUS 软件中都能较快较好计算收敛，根据郭嘉伟等的研究，采用 Sidoroff 能量等效性假设计算混凝土损伤因子，在 ABAQUS 的 Damage Parameter 中直接输入，且能得到切合实际的结果、易迭代收敛，因此本次模拟采用该方法计算损伤因子相关参数，详见表 9-5。

表 9-5　模型损伤因子相关计算参数设定

参数	ψ	ε	f_{b0}/f_{c0}	K	μ
取值	30	0.1	1.16	0.66667	1e-5

9.6 强夯能量对早龄期 U 形梁塑性损伤影响

9.6.1 横向冲击

当 U 形梁长度方向和强夯振动传播方向垂直时，称为横向冲击状态。在该状态下，U 形梁的两翼受冲击能量有一定时间差别。

（1）3d

3d 早龄期混凝土 U 形梁受强夯冲击后具体受力演变规律情况详见图 9-10 中梁身应力分布云图。

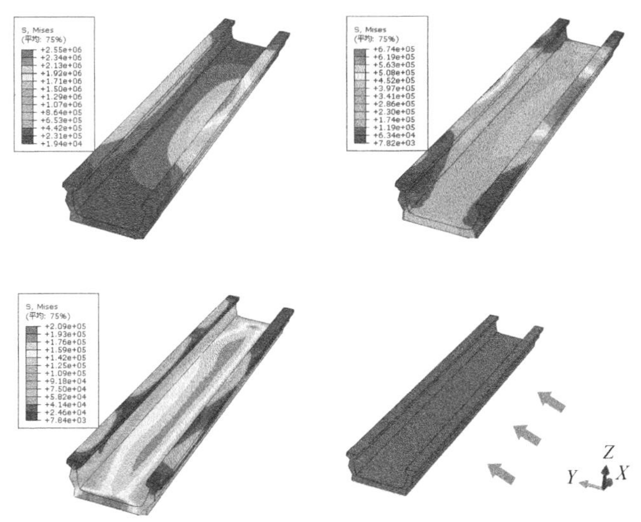

图 9-10　受冲击时 U 形梁应力分布演变

从图 9-10 中可以看到，当冲击能量传播到 U 形梁所在位置时，靠近夯击点方向的一侧翼板中央部位受力最大，随着能量继续传播，另一侧翼板中央部位也承受较集中的应力，但范围和峰值均变小；而随着能量传播、U 形梁整体最终稳定后，则是底板中心部位承受较大应力。

为研究冲击作用下 U 形梁的安全性，在模型中循环进行多次强夯，对过程中压缩破坏和拉伸破坏的损伤因子进行了统计，结果如图 9-11 所示。

由图 9-11 可知，距离夯击点 15m、30m 的 U 形梁分别在第 4 次和第 12 次强夯冲击后出现了拉伸破坏，距离夯击点 50m 的 U 形梁则未出现破坏，同时三组模型均未出现压缩破坏。

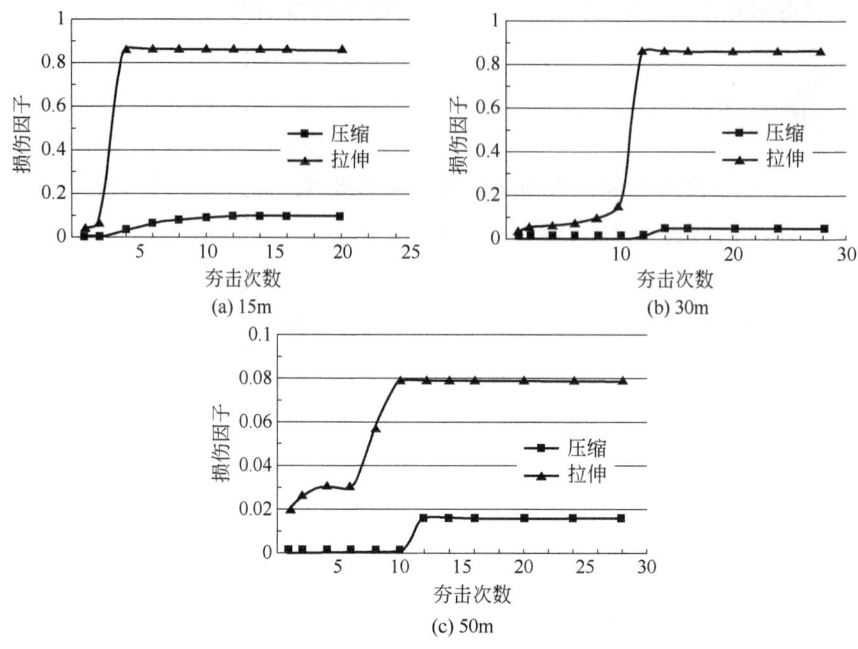

图 9-11 损伤因子与夯击次数的关系（3d）

可见早龄期 U 形梁若距离夯击点过近，即使有隔振沟削减强夯能量，依然无法承受其扰动，在振动中迅速达到抗拉强度屈服值，出现拉伸破坏。

U 形梁具体的破坏过程可以通过拉伸损伤因子演变来揭示，如图 9-12 所示，当距离为 15m 时，由于强夯能量过大，U 形梁先是在侧翼中央部位出现局部小损伤，随后几乎立即出现整体的断裂；而当距离为 30m 时，由于土体对强夯能量的衰减作用，U 形梁的破坏变成了侧翼中央出现局部损伤、侧翼中央开裂、开裂延伸到底板这样一个发展过程；而当距离达到 50m 之后，各部位的损伤已经变得非常微小，可以忽略不计。

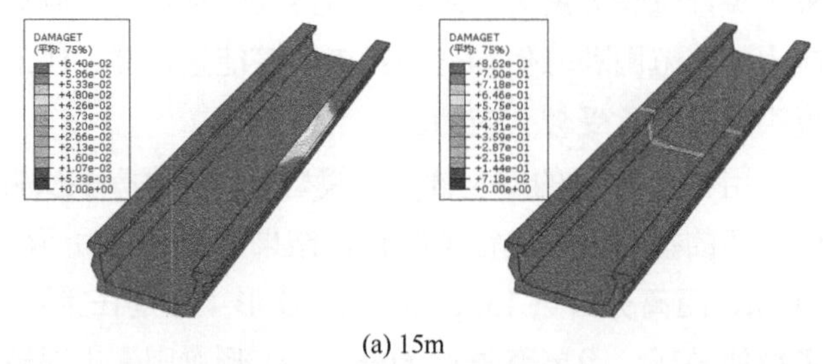

(a) 15m

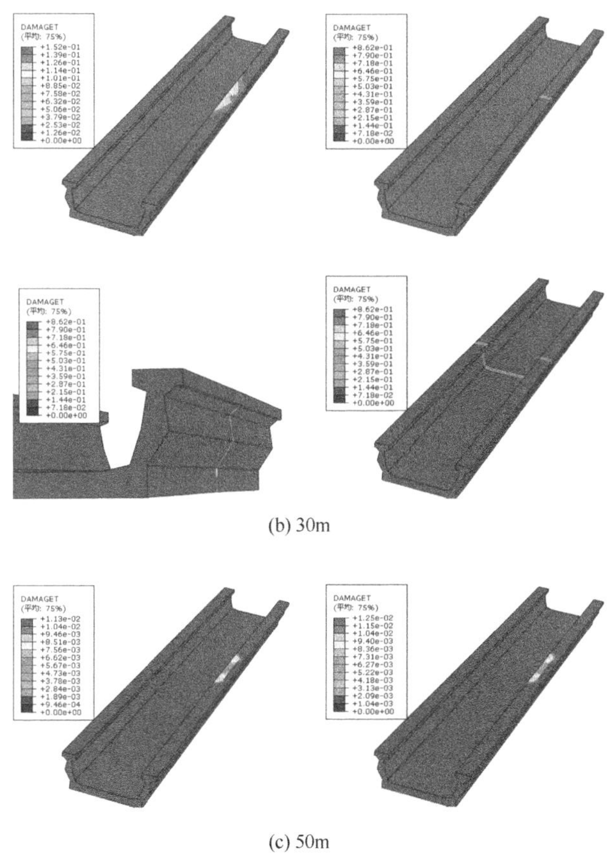

(b) 30m

(c) 50m

图 9-12　不同距离处 U 形梁损伤因子演变（3d）

（2）5d

5d 早龄期混凝土 U 形梁受强夯冲击后内力演变情况与 3d 梁身应力分布规律类似，一侧翼板中央部位出现较集中的应力，随后另一侧翼板中央部位出现范围和峰值均缩减的应力集中区，最终稳定后底板中心部位承受较大应力。

由于强度的提高，压缩破坏和拉伸破坏演变规律出现新的变化，15m 处 U 形梁在第 4 次强夯冲击时出现拉伸破坏，30m 处在第 16 次强夯冲击时出现拉伸破坏，50m 处未发生破坏，具体损伤因子演变情况详见图 9-13。

如图 9-14 所示，本次模拟分析中 U 形梁在强夯能量冲击下破坏发展迅速，30m 处的破坏形式也表现为整体脆性开裂破坏，应与混凝土自身强度发展机理和硬化过程有关，50m 处 U 形梁同样未发生破坏，提示此处应该已经为安全区域。

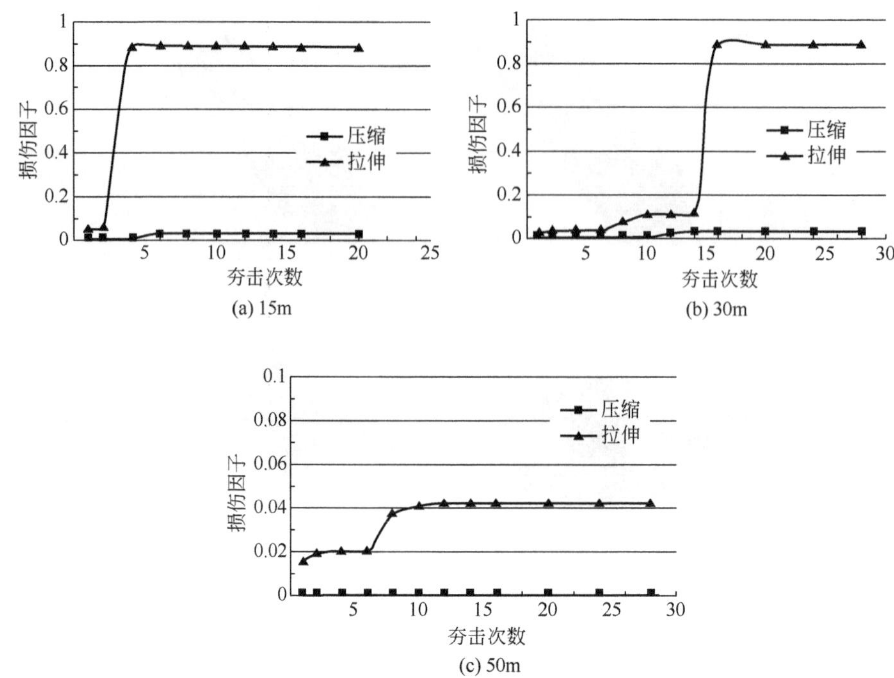

(a) 15m　　(b) 30m

(c) 50m

图 9-13　损伤因子与夯击次数的关系（5d）

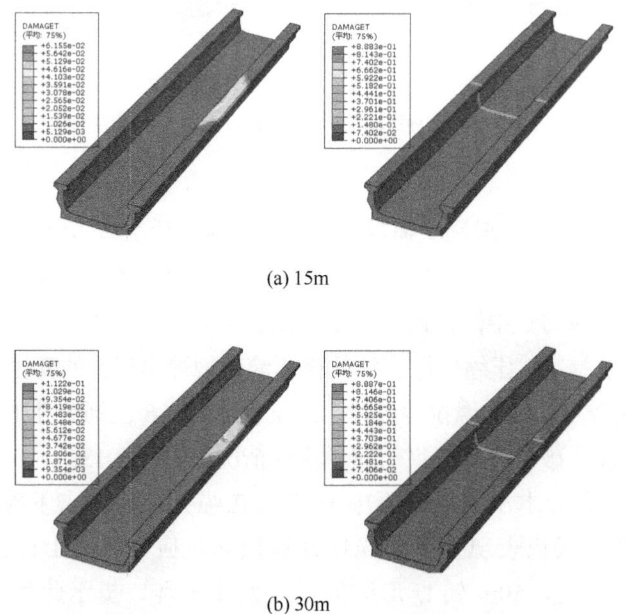

(a) 15m

(b) 30m

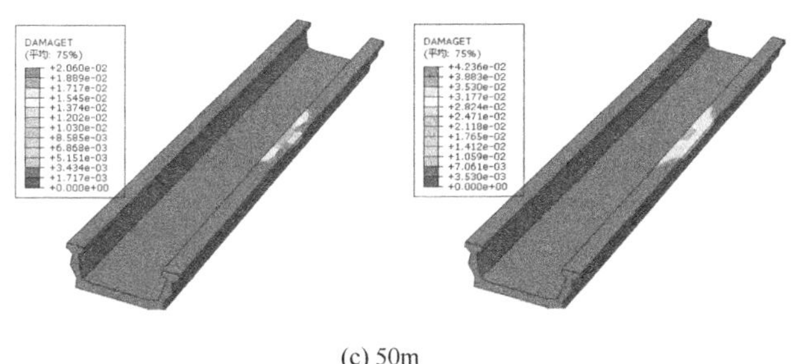

(c) 50m

图 9-14　不同距离处 U 形梁损伤因子演变（5d）

（3）7d

7d 早龄期混凝土 U 形梁受强夯冲击后内力分布规律与前述类似，翼板顶部中央部位、底板中心为应力集中区，演变规律也基本相同，但应力的峰值较 3d 时提高了 10%左右。

随着强度的进一步提高，梁身能够承受的强夯能量扰动也随之大幅增加，15m 处 U 形梁在第 10 次强夯冲击时出现拉伸破坏，30m 处在第 18 次强夯冲击时出现拉伸破坏，50m 处未发生破坏，具体损伤因子演变情况详见图 9-15。

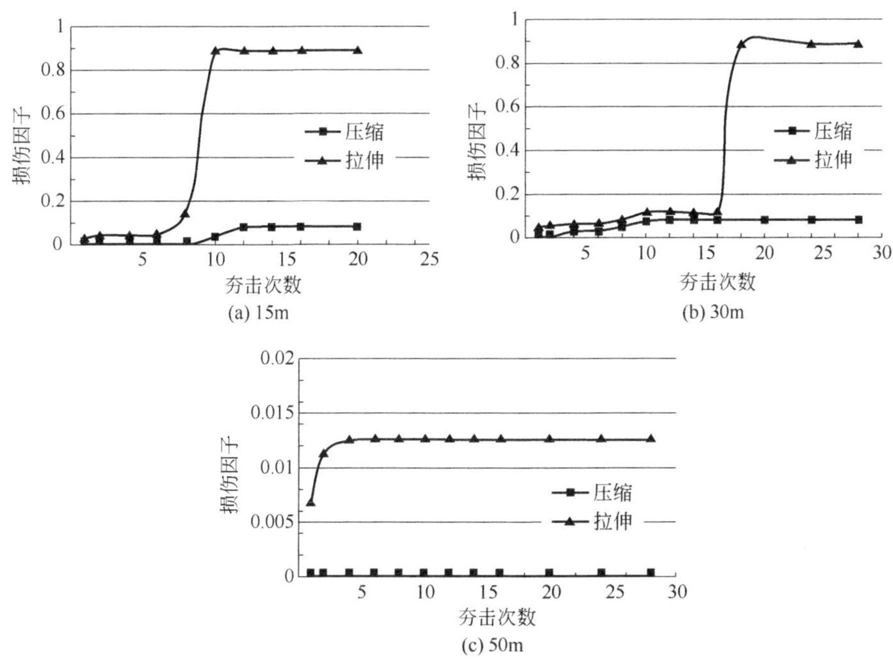

(a) 15m　(b) 30m　(c) 50m

图 9-15　损伤因子与夯击次数的关系（7d）

现浇 U 形梁体量巨大，即使 7d 时强度已经提高到接近 28d 强度，但在强夯能量冲击下破坏形式依然表现为发展迅速的整体脆性开裂破坏，50m 处 U 形梁本次模拟中同样未发生破坏，提示此处为安全区域，具体破坏情况如图 9-16 所示。

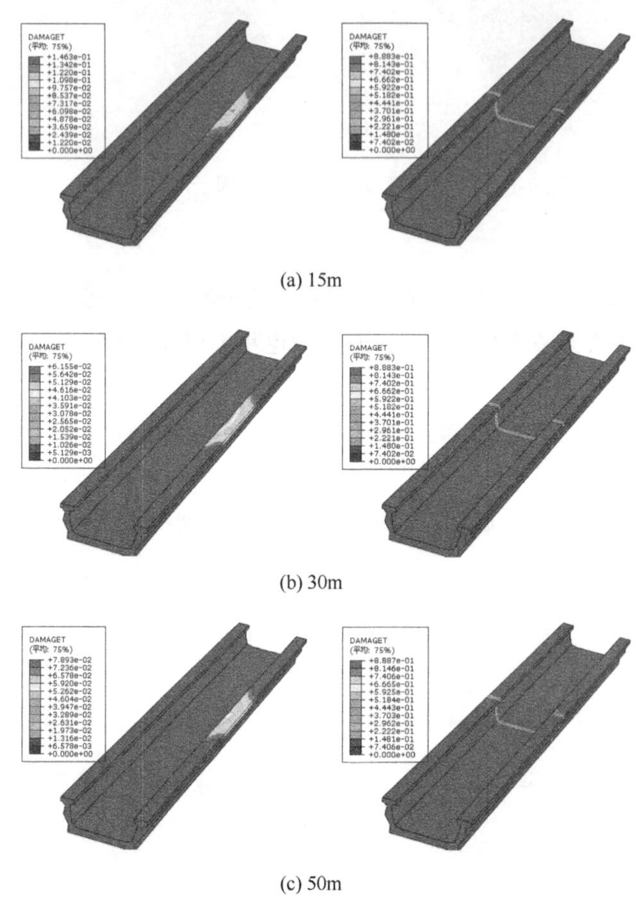

(a) 15m

(b) 30m

(c) 50m

图 9-16　不同距离处 U 形梁损伤因子演变（7d）

9.6.2　纵向冲击

当 U 形梁长度方向和强夯振动传播方向平行时，称为纵向冲击状态，此时两端受强夯能量影响有一定时间差别，为简便明晰起见，将先受到强夯能量冲击的梁端称为首端，对应的另一端称为尾端。

（1）3d

如图 9-17 所示，U 形梁的首端先受到强夯能量的冲击，翼板、腹板出现明显的应力集中区，底板受力同样并不均衡，随着能量传播，受影响区域进一步扩大，但由于梁体沿着传播方向放置，而梁身混凝土强度还待发展，后半部分梁体受到影响明显减小，尾端梁体基本不受什么影响。

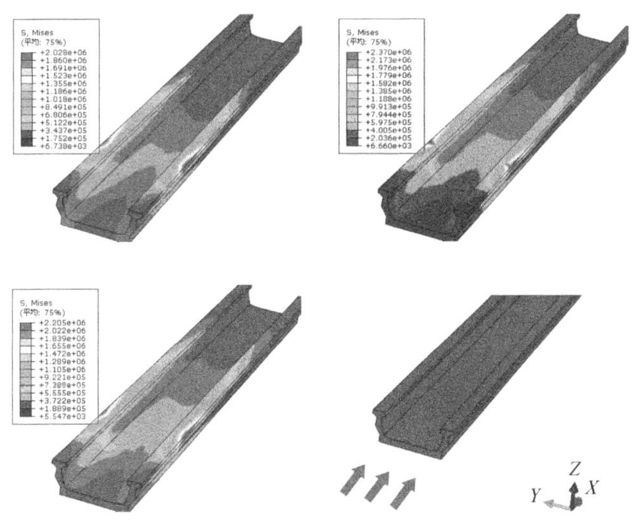

图 9-17　受冲击时 U 形梁应力分布演变（3d）

与横向冲击时的破坏模式不同，由于翼板、腹板的存在，首端受到强夯能量冲击时，不但出现拉伸破坏，还出现了不可忽视的压缩破坏，详见图 9-18 损伤因子曲线。

如图 9-18 所示，位于 15m 处的 U 形梁首端在受到第一次夯击能量冲击时立即造成了拉伸破坏，同时压缩破坏的损伤因子后期也达到 0.4 左右，证明即使存在隔振沟消减能量，15m 处仍然不可作为存放 U 形梁的场地。30m 处压缩损伤因子基本为零，拉伸损伤因子值为 0.22，有一定影响，50m 处两项损伤因子的值基本为零，纵向冲击情况下，30m 处依然不可作为存放区，而 50m 处可视为无明显影响。

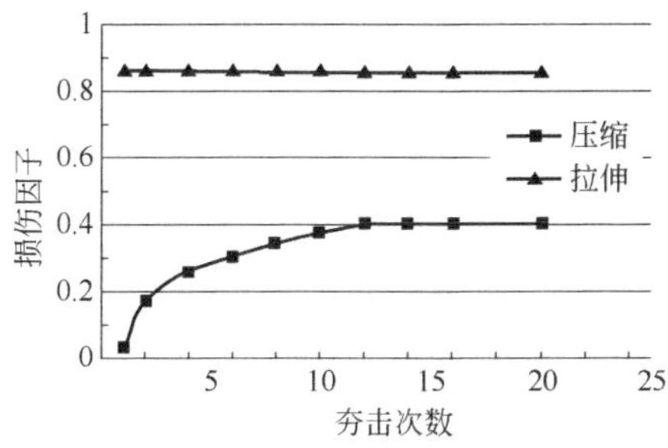

图 9-18　损伤因子与夯击次数的关系（3d，15m）

具体的破坏模式如图 9-19、图 9-20 所示，拉伸损伤方面，受到夯击能量冲击之后首端的翼板和腹板就立即发生了拉伸破坏，而底板则依然保持完整，在承受更多次夯击能量冲击后，底板最终被拉伸损伤区域贯通，形成了整体的拉伸破坏。

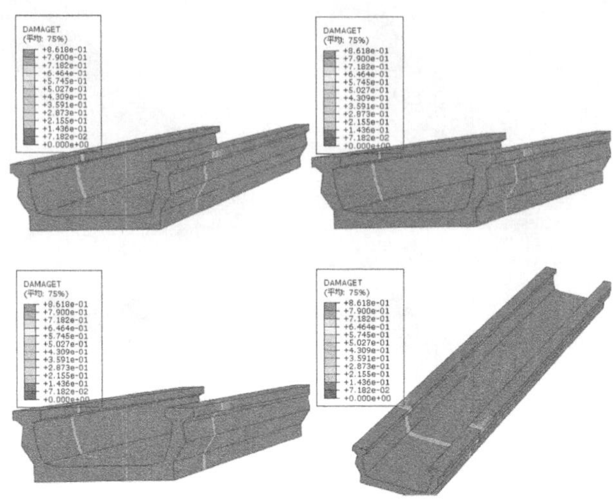

图 9-19　U 形梁损伤因子演变（拉伸破坏，3d，15m）

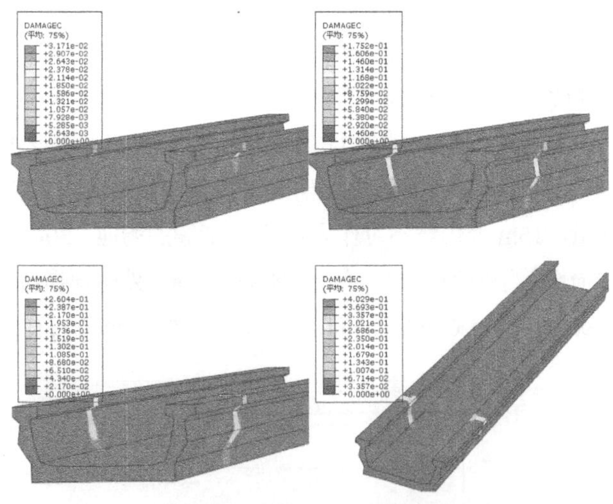

图 9-20　U 形梁损伤因子演变（压缩破坏，3d，15m）

压缩损伤方面，先是翼板靠近首端的部分出现压缩损伤，随着夯击次数的增加，腹板也开始出现局部压缩损伤并最终延伸到同位置的底板，但底板整体并未出现明显的压缩损伤。

（2）5d

5d 的 U 形梁受强夯能量冲击后内力变化与 3d 差别不大，同样翼板、腹板出现明显的应力集中区，后半部分梁体则受影响较小。

如图 9-21 所示，随着强度的提高，U 形梁能承受更多强夯能量的冲击，15m 处的 U 形梁在 6 次强夯之后出现了拉伸破坏，由于翼板、腹板强度和刚度的明显提升，相比 3d 时，压缩损伤已经微小到可以忽略不计；30m 处压缩损伤因子基本为零，拉伸损伤因子值为 0.012，50m 处两项损伤因子的值基本为零，可视为无明显影响。

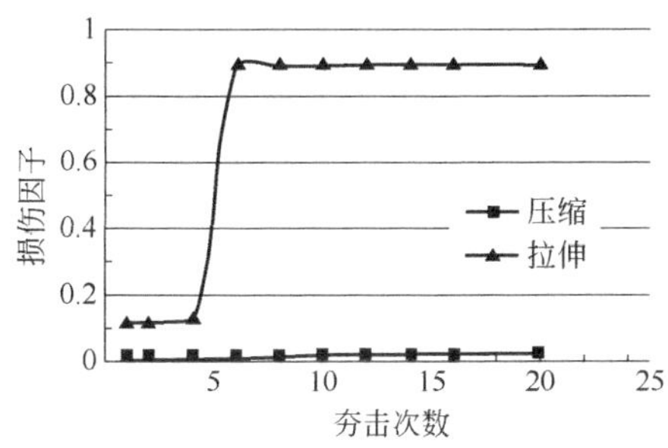

图 9-21　损伤因子与夯击次数的关系（5d，15m）

如图 9-22 所示，拉伸损伤方面，受到夯击能量冲击之后首端的翼板发生了拉伸损伤，但并未破坏，随着夯击次数的增加，翼板、腹板相继出现拉伸破坏，而底板虽有细微拉伸损伤，但最终保持完整，没有形成整体拉伸破坏。

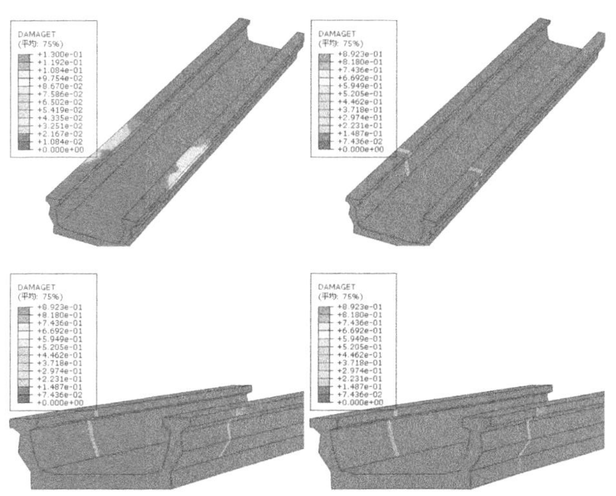

图 9-22　U 形梁损伤因子演变（拉伸破坏，5d，15m）

（3）7d

翼板、腹板、底板的强度进一步提高后，U 形梁在沿长度方向上的强度和刚度也大幅度增加，因此，与 3d 时相比，7d 时 U 形梁受冲击后内力分布的变化规律出现了新的变化，受影响区域增加（特别是翼板和腹板），应力峰值则显著下降，尾端也受到明显的影响，详见图 9-23。

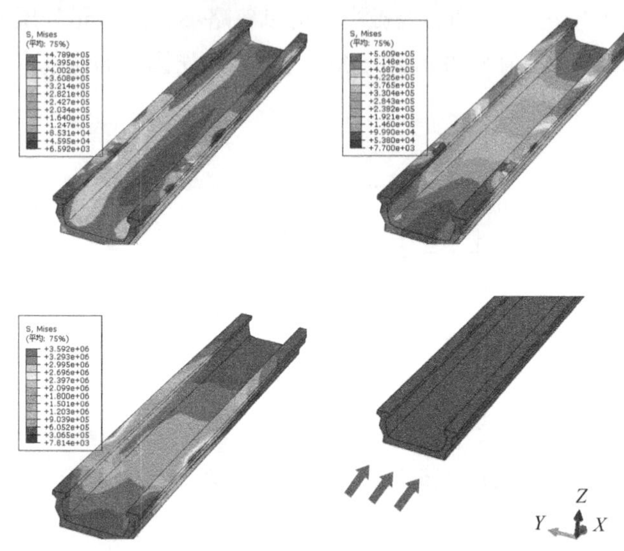

图 9-23　受冲击时 U 形梁应力分布演变（7d）

由于强度和刚度的明显提升，15m 处前期压缩损伤基本可以忽略，进行到第 10 次夯击时发生拉伸破坏，随后压缩损伤因子峰值提升到 0.205；30m 处、50m 处两项损伤因子的值均已小到可以忽略，可视为安全距离。

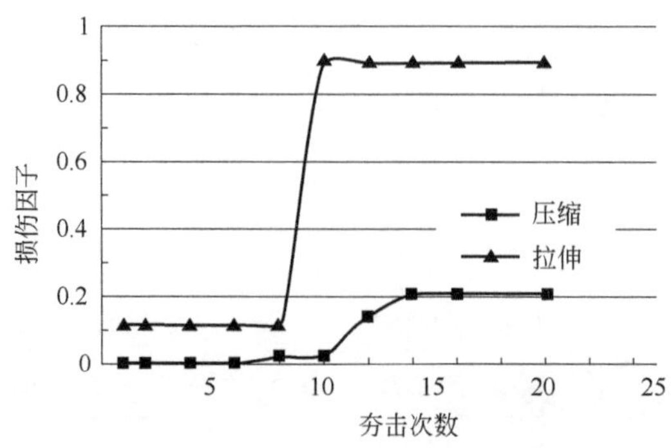

图 9-24　损伤因子与夯击次数的关系（7d，15m）

从图 9-25 中可以看到，压缩损伤主要发生在翼板，腹板受到一定损伤但影响非常微小；拉伸损伤先是发生在翼板和腹板，然后损伤开始在底板出现，最终当夯击次数达到 10 次时，底板的损伤区域贯通，U 形梁整体发生了拉伸破坏。

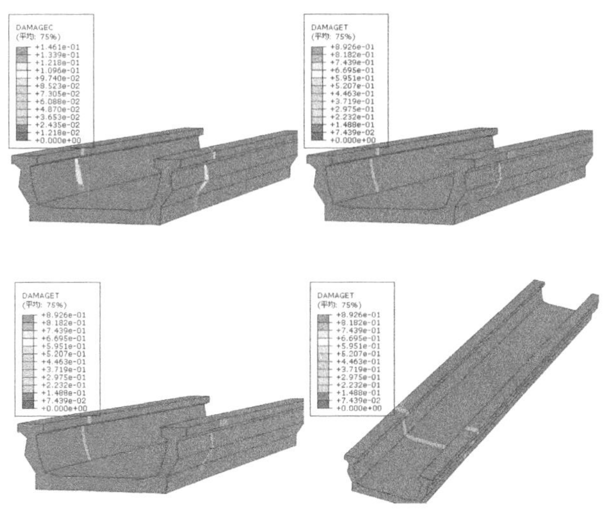

图 9-25　U 形梁损伤因子演变（压缩、拉伸破坏，7d，15m）

综合前文两种冲击方式的分析，可以认为：①U 形梁受夯击能量冲击后，主要以拉伸损伤为主要破坏模式，3d、5d、7d 的早龄期 U 形梁的破坏均为整体突然断裂的脆性破坏模式。②两种放置方式中，翼板均是最先发生拉伸破坏的部位，随后破坏区域延伸到腹板，当混凝土强度较低时，底板迅速随之发生整体性的拉伸破坏，当混凝土有足够强度后，底板能承受更多次夯击能量的冲击。③夯击能量能够对早龄期 U 形梁造成明显的扰动，当距离较近时，即使设置了隔振沟，依然会造成 U 形梁出现损伤和破坏，根据本书研究，为保障早龄期 U 形梁本体安全，在设置有效隔振沟的情况下，至少也应间隔 50m，方可避免受到明显损伤。④不同放置模式的损伤分布也不同，横向放置时破坏位置为梁中部（沿宽度方向），纵向放置时破坏位置为靠近首端处（沿宽度方向），横向时整个 U 形梁基本都会受到影响，纵向时尾端梁体则在混凝土强度较低时几乎不受影响，当混凝土强度提高之后，尾端才会受到较明显的影响。

因此，当必须在强夯施工地附近进行 U 形梁浇筑时，应尽量保持距离，采用 U 形梁长度方向与强夯能量传播方向垂直的横向放置方式，做好减振措施，并额外对中部的翼板和腹板采取加固措施。

9.7 多夯机强夯振动对早龄期 U 形梁疲劳破坏的影响

疲劳是指材料承受扰动作用时，在足够多的循环扰动作用下形成裂纹或完全断裂的局部永久结构变化发展过程。造成疲劳破坏的内因主要是材料性能和应力集中的程度，外因则是循环应力的特征和次数。根据疲劳荷载的作用次数可以将疲劳分为三类：低周疲劳（荷载循环小于 10^3 次）、高周疲劳（荷载循环介于 10^3～10^7 次之间）、超高周疲劳（荷载循环大于 10^7 次）。

混凝土也同样存在疲劳破坏特性，在重复荷载作用下可能发生突然的、脆性的破坏，造成重大安全隐患。对此，国内外专家学者已经展开了大量关于普通混凝土和高强高性能混凝土疲劳方面的研究。

李永强等通过对素混凝土模型梁进行等幅疲劳试验，研究了混凝土的受压疲劳性能，通过对实验数据的整理分析，得出素混凝土的疲劳寿命近似服从两参数威布尔分布。王瑞敏等通过等幅和变幅荷载作用下的疲劳试验，以纵向总变形和混凝土应变为参数拟合出了两个疲劳寿命估算公式。Matsushita 和 Tokumistu 通过对素混凝土圆柱体进行疲劳试验来研究混凝土的抗压疲劳特性，得出混凝土 200 万次疲劳加载后的抗压疲劳强度折减系数为 0.624～0.683，并提出了最大、最小应力水平下的疲劳寿命方程。Nelson 等通过双轴疲劳试验对高性能混凝土的抗压疲劳强度进行了研究，证明高性能混凝土的加载次数为 200 万次时，疲劳强度为（0.47～0.52）f_c。Chimamphant 证明在试验频率范围内，加载频率的变化对高性能混凝土的疲劳性能影响很小。吴佩刚等通过对高强混凝土试件进行疲劳试验研究拟合出高强度混凝土疲劳寿命方程。赵光仪等通过抗拉疲劳试验研究拟合出高强混凝土的劈拉疲劳、轴拉疲劳和弯拉疲劳的疲劳方程。李秀芬等通过高强混凝土简支梁静载试验和疲劳试验，得出受弯模型梁的疲劳破坏始于纵向受拉钢筋的疲劳断裂。肖建庄等通过高性能混凝土简支梁疲劳试验得出影响高性能混凝土疲劳性能的关键因素是疲劳荷载的应力比和钢筋的应力幅。

另外，U 形梁为开口薄壁构件，在振动作用下，其响应会比普通混凝土构件更加显著，而目前对 U 形梁的研究主要集中在结构性能、动力响应、塑性收缩和开裂问题，一般基于应用理论分析、数值模拟和试验的方法研究破坏规律和裂缝走向等。

王彬力进行了 U 形梁的疲劳模型试验与理论分析，发现疲劳试验下梁体首先出现了纵向裂缝；疲劳试验后梁体的抗剪、抗弯和抗裂性能仍满足设计要求。汪振国、李奇等建立了车-轨-桥耦合振动分析模型，研究了 U 形梁振动的参数问题和高频振动响应问题。

庄严通过 30m 标准跨 U 形梁静载破坏试验研究了 U 形梁的强度、刚度、极限承载力及开裂等问题，结果表明 U 形梁在 1.6 倍设计荷载时进入塑性状态，而开裂前 U 形梁未出现明显裂缝。王炎通过静载试验测试了荷载对主梁关键截面混凝土和钢筋变形的影响，得到主梁的消压弯矩为 1.31 倍设计荷载，达 2.0 倍设计荷载时主梁开始发生塑性变形，破坏荷载为 2.7 倍设计荷载。张婷通过对 U 形梁的 600 万次疲劳试验和疲劳后静载试验发现，梁体裂缝在初始阶段增长较快，后期逐渐趋于平稳，试验中 U 形梁外肋翼缘板的混凝土首先发生压溃破坏。

可见目前对 U 形梁的结构性能、运行时的动力响应、混凝土塑性收缩等问题都已经有了一定的研究，但上述研究基本是针对养护完成、强度达标的 U 形梁，主要研究课题也是针对 U 形梁建设完成后在轨道系统运行中遇到的各种问题，尚未见针对早龄期 U 形梁在预制梁场养护期间受周围振动影响的相关研究。

多夯机强夯造成的地面振动，是周期性持续的循环扰动，造成的峰值应力水平也远超单夯机施工的情况，因此必然会对附近的早龄期混凝土 U 形梁产生明确的影响，为了确保 U 形梁在生产、存放和使用中的安全，就必须对早龄期 U 形梁在强夯振动影响下的疲劳破坏性能做出评估，以便在此基础上对施工安全参数和最小安全距离等做出调整。

为此，本章基于 XFEM 扩展有限元模型，通过 ABAQUS 的循环加载模块，模拟了 100 次强夯能量的反复作用，对强夯振动能量影响下早龄期 U 形梁的低周疲劳破坏特性进行了研究。

扩展有限元方法（extended finite element method，XFEM）是近年来发展起来的求解不连续力学问题的一种有效的数值方法，通过在相关节点的影响域上显式地富集非连续位移模式，克服了常规有限元法要求裂纹面与单元边界一致、裂纹扩展以后需要重新划分网格等缺点，能够更简便有效模拟混凝土裂缝的扩展。

9.7.1　模拟参数设置

工程中预制 U 形梁采用 C55 聚丙烯纤维高性能混凝土制作（聚丙烯纤维掺量 $0.9kg/m^3$），基于混凝土的材料特性，本次研究采用 ABAQUS-XFEM 预置的最大主应力破坏准则（Maxps Damage），为此严格按照 U 形梁预制工程中应用的配合比，在实验室制得不同龄期（3d、5d、7d）混凝土试块，进行单轴抗压、单轴抗拉、楔劈试验等相关物理力学特性试验，按照所得结果，设定早龄期混凝土相关模型参数，如表 9-6 所示。

表 9-6　早龄期 U 形梁模型参数

龄期/d	弹性模量/GPa	泊松比 μ	抗压强度/MPa	抗拉强度/MPa	密度/（kg/m^3）	断裂能/（N/m）
3	31.45	0.2	44.31	2.17	2500	109.63
5	34.63	0.2	46.87	2.31	2500	105.54
7	35.61	0.2	51.83	2.89	2500	116.44

强夯是非常复杂的动力过程，为节省计算成本，模型中省略了夯锤冲击和振动传播过程的模拟，而是利用试夯时（隔振沟已施工完成）现场监测仪器实际采集到的距离夯击点不同位置的地面振动数据，转化为 ABAQUS 的 smooth step 型离散数据表来驱动模型中 U 形梁下方土体表层受迫振动，用这种方式模拟强夯对 U 形梁的影响。

底部土体采用弹性体本构模型，土体表面根据模板台座尺寸切割出条形面与 U 形梁底面建立接触，以此模拟预制梁现场的实际情况，土体周围以及土体深部的边界处采用有限元-无限元耦合的方式来吸收和消除散逸的土体振动能量，防止对 U 形梁造成额外干扰。具体模型如图 9-26 所示。

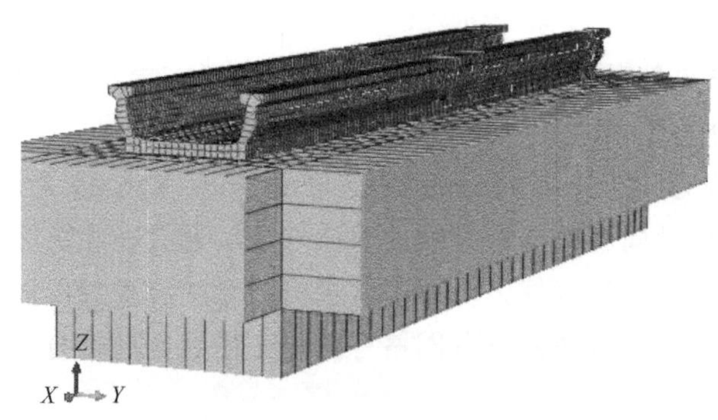

图 9-26　有限元-无限元耦合模型

9.7.2　早龄期 U 形梁低周疲劳断裂特性

（1）龄期 3d

距离夯击点不同距离的 3d 早龄期混凝土 U 形梁受 100 次强夯能量反复作用

后的疲劳破坏情况如图 9-27、图 9-28 所示，根据工程实际情况，分别采用距离夯击点 30m、50m、100m 处的地面振动数据进行模拟。

图例中 STATUXFEM 参数代表 XFEM 区域单元的开裂情况，其值用 0～1 之间的数来表示不同开裂程度，当 STATUXFEM=1 时表示完全开裂；当其值为 0 时表示无开裂。

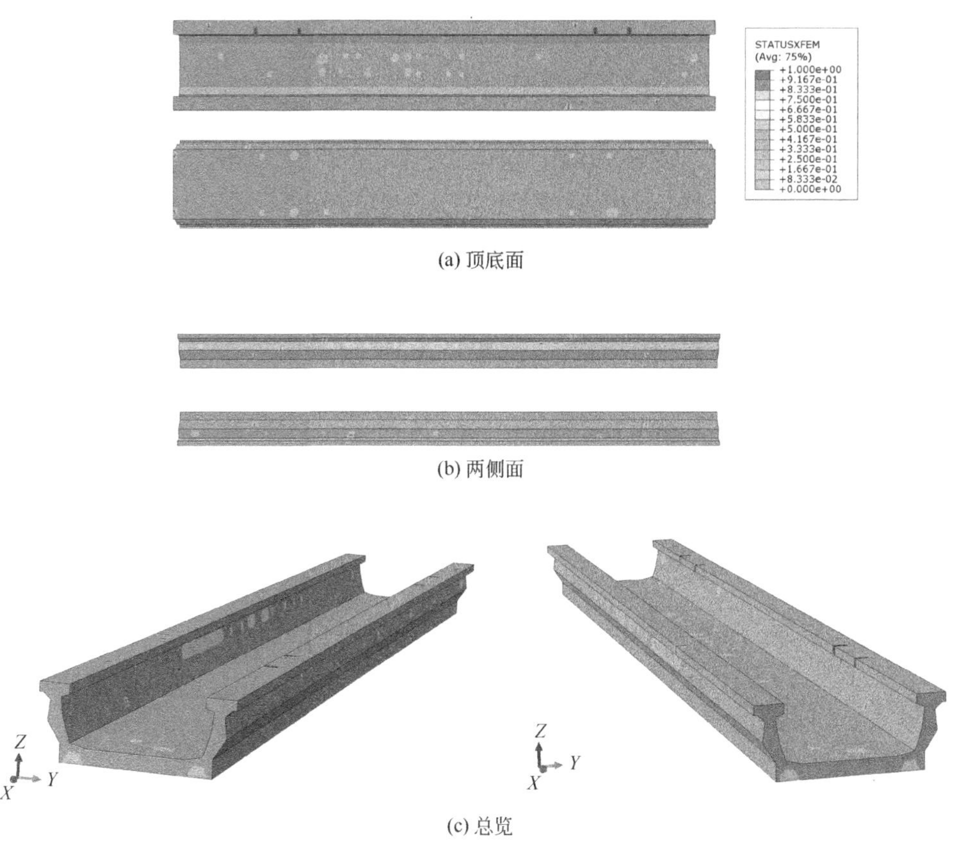

(a) 顶底面

(b) 两侧面

(c) 总览

图 9-27　早龄期 U 形梁疲劳破坏（距离 30m）

从图 9-27 中可以看到，当 U 形梁距离夯击点过近时，即使有隔振沟保护措施，U 形梁在强夯能量的反复作用下出现了明显的裂缝，开裂最严重的部位是翼板，顶面出现了多处完全开裂区域。其次是腹板，主要在与翼板连接的上部出现连续的不完全开裂区域，底板则在中央和两端部位出现了部分开裂的区域，程度相对较轻。

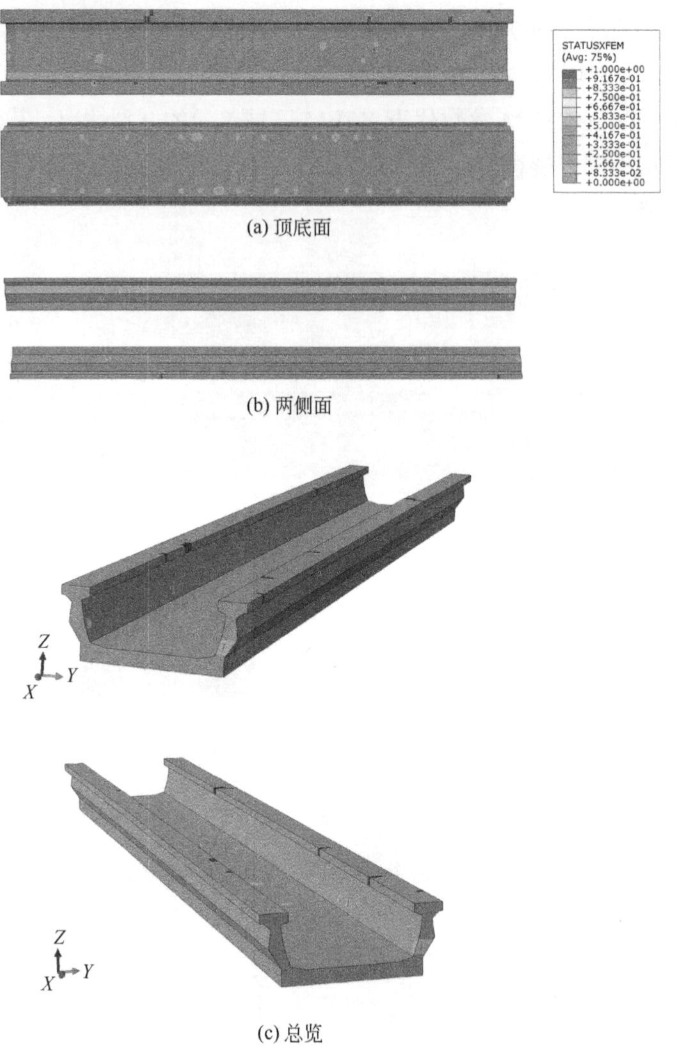

(a) 顶底面

(b) 两侧面

(c) 总览

图 9-28　早龄期 U 形梁疲劳破坏（距离 50m）

从图 9-28 中可以看到，当 U 形梁距离夯击点 50m 时，虽然距离增加，但由于龄期较短，梁身强度和刚度发展不足，U 形梁依然出现较明显的裂缝，疲劳破坏情况与 30m 距离时比较类似，开裂最严重的部位同样是翼板。其次是腹板，但没有出现连续的开裂区域，底板在中部和底面出现部分开裂。

由图 9-29 可知，当与夯击点的距离进一步拉开（100m）后，由于夯击能量在土体中衰减，3d 早龄期 U 形梁的翼板、腹板基本不再受强夯振动的影响，主要开裂区域变成了底板两端易发生应力集中的区域。

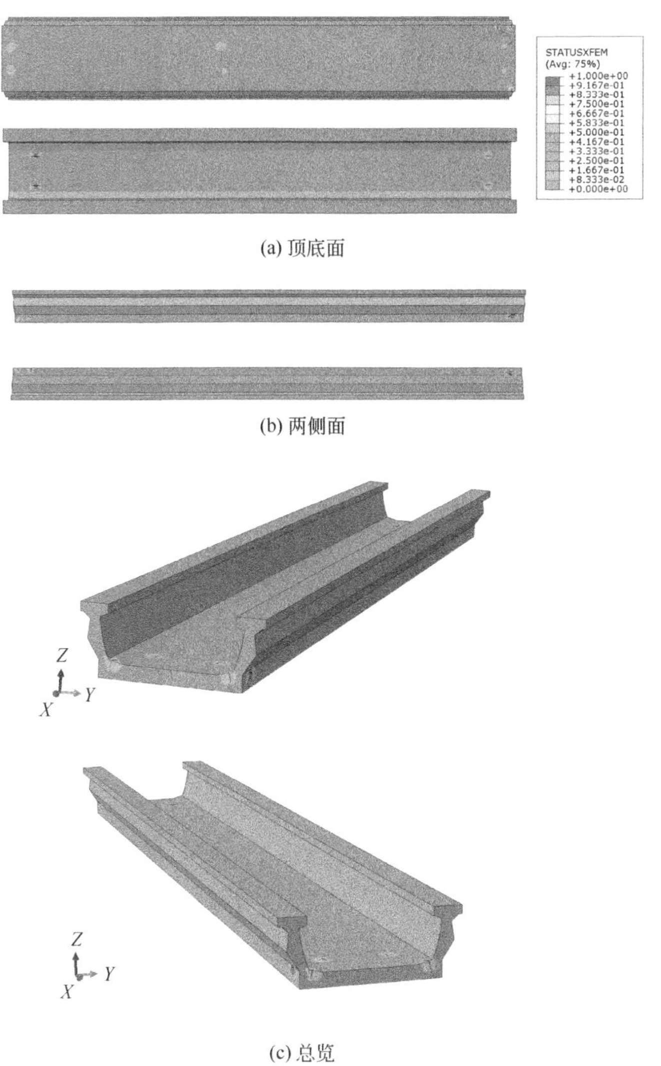

(a) 顶底面

(b) 两侧面

(c) 总览

图 9-29　早龄期 U 形梁疲劳破坏（距离 100m）

（2）龄期 5d

5d 早龄期混凝土强度高于 3d，其疲劳破坏情况与 3d 时类似，距离夯击点 30m、50m、100m 处的开裂情况如图 9-30～图 9-32 所示。

如图 9-30 所示，5d 龄期 U 形梁在距离夯击点 30m 时，较严重的开裂同样主要发生在翼板部位，腹板的连续开裂区域比 3d 时略多，且位置更加接近下部；底板开裂的区域集中在沿长度方向的中央条形区域，范围稍有增加，但开裂程度均比较轻微。

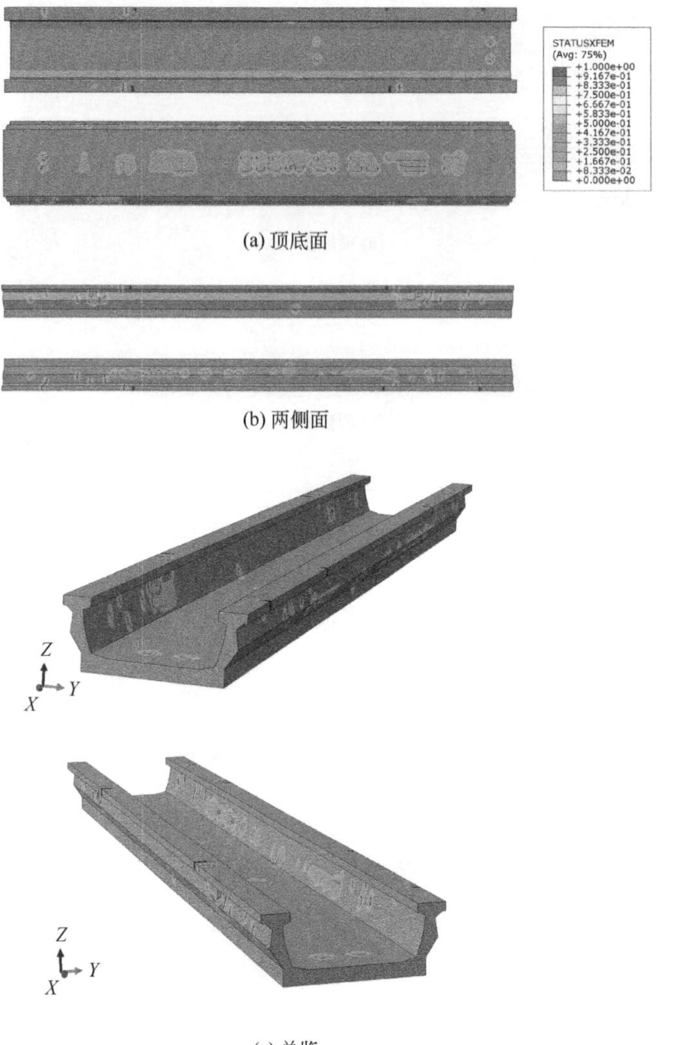

(a) 顶底面

(b) 两侧面

(c) 总览

图 9-30　早龄期 U 形梁疲劳破坏（距离 30m）

如图 9-31 所示为距离 50m 时梁体各部位的开裂现象，翼板依然有比较严重的开裂部位，腹板则没有裂缝出现，底板开裂区域的范围较 30m 时明显减少，但局部的开裂程度有一定增加。

图 9-32 为距离夯击点 100m 处的 U 形梁裂缝情况，可见除了底板一端有 STATUSXFEM 最大值为 0.4 的局部开裂外，梁体其他各处都没有出现裂纹。

（3）7d

随着混凝土强度的进一步提高，梁身能够承受的强夯能量也随之显著增加，

7d 早龄期混凝土 U 形梁具体疲劳开裂情况详见图 9-33～图 9-35。

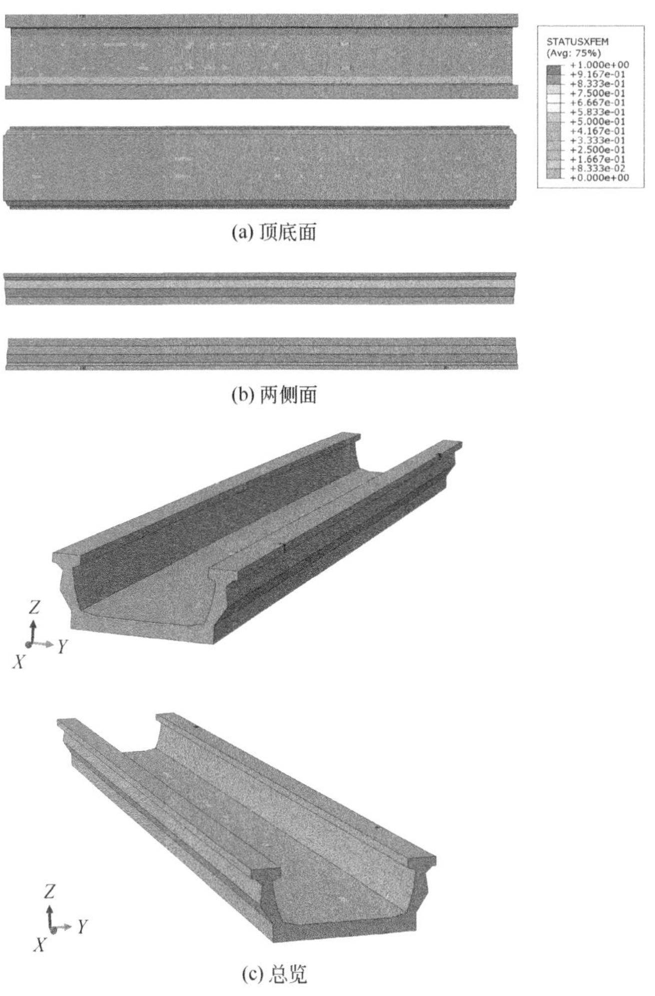

(a) 顶底面

(b) 两侧面

(c) 总览

图 9-31　早龄期 U 形梁疲劳破坏（距离 50m）

图 9-32　早龄期 U 形梁疲劳破坏（距离 100m）

如图9-33所示，30m距离处7d早龄期U形梁翼板依然发生明显开裂，但随着自身强度和刚度的大幅度提升，腹板不再出现明显的连续开裂带，而是呈现为多个局部的有限开裂区域，且开裂位置更加靠近底板，而底板自身的裂缝则进一步减少，开裂的程度也明显减轻。

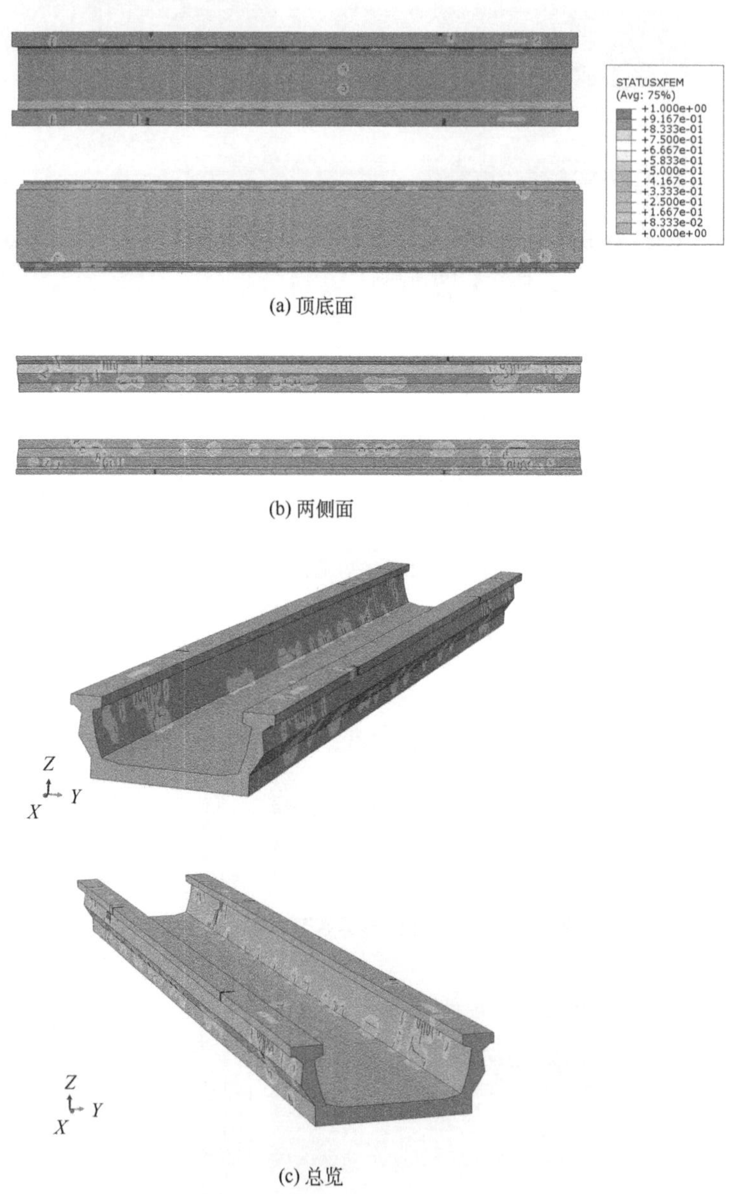

(a) 顶底面

(b) 两侧面

(c) 总览

图9-33 早龄期U形梁疲劳破坏（距离30m）

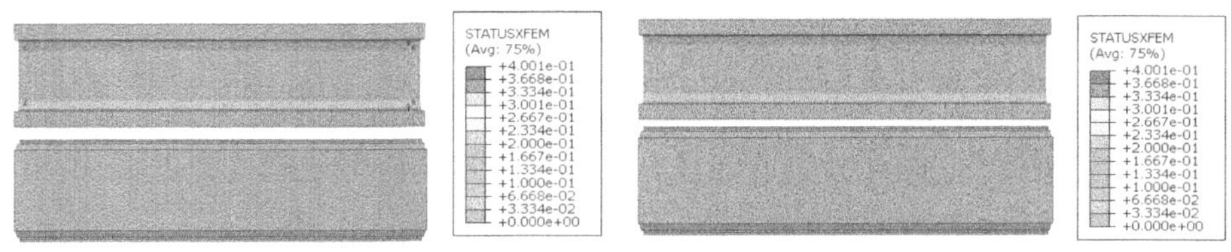

图 9-34　早龄期 U 形梁疲劳破坏（距离 50m）　图 9-35　早龄期 U 形梁疲劳破坏（距离 100m）

距离夯击点 50m 处的 U 形梁，除底板两端有几处 STATUSXFEM 最大值为 0.4 的局部开裂外，其他各部位都没有出现裂纹，距离 100m 处的 U 形梁则没有任何开裂。

综上所述，基于扩展有限元法（XFEM），利用 ABAQUS 的循环加载功能，模拟了早龄期轨道交通 U 形梁在强夯振动影响下的疲劳破坏模式，可以认为：U 形梁受强夯能量振动后疲劳破坏，其开裂部位与相对夯击点的距离有关。当距离夯击点较近时，翼板开裂情况最为严重，腹板出现连续开裂带，底板在中央和两端位置出现明显的裂缝；当为中等距离时，翼板仍然明显开裂，腹板开裂区域不再连续出现，底板存在程度较轻的局部开裂；当距离较远时，翼板、腹板不再出现开裂区域，衰减后的强夯能量大部分被底板吸收承受，在底板两端出现范围有限的轻、中等程度裂缝。

① 开裂程度与混凝土龄期有关。当龄期较低时，U 形梁整体强度和刚度不足，开裂程度和范围较大，转角处、截面变化部、中间位置等应力集中部位均会发生开裂；随着混凝土强度的发展，裂缝位置的分布基本类似，但开裂区域明显减少，开裂的程度也随之降低。

② 综合考虑距离、龄期两方面因素，并结合前面章节的分析，可以认为：

a．当夯击能量相对混凝土强度而言较高时，翼板内缘、腹板上部、底板中部和应力集中部位将更易发生开裂；

b．当夯击能量相对混凝土强度而言较低时，翼板外缘、腹板下部、底板两端更容易发生开裂；

c．当夯击能量较为微弱时，翼板、腹板将不再出现裂缝，底板两端或存在程度较轻的局部开裂。

综上所述，强夯振动能够对早龄期 U 形梁造成明显的疲劳破坏，当必须在强夯施工地附近进行 U 形梁浇筑时，即使设置了隔振沟，也应至少保持 50m 的距离，5d 之前尽量避免强夯施工，并对翼板、腹板、应力集中区域采取相应加固措施。

参考文献

[1] 李晓芬. 早龄期商品混凝土力学性能的试验研究 [D]. 郑州：郑州大学，2005

[2] 沈毅. 早龄期混凝土若干性能的研究 [D]. 杭州：浙江大学，2004.

[3] 徐仲卿. 早龄期混凝土材料与构件力学性能试验研究 [D]. 北京：北京交通大学，2016.

[4] 刘东京. 粉煤灰对高性能混凝土早期力学性能与拉伸徐变特性的影响 [D]. 杭州：浙江工业大学，2016.

[5] 陈萌，毕苏萍，刘立新，等. 商品混凝土轴心抗拉强度与受拉弹性模量的试验研究 [J]. 四川建筑科学研究，2008 (02)：186-189.

[6] 戴妙娴. 余震对早龄期钢筋混凝土粘结性能的影响研究 [D]. 杭州：浙江工业大学，2011：1-2+59.

[7] 刘莉. 扰动对混凝土抗压强度影响的机理分析 [J]. 北方交通，2018 (05)：59-63+66.

[8] 潘慧敏，付军，赵庆新. 硬化期受扰动混凝土的抗硫酸盐侵蚀性能 [J]. 材料导报，2018，32 (02)：282-287.

[9] 潘慧敏，王奉献，赵庆新. 硬化期扰动对混凝土力学性能的影响 [J]. 建筑材料学报，2016，19 (04)：631-636.

[10] Pan H M，Si X Y，Zhao Q X. Damage Evolution Model of Early Disturbed Concrete under Sulfate Attack and Its Experimental Verification [J]. Electronic Journal of Structural Engineering，2018：1.

[11] 潘慧敏，王树伟，赵庆新. 早期受扰混凝土受硫酸盐侵蚀后的受荷损伤模型 [J]. 中国铁道科学，2018，39 (01)：23-30.

[12] Oluokun F A, Burdette E G, Deatheridge J H. Early-age concrete strength prediction by maturity——another look [J]. Materials Journal, 1990, 87(6): 565-572.

[13] 金贤玉，沈毅，李宗津，等. 混凝土早龄期受力对后期性能的影响 [J]. 混凝土，2003 (07)：35-37.

[14] 侯东伟，张君. 早龄期混凝土全变形曲线的试验测量与分析 [J]. 建筑材料学报，2010，13 (05)：613-619.

[15] 谢军. 早龄期混凝土强度和变形特性的试验分析 [J]. 低温建筑技术，2011，33 (06)：19-21.

[16] 金南国，金贤玉，郑砚国，等. 早龄期混凝土断裂性能和微观结构的试验研究 [J]. 浙江大学学报 (工学版)，2005 (09)：100-103.

[17] 余宗明. 混凝土早期强度推算法及实用分析 [J]. 低温建筑技术，1996 (02)：6-9.

[18] 马智英. 钢纤维混凝土早期力学性能发展规律的试验研究 [D]. 北京：北京工业大学，2003.

[19] Nagy A. Determination of E-modulus of Young Concrete with Nondestructive Method [J]. Journal of Materials in Civil Engineering，1 997，9 (1)：15-20.

[20] 张建仁，王海臣，杨伟军. 混凝土早期抗压强度和弹性模量的试验研究 [J]. 中外公路，2003 (03)：

89-92.

[21] 李润，简文彬，康荣涛. 强夯加固填土地基振动衰减规律研究 [J]. 岩土工程学报，2011，33 (S1)：253-257.

[22] Leger P，Tremblay R. Earthquake ground motions for seismic damage assessment and re-evaluation of existing buildings and critical facilities，Damage Assessment and Reconstruction after War or Natural Disaster [J]. Springer，Dordrecht，Netherlands，2009：193-219.

[23] Dassault Systèmes Simulia Corp. Abaqus analysis user's manual(Version 6.14) [EB].

[24] 郭嘉伟，徐彬. 混凝土损伤塑性模型损伤因子的取值及应用研究 [J]. 甘肃科学学报，2019，31 (06)：88-92.

[25] 李永强，车惠民. 在等幅重复应力作用下混凝土弯曲疲劳性能研究 [J]. 铁道学报，1999 (2)：76-79.

[26] 王瑞敏，赵国藩，宋玉普. 混凝土的受压疲劳性能研究 [J]. 土木工程学报，1991 (4)：38-47.

[27] Matsushita H，Tokumistu Y. A study on compressive fatigue strength of concrete considered survival probability [J]. Proceeding of JSCE，1972，198 (2)：127-138.

[28] Nelson E L，Carrasquillo R L，Fowler D W. Behavior and failure of high-strength concrete subjected to biaxial-cyclic compression loading. [J]. American Concrete Institute Journal of，1988，85.

[29] Chimaphant，Somboon. Bond and fatigue characteristics of high-strength cement-based composites [J]. Materialsence，1989.

[30] 吴佩刚，赵光仪，白利明. 高强混凝土抗压疲劳性能研究 [J]. 土木工程学报，1994 (3)：33-40.

[31] 赵光仪，吴佩刚. 高强混凝土的抗拉疲劳性能 [J]. 土木工程学报，1993 (6)：13-19.

[32] 李秀芬，吴佩刚. 高强混凝土梁抗弯疲劳性能的试验研究 [J]. 土木工程学报，1997，30 (5)：37-42.

[33] 肖建庄，陈德银，查全瑶. 高性能混凝土简支梁正截面的抗弯疲劳性能 [J]. 建筑科学与工程学报，2008，25 (1)：96-101.

[34] 王彬力. 城市轨道交通 U 形梁系统结构受力行为研究 [D]. 成都：西南交通大学，2012.

[35] 庄严. 城市轨道交通 U 形梁静载试验研究 [D]. 成都：西南交通大学，2011.

[36] 王炎，钱利芹，肖林. 轨道交通预应力混凝土 U 形梁极限承载力试验研究 [J]. 铁道建筑，2015 (3)：20-23.

[37] 张婷. 城市轨道交通荷载作用下的 U 形梁疲劳损伤性能试验研究 [D]. 成都：西南交通大学，2011.

[38] Belytsehko T，Gracie R，Ventura G. A review of extended/generalized finite element methods for material modeling [J]. Modelling and Simulation in Materials Science and Engineering，2009，17 (4)：1-24.

[39] Stazi F L，Budyn E，Chessa J，et al. An extended finite element method with higher-order elements for curved cracks [J]. Computational Mechanics，2003，31 (1-2)：38-48.

[40] 方修君，金峰，王进廷. 基于扩展有限元法的 Koyna 重力坝地震开裂过程模拟 [J]. 清华大学学报 (自然科学版)，2008，48 (12)：2065-2069.

第 10 章

施工参数优化及现场监测

10.1 夯锤参数对场地振动的影响

对于强夯施工，夯击能是重要设计参数，而相同夯击能可设计为不同夯锤重量和落距的乘积，其中不同落距将导致不同的冲击速度，影响夯击振动的幅度和趋势。本节研究夯击能固定（4000kN·m）情况下，夯锤落距与场地振动强度间的关系，因此排除夯锤形状、构造等因素，模型中通过改变夯锤质量和初速来实现不同的组合。

模型土体表面取距离夯击点 75m 和 100m 的两个监测点作为参考点，模拟所得竖向峰值振速，如表 10-1 所示。

表 10-1　不同夯锤参数峰值振速　　单位：cm/s

夯锤落距/m	8	12	16	20	24
75m 测点	0.41	0.51	0.58	0.62	0.50
100m 测点	0.34	0.40	0.43	0.46	0.41

75m 测点峰值振速与夯锤落距关系曲线如图 10-1 所示，从图中拟合曲线可以看出在夯锤距离地面 18～20m 时，土体表面上的竖向振速强度最大。

通过拟合得到测点振速峰值与夯锤落距的关系式：

$$y = -0.0002x^3 + 0.006x^2 - 0.0464x + 0.484 \tag{10-1}$$

式中，y 为测点竖向振动峰值速度；x 为夯锤落距。

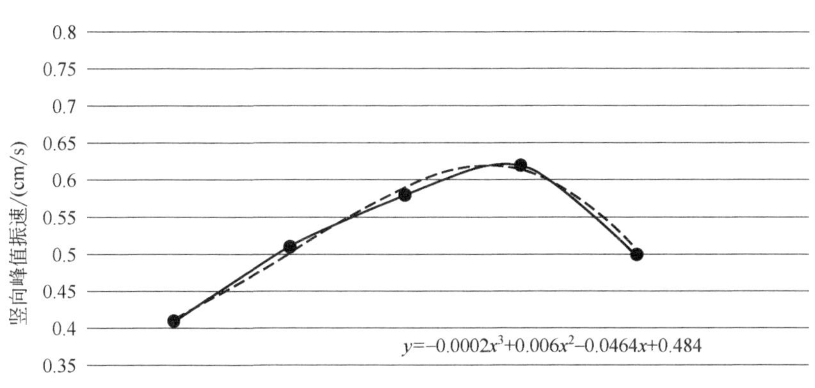

图 10-1 75m 测点峰值振速与夯锤落距关系

100m 测点峰值振速与夯锤落距关系曲线如图 10-2 所示，从图中拟合曲线可以看出同样在夯锤距离地面 18～20m 时，土体表面上的竖向振速强度最大。

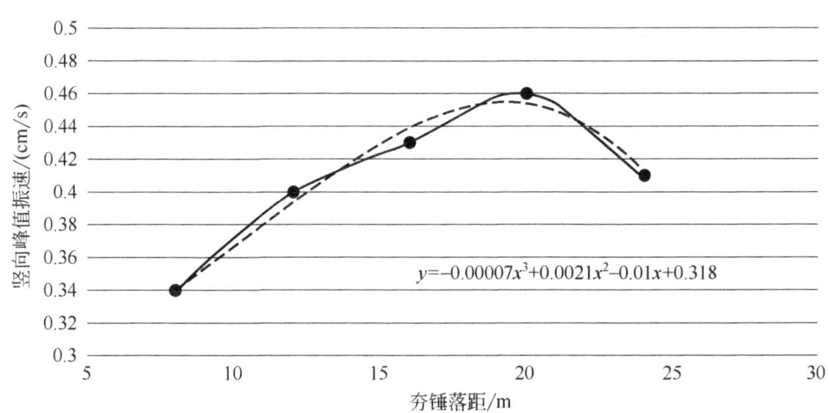

图 10-2 100m 测点峰值振速与夯锤落距关系

通过拟合得到测点振速峰值与夯锤落距的关系式：

$$y = -0.00007x^3 + 0.0021x^2 - 0.01x + 0.318 \tag{10-2}$$

式中，y 为测点竖向振动峰值速度；x 为夯锤落距。

对比场地振动强度与夯锤落距间的关系，夯击能固定的情况下，场地和位于场地上构筑物等的振动强度随着夯锤落距的增大而呈先增大后减小的规律，其规律符合三次多项式分布。在相同夯击能施工情况下，可认为出现最大振动强度时对应的夯锤落距“峰值区间”为18～20m。而在实际施工中夯锤落距越大，施工成本和风险越高，因此在夯击能一定的情况下，建议施工中采用低落距、高质量的组合，通过合理的夯锤落距，避开“峰值区间”，以此来有效降低场地振动。

10.2 强夯施工最小安全距离

（1）确保正常工作和生活的最小安全施工距离

根据第8章相关表格，参照表中规定的允许振动速度对夯锤作业振动影响进行评价。在不考虑夜间施工的前提下，多夯机施工时，为确保正常工作和生活的最小安全施工距离，当无法设置足够深度隔振沟或隔振沟必须回填时，200m范围内不适宜生活或办公；当设置4m以上隔振沟时，4000kN·m夯击能在150m范围内、3000kN·m夯击能在100m范围内不适宜生活或办公。确保大体积早龄期混凝土构筑物安全的最小施工距离，当无法设置足够深度隔振沟或隔振沟必须回填时，可以250m为最小安全施工距离；当设置深度4m以上隔振沟时可以200m作为最小安全施工距离。

（2）确保附近结构安全的最小安全施工距离

根据第8章相关表格，通过与前述研究数据对比可以发现，当无法设置足够深度隔振沟或隔振沟必须回填时，4000kN·m能级夯击作业时，距作业点75m范围内的振动速度超过或接近限度，破坏的风险较高，因此，4000kN·m能级夯击作业时，确保建筑物结构安全的最小距离应为75m。当3000kN·m能级夯击作业时，距作业点50m以外的振动可判定为对建筑物基本无害，因此，3000kN·m能级夯击作业时确保建筑物结构安全的最小距离应为50m；当设置深度4m以上隔振沟时，根据分析结果，确保建筑物结构安全的最小距离可设为10m；当多夯机共同施工时，该安全距离可分别设为20m、15m。

（3）确保早龄期混凝土建（构）筑物安全的最小安全施工距离

根据《建筑工程容许振动标准》（GB 50868—2013），强夯施工对建筑结构影响在时域范围内的容许振动值要求为：对于施工期的建筑结构，当混凝土、砂浆的强度低于设计要求的50%时，应避免遭受施工振动；当混凝土、砂浆的强度达到设计要求的50%～70%时，其容许振动值不宜超过规范表8.0.2中允许数值的70%。

根据规范和数值模拟结果，对于早龄期混凝土构件制作区域，按照“对振动敏感、具有保护价值、不能划归上述两类的建筑”取值，振速不宜超过规范容许值的 70%，即 2.1mm/s。

按照此标准，并结合前述章节中对于强夯振动衰减规律的分析，可知采用 4000kN・m 夯击能施工时，距离夯击作业点 175m 范围内振速值不满足要求，175m 之后振速小于 2.1mm/s，因此当无法设置足够深度隔振沟或隔振沟必须回填时，4000kN・m 能级确定早龄期混凝土构件存放区域最小安全距离为 175m；当采用 3000kN・m 夯击能施工时，距离夯击作业点 150m 范围内振速值不满足要求，150m 之后振速小于 2.1mm/s，确定 150m 为施工最小安全距离；当设置深度 4m 以上隔振沟时，4000kN・m 夯击能在 100m 以外、3000kN・m 夯击能在 75m 以外，可确保早龄期混凝土构件存放区域安全。根据前述多夯机共同施工时叠加效应的研究数据，可知无论何种工况和组合方式，峰值振速都在 200m 以外达到小于 2.1mm/s 的标准，因此出于工程实际情况考虑，对于早龄期混凝土构件制作区域，可选 200m 作为最小安全施工距离。

10.3　现场振动监测实例

济南市轨道交通 R1 线车辆基地地基处理工程，位于济南市长清城区东北部济广高速公路北侧，刘长山路延长线东侧。场地为农村村庄、农田绿地，自西向东分别为百突泉村（百王村）、大范村、小范村，场地南侧为济广高速。场地内无重点保护文物，沿线建筑以低层砖混结构物为主，环境条件相对简单。场内既有村庄道路及十四局梁场的运梁通道，均可以利用。目前的道路可以满足土方填筑时的车辆通行，确保运输车不走回头路。根据施工需要，在各个施工区域内修筑泥结碎石运输便道。测区地貌单元属山前冲洪积扇，场地地形开阔，现状地面标高一般为 48.5～50.7m。第四系地层主要由山前冲洪积成因的黄土、黏性土、砂土及碎石土组成，下伏奥陶系石灰岩。

为验证相关数值模拟分析结论，考察施工优化方案和隔振措施的效果，实际研究分析强夯施工对预制梁的影响，在距离强夯施工最近最不利存放地点预制梁的基座与跨中布设测点，测点布置示意图见图 10-3。

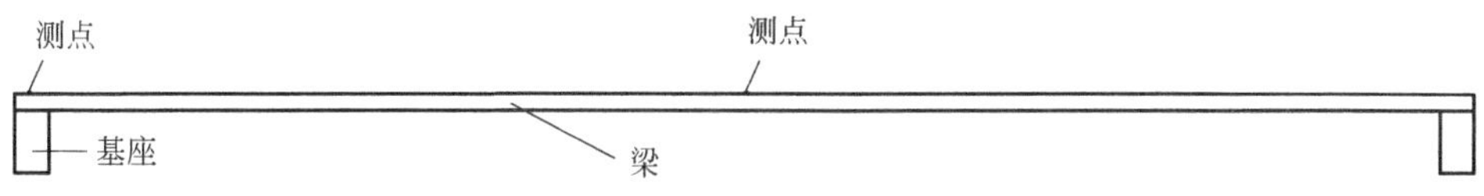

图 10-3　振动测点布设示意图

10.3.1 未采取措施时监测数据

未进行施工参数优化和采取隔振措施时，监测仪器测得的地表振动数据如表 10-2 所示。

表 10-2 未采取措施时地面振动监测数据

距离/m	振动测试结果/（cm/s）	
	3000kN・m	4000kN・m
50	0.89	1.01
75	0.67	0.74
100	0.45	0.46
125	0.35	0.36
150	0.28	0.29
175	0.13	0.12
200	0.11	0.09
225	0.12	0.10

从表 10-2 中可见，随着距离的增加，地面峰值振速逐渐衰减，按照表 5-3 强夯施工对建筑结构影响在时域范围内的容许振动值中的控制值，可知＜100m 范围内近场土体振动速度不满足早龄期混凝土构件存放的最小安全距离要求，＜175m 范围内不满足早龄期混凝土构件制造的最小安全距离要求。

预制梁施工属于流水作业，周围车辆及自身振捣设备也将产生振动，详细实际监测数据见表 10-3，当强夯施工引起的振动与预制梁自身施工振动相当或更小时，可以认为强夯施工对预制梁的施工无明显影响。

表 10-3 U 形梁浇筑施工时存梁区与制梁区振动监测数据

时间	存梁区观测		制梁区观测	
	振动测试点	最大振动速度值/（mm/s）	振动测试点	最大振动速度值/（mm/s）
2016 年 11 月 26 日	1#	0.8	1#	0.4
	2#	1		
	3#	1.6		
	1#	0.7	1#	0.5
	2#	1		

续表

时间	存梁区观测		制梁区观测	
	振动测试点	最大振动速度值/（mm/s）	振动测试点	最大振动速度值/（mm/s）
2016年11月26日	3#	1.8	1#	0.5
	1#	0.6	1#	0.5
	2#	0.9		
	3#	1.7		
	1#	0.7	1#	0.5
	2#	1.1		
	3#	1.9		
	1#	0.7	1#	0.5
	2#	0.8		
	3#	1.6		
	1#	0.6	1#	0.4
	2#	0.9		
	3#	1.7		
	1#	0.7	1#	0.5
	2#	0.9		
	3#	1.6		
2016年11月27日	1#	1.3	1#	0.5
			2#	0.5
			3#	0.4
	1#	1.6	1#	0.6
			2#	0.5
			3#	0.4
2016年11月30日	1#	1.7	1#	0.6
			2#	0.5
			3#	0.5
2016年12月1日	1#	1.7	1#	0.6
			2#	0.6
			3#	0.6
2016年12月2日	1#	1	1#	0.3

续表

时间	存梁区观测		制梁区观测	
	振动测试点	最大振动速度值/（mm/s）	振动测试点	最大振动速度值/（mm/s）
2016年12月3日	1#	1.4	1#	0.4
2016年12月4日		1.4	1#	0.4
2016年12月5日	1#	1.5	1#	0.4
2016年12月6日	1#	1.6	1#	0.7
2016年12月7日	1#	1.5	1#	1.1
2016年12月8日	1#	1.6	1#	0.7
2016年12月10日	1#	2	1#	0.9
		2.02		0
		1.9		0
2016年12月11日	1#	1.8	1#	0.8
2016年12月12日	1#	1.9	1#	0.9
2016年12月13日	1#	1.9	1#	1
2016年12月14日	1#	2.2	1#	1
		2.1		0
		2		0
		1.9		
2016年12月15日	1#	1.9	1#	0.7
2016年12月16日	1#	2	1#	0.60
		1.9		
2016年12月17日	1#	2.02	1#	0.3
		2		0
		1.9		0
2016年12月18日	1#	1.8	—	—
2016年12月19日	1#	1.9	—	—
2016年12月20日	1	1.4	1#	0.3
2016年12月24日	1#	0.92	—	—
2016年12月25日	1#	1.54	—	—
2016年12月29日	1#	1.9	—	—
2016年12月31日	1#	1.82	—	—
2017年1月1日	1#	0.75	—	—
2017年1月6日	1#	0.87	—	—

10.3.2 采取相关措施后监测数据

经过相关数值分析和施工参数优化研究，确定采用夯机最小间距20m、时间间隔15s，并在强夯施工区域边缘设置4m深梯形隔振沟等措施后，在U形梁存梁场测得的数据如表10-4所示，根据规范、现场条件和专家建议，确定存梁区基座允许振动速度峰值5mm/s，跨中12mm/s。

表10-4 采取措施后存梁场监测数据

监测时间	跨中最大振速/（mm/s）	跨中允许振速/（mm/s）	基座最大振速/（mm/s）	基座允许振速/（mm/s）
2017年1月9日	4	12	1.2	5
2017年1月10日	3.1	12	1.1	5
2017年1月11日	3.9	12	1.5	5
2017年1月12日	5.2	12	1.9	5
2017年1月13日	3.9	12	1.9	5
2017年1月14日	5.2	12	1.7	5
2017年1月15日	4.2	12	1.8	5
2017年1月16日	3.6	12	1.7	5
2017年1月17日	2.7	12	1.2	5
2017年1月18日	6.69	12	3.9	5
2017年2月7日	6	12	4.7	5
2017年2月8日	5.4	12	3.2	5
2017年2月9日	6.6	12	5.0	5
2017年2月10日	5.3	12	4.8	5
2017年2月11日	3.7	12	3.4	5
2017年2月12日	5.2	12	3.8	5
2017年2月13日	4.7	12	3.9	5
2017年2月14日	4.3	12	3	5
2017年2月15日	3.8	12	1.8	5
2017年2月16日	2.5	12	3.6	5
2017年2月17日	2.7	12	3.2	5
2017年2月18日	2.5	12	2.1	5
2017年2月19日	2.7	12	2.7	5

续表

监测时间	跨中最大振速/（mm/s）	跨中允许振速/（mm/s）	基座最大振速/（mm/s）	基座允许振速/（mm/s）
2017年2月20日	1.3	12	1.3	5
2017年2月23日	2.4	12	1.3	5
2017年2月25日	2.5	12	1.3	5
2017年2月27日	2.5	12	1.3	5
2017年2月28日	2	12	1.2	5
2017年3月1日	2.2	12	1.3	5
2017年3月2日	2.2	12	1.3	5
2017年3月3日	2.2	12	1.3	5
2017年3月4日	2.4	12	1.2	5
2017年3月5日	2.2	12	1.3	5
2017年3月6日	2.4	12	1.2	5
2017年3月7日	2.1	12	1.3	5
2017年3月8日	2.4	12	1.2	5
2017年3月9日	2.3	12	1.3	5
2017年3月10日	2.4	12	1.3	5
2017年3月11日	2.1	12	1.3	5
2017年3月12日	2	12	1.2	5
2017年3月13日	2.2	12	1.3	5
2017年3月20日	0.9	12	0.9	5
2017年3月21日	1	12	0.9	5
2017年3月22日	1.2	12	1	5
2017年3月23日	1.1	12	0.9	5
2017年3月24日	1.1	12	0.9	5
2017年3月25日	1.2	12	0.9	5
2017年3月26日	1.1	12	0.9	5
2017年3月27日	1.1	12	1	5
2017年3月28日	1.1	12	1	5
2017年3月29日	1.2	12	1.1	5
2017年3月30日	1.2	12	1.1	5

续表

监测时间	跨中最大振速 /（mm/s）	跨中允许振速 /（mm/s）	基座最大振速 /（mm/s）	基座允许振速 /（mm/s）
2017 年 3 月 31 日	1.2	12	1.1	5
2017 年 4 月 1 日	1.3	12	1	5
2017 年 4 月 2 日	1.1	12	1.1	5
2017 年 4 月 3 日	1.1	12	1	5
2017 年 4 月 4 日	1.1	12	1.1	5
2017 年 4 月 5 日	1.1	12	1	5
2017 年 4 月 6 日	1.1	12	1	5
2017 年 4 月 7 日	1.1	12	1	5
2017 年 4 月 8 日	1.1	12	1	5
2017 年 4 月 9 日	1.2	12	1.1	5
2017 年 4 月 10 日	1.2	12	1.1	5
2017 年 4 月 11 日	1.2	12	1.1	5
2017 年 4 月 12 日	1	12	1	5
2017 年 4 月 13 日	1.3	12	1	5
2017 年 4 月 14 日	1	12	1.1	5
2017 年 4 月 15 日	1	12	1.2	5
2017 年 4 月 16 日	1.1	12	1.1	5
2017 年 4 月 17 日	1.1	12	1	5
2017 年 4 月 18 日	1.2	12	0.9	5
2017 年 4 月 19 日	1.1	12	0.9	5
2017 年 4 月 20 日	0.9	12	0.9	5
2017 年 4 月 21 日	0.9	12	0.9	5
2017 年 4 月 22 日	0.9	12	0.9	5
2017 年 4 月 23 日	0.9	12	0.9	5
2017 年 4 月 24 日	0.9	12	0.9	5
2017 年 4 月 25 日	1	12	0.9	5
2017 年 4 月 26 日	0.9	12	0.9	5

续表

监测时间	跨中最大振速 /（mm/s）	跨中允许振速 /（mm/s）	基座最大振速 /（mm/s）	基座允许振速 /（mm/s）
2017 年 4 月 27 日	0.9	12	0.9	5
2017 年 4 月 28 日	0.9	12	0.9	5
2017 年 4 月 29 日	1	12	0.9	5
2017 年 4 月 30 日	1	12	1	5

从表 10-4 中可以看出，采取施工参数优化和适当隔振措施之后，即使处于夯机最近处施工的最不利情况，存梁区预制梁基座最大振速 5.0mm/s，跨中最大振速 6.69mm/s，都未超过允许值，而随着强夯施工的进行，夯击点距离逐渐远离，测点最大振速也相应减小，安全性进一步提高，U 形梁的质量得到了保证，证明优化后的施工方案能够有效降低多夯机强夯能量叠加效应的影响。